Das bietet Ihnen die CD-ROM

 ## Zusatzinformationen

- Buchführungs-Glossar – die wichtigsten Fachbegriffe
- Praktische Buchführungshilfe – Kontierungs-ABC zum SKR 49

 ## Software

- Profisoftware „Lexware vereinsverwaltung" – 30 Tage Vollversion

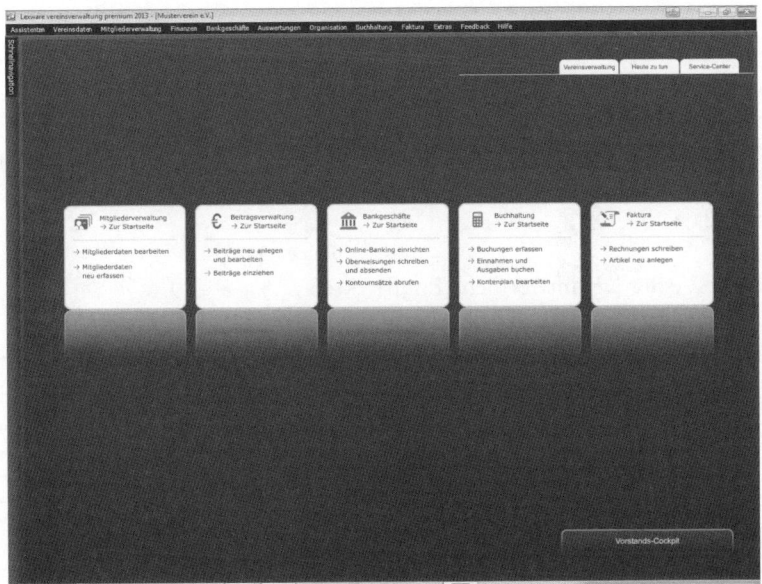

Bibliografische Information Der Deutschen Nationalbibliothek

Die Deutsche Nationalbibliothek verzeichnet diese Publikation in der Deutschen Nationalbibliografie; detaillierte bibliografische Daten sind im Internet über http:// www.d-nb.de abrufbar.

ISBN 978-3-648-04351-6　　　　　　　　　　　　　　Bestell-Nr. 07019-0006

6. Auflage 2013

© 2013, Haufe-Lexware GmbH & Co. KG, Munzinger Straße 9, 79111 Freiburg
Redaktionsanschrift: Postfach, 82142 Planegg/München
Hausanschrift: Fraunhoferstraße 5, 82152 Planegg/München
Telefon (089) 8 95 17-0
Telefax (089) 8 95 17-250
www.verein-aktuell.de

Redaktion: Annette Ziegler (verantwortlich), Brigitte Kreß

Alle Rechte, auch die des auszugsweisen Nachdrucks, der fotomechanischen Wiedergabe (einschließlich Mikrokopie) sowie der Auswertung durch Datenbanken oder ähnliche Einrichtungen vorbehalten.

Desktop-Publishing: Agentur: Satz & Zeichen, Karin Lochmann, 83071 Stephanskirchen
Druck: Bosch Druck GmbH, 84030 Ergolding

Zur Herstellung der Bücher wird nur alterungsbeständiges Papier verwendet.

Praktische Buchführung für Vereine

von
Elmar Goldstein, Horst Lienig und Timo Lienig

Haufe Gruppe
Freiburg · München

Inhaltsverzeichnis

Die Autoren   9

Vorwort   10

Vereinssteuerrecht: Was Sie zum Thema wissen sollten   11
Einführung   11
Welche Vorteile hat die Gemeinnützigkeit?   11
Der wirtschaftliche Geschäftsbetrieb eines Vereins   20
Vermögensverwaltung   28
Steuerbegünstigter Zweckbetrieb   29
Sonderfall „Sportliche Veranstaltungen"   32

Rücklagen – das Finanzpolster des Vereins   38
Formen der Rücklagen   38

Umsatzsteuer – die wichtigste Steuerart auch für Vereine   43
Überblick   43
Wann ist ein Verein Unternehmer?   45
Vorsteuerabzug   50
Besteuerungsverfahren   55

Spenden in der steuerlichen Behandlung – was ist bei der Buchführung zu beachten?   58
Steuerbegünstigte Zwecke   58
Spendennachweis   58
Risiken für Mehrspartenvereine   59
Spendenarten   60
Haftung des Spendenempfängers   67
Spendenhöchstbetrag   69
Übersicht Zuwendungen an Vereine   70

Inhaltsverzeichnis

Sponsoringeinnahmen: Wie werden sie ertragsteuerlich behandelt?	**71**
Einführung	71
Begriff des Sponsorings	71
Steuerliche Behandlung beim Sponsor	71
Gegenleistung für den Sponsor	75
Höhe der Betriebsausgaben	76
Besteuerung beim Empfänger	77
Vermögensverwaltung	78
Wirtschaftlicher Geschäftsbetrieb	80
Die steuerliche Behandlung von sportlichen Veranstaltungen	**83**
Einführung	83
Allgemeines § 51 AO	83
Selbstlosigkeit § 55 AO	83
Steuerlich unschädliche Betätigungen § 58 AO	84
Anforderungen an die tatsächliche Geschäftsführung § 63 AO	84
Zweckbetrieb § 65 AO	85
Wirtschaftlicher Geschäftsbetrieb § 14 AO	85
Vermietung von Sportanlagen	86
Sportliche Veranstaltungen § 67a AO	87
Bezahlte/unbezahlte Sportler	95
Reingewinnschätzung – Sonderregelung für Werbeeinnahmen	**100**
Einführung	100
Wann lässt der Gesetzgeber eine Reingewinnschätzung zu?	100
Grundwissen Rechnungswesen – von Aufzeichnungspflichten, Kontenrahmen und Buchungssätzen	**105**
Einführung	105
Schlussbilanzkonto	105
Prüfung durch Finanzbehörden	109
Rechtsbehelfsverfahren	109
Haftung des Vorstands	110

Inhaltsverzeichnis

Grundwissen Rechnungswesen	110
SEPA-Lastschriftverfahren – ein Überblick	120
Allgemeines	120
Was ändert sich?	121
Buchführungs-Glossar – die wichtigsten Fachbegriffe	134
Die Rahmenbedingungen – der SKV Insolvenza stellt sich vor	162
Die Kernaussagen der Satzung	162
Fallbeispiele und Musterlösungen	168
Ansichtskartenverkauf	168
Altherren-Turnier	168
Altmaterialsammlung	169
Arbeitnehmerüberlassung	170
Aufnahmegebühr	171
Aufwandsersatzspende von Übungsleitern	171
Aufwendungen, ersparte	172
Ausbildungsentschädigung	173
Ausgaben, diverse	174
Auslagenersatz	176
Ausländische Künstler	176
Bandenwerbung	178
Basarveranstaltung	179
Baukosten Tennishalle	180
Beerdigung	183
Beherbergung und Beköstigung, Familienfreizeit	183
Beiträge	184
Bezahlter Sport	185
Clubabend	187
Computer, Anschaffung	188
Druckkosten	189
Energiekosten, Betrieb Tennisplätze	189
Erbschaften	190
Fernsehgelder	191
Gewerbesteuer	191

Hallennutzungsgebühren	192
Hektolitervergütung	192
Helferessen	193
Herbstball einer Festgemeinschaft	194
Instandhaltung Freiplätze Tennis	195
Kuchen- und Getränkespenden	196
Kursgebühren	197
Musikabteilung, öffentliche Auftritte	199
Oldie-Night	199
Pferdepension	201
Pokale, Medaillen, Urkunden	203
Pokalspiel	204
Reitpferd, Verkauf	205
Reitunterricht	206
Schlachtenbummler	207
Schwimmbad	208
Showauftritt der Tanzsportabteilung	209
Skatturnier	210
Skihütte	211
Sponsoring, Namenswerbung durch Sponsor	212
Sponsoring, Vermögensverwaltung	213
Sponsoring, wirtschaftlicher Geschäftsbetrieb	214
Sportanlagen, Vermietung	215
Sportbetrieb, allgemeine Kosten	216
Sportgeräte, Verleih	216
Sporthalle, Vermietung	217
Sportkleidung, Kauf und Reinigung	217
Sportlerball	218
Sportreise	219
Standgebühr, Schießanlage	220
Standgebühr Vereinsjubiläum	221
Steuerberatungskosten	221
Tennishalle, Nutzung	223
Tombola	224
Trainingslager	225
Trikotwerbung	226
Übungsleiter, Beitragsfreistellung	227
Vereinsausflug	228

Inhaltsverzeichnis

Vereinsgaststätte	229
Vergütung an Ehrenamtliche	231
Verpachtung der Werberechte	233
Unechter Zuschuss	234
Auflösung der Buchungsbeispiele	**236**
Sportliche Veranstaltungen	236
Berechnung der Steuerlast	238
Reingewinnschätzung	238
Rücklagen	240
Praktische Buchführung mit „Lexware vereinsverwaltung"	**242**
Programmeinrichtung	243
Bevor Sie die Buchhaltung mit der „Lexware vereinsverwaltung" beginnen	259
Beispielhafte Buchungsvorgänge	261
Beitragseinnahmen manuell buchen	262
Spenden korrekt verbuchen	264
Veranstaltungen/Turniere	266
Buchen im Stapel	271
Sponsoring – wirtschaftlicher Geschäftsbetrieb	271
Buchungen bearbeiten	274
Buchungen abschließen	274
Buchungskontrolle und Fibu-Auswertungen	276
Stichwortverzeichnis	**277**

Die Autoren

Dipl.-Kfm. Elmar Goldstein arbeitet als selbständiger Buchhalter und Unternehmensberater für Existenzgründung. Er hat langjährige Erfahrung beim Erstellen von Jahresabschlüssen.

Horst Lienig ist Steuerberater und Dozent an der Führungsakademie des Deutschen Sportbundes. Im Rahmen der Vereinsmanagerausbildung, u. a. für den Württembergischen Landessportbund, ist er als Referent für Vereinsbesteuerung tätig.

Timo Lienig ist Rechtsanwalt und vertritt Vereine, Verbände und Sportler außergerichtlich und gerichtlich. Ferner ist er als Referent und Dozent für Verbände und Organisationen im Vereinsrecht und im Vereinssteuerrecht tätig.

Vorwort

Häufig handelt es sich bei der Buchführung um das „Stiefkind" des Vereins – niemand möchte sich wirklich gern damit beschäftigen! Doch Buchführung muss sein. Selbst wenn das Finanzamt Ihren Verein nicht ausdrücklich dazu auffordert: Sie müssen nachweisen, dass Ihre Geschäftsführung auf die Erfüllung der steuerbegünstigten Zwecke ausgerichtet ist.

Aber keine Sorge – Buchführung für Vereine ist kein Buch mit sieben Siegeln. Mit dem vorliegenden Ratgeber wird das Buchen und Kontieren Ihrer Einnahmen und Ausgaben zum Kinderspiel. Neben einer Einführung zum Vereinssteuerrecht und Rechnungswesen finden Sie viele Tipps zu Spezialfällen wie der steuerlichen Behandlung von Spenden oder Sponsoring- und Werbeeinnahmen.

Am Beispiel eines Mustervereins werden Sie mit den üblichen Buchungsvorgängen vertraut gemacht: Die Fallbeispiele sind alphabetisch geordnet und können daher auch als Nachschlagewerk genutzt werden. Alle gebuchten Einnahmen und Ausgaben der Beispielvorgänge werden abschließend in einen ordnungsgemäßen Jahresabschluss überführt.

Um Ihnen das Kontieren und Verbuchen Ihrer Vereinsvorgänge künftig zu erleichtern, finden Sie auf der beiliegenden CD-ROM ein praktisches Kontierungs-ABC, das sich am aktuellen DATEV-Kontenrahmen für Vereine SKR 49 orientiert. Schnell und sicher rufen Sie Ihr gewünschtes Konto auf. Nummern, Bezeichnungen und Steuerschlüssel sehen Sie so auf einen Blick.

Und nicht zuletzt: Setzen Sie die Theorie gleich in die Praxis um. Installieren Sie die Testversion der „Lexware vereinsverwaltung" und machen Sie sich dann an die übersichtliche Buchhaltung Ihres Vereins.

Viel Erfolg bei Ihrer Vereinsbuchführung wünschen

Elmar Goldstein und Horst Lienig

Vereinssteuerrecht: Was Sie zum Thema wissen sollten

Einführung

Ohne Kenntnis der vereinssteuerrechtlichen Grundlagen ist eine ordnungsmäßige Buchführung im Verein nicht möglich. Aus diesem Grund wird im Folgenden ein Überblick über das Gemeinnützigkeitsrecht sowie die verschiedenen Tätigkeitsbereiche gegeben, die bei einer korrekten Verbuchung der einzelnen Geschäftsvorfälle des Vereins zu berücksichtigen sind.

Welche Vorteile hat die Gemeinnützigkeit?

Die Bedeutung der Gemeinnützigkeit ist für Vereine nicht zu unterschätzen, denn die Steuergesetze enthalten maßgebliche Vergünstigungen für Vereine, die ausschließlich steuerbegünstigte Zwecke verwirklichen. Zum Beispiel

- sind der Zweckbetrieb und der ideelle Bereich eines Vereins nicht körperschaftsteuerpflichtig. Steuerpflichtig ist nur der wirtschaftliche Geschäftsbetrieb. Daher sind z. B. auch Spenden und Mitgliedsbeiträge sowie Zuschüsse nicht steuerpflichtig;
- sind Zuwendungen an steuerbegünstigte Körperschaften nicht erbschaftsteuer- bzw. schenkungsteuerpflichtig;
- unterliegt der Grundbesitz begünstigter Körperschaften, der unmittelbar den begünstigten Zwecken dient, nicht der Grundsteuer;
- ist eine Vielzahl von Umsätzen steuerfrei. Steuerpflichtige Umsätze unterliegen, soweit sie nicht dem wirtschaftlichen Geschäftsbetrieb zuzuordnen sind, dem ermäßigten Steuersatz;
- ist der sog. wirtschaftliche Geschäftsbetrieb nur dann körperschaft- und gewerbesteuerpflichtig, wenn die Bruttoumsätze (d. h. einschließlich USt) 35.000 Euro im Kalenderjahr übersteigen.

Überblick über die Vereinsbesteuerung

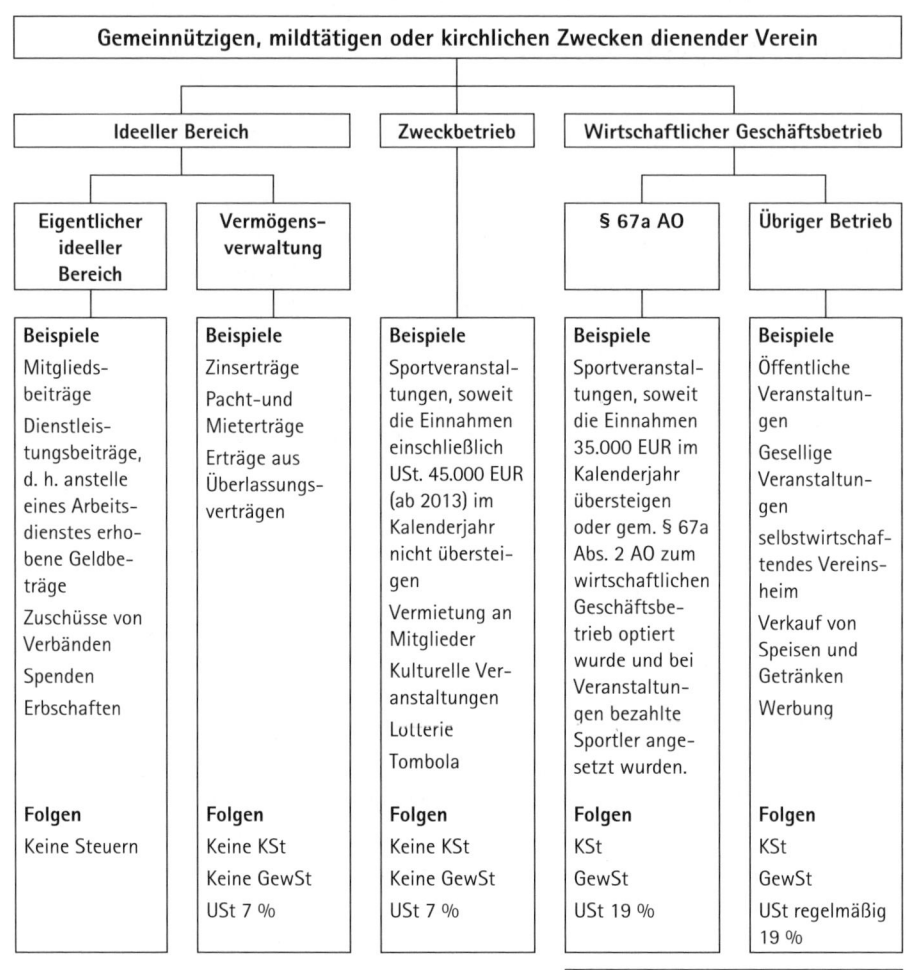

Welche Vorteile hat die Gemeinnützigkeit?

Bei einem Mehrspartenverein müssen neben dem Hauptverein auch alle Abteilungen ihre Einnahmen und Ausgaben in eine gemeinsame Gewinnermittlung und Steuererklärung einfließen lassen. Einzelne Abteilungen eines Vereines, die nach außen selbstständig auftreten; d. h. eigene Kassen und Bankkonten haben – im Innenverhältnis aber weiter dem Hauptverein untergeordnet sind – erhalten auch bei Vorliegen der Voraussetzungen für ein selbstständiges Steuersubjekt die Steuervergünstigungen nicht mehrfach.

Alle Einnahmen und Ausgaben zählen zum Gesamtergebnis

Praxis-Beispiel
Der Fußballverein hat neben der Fußballabteilung eine Turn-, Tennis- und Koronarsportabteilung. Die Abteilungen sind rechtlich nicht selbstständig; d. h. keine eigenständigen Vereine. Jeder der Abteilungsschatzmeister führt ein eigenes Kassenbuch und ein eigenes Girokonto. Die Gewinnermittlung muss gemeinsam erfolgen. Besteuerungsgrenzen und Freibeträge stehen dem Fußballverein nur einmal zu.

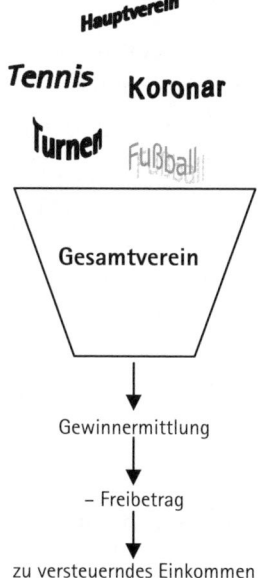

Voraussetzung für die Gemeinnützigkeit bei Vereinen ist, dass deren Tätigkeit sich an die Allgemeinheit richtet und nicht durch hohe

Höchstgrenze von Beiträgen und Umlagen

Aufnahmegebühren oder Mitgliedsbeiträge der Zugang zum Verein praktisch verwehrt wird. Als Förderung der Allgemeinheit gilt, wenn:

1. Mitgliedsbeiträge und sonstige Mitgliederumlagen im Durchschnitt 1.023 Euro je Mitglied und Jahr und
2. die Aufnahmegebühren für die im Jahr aufgenommenen Mitglieder im Durchschnitt 1.534 Euro nicht übersteigen.

> **Hinweis**
> In die Durchschnittsberechnung sind auch passive Mitglieder, Kinder, Jugendliche und Studenten mit einzubeziehen.

Die Gemeinnützigkeit ist einem Verein bei Überschreiten dieser Beträge zu entziehen.

Ideeller Bereich Soweit ein Verein nur die satzungsmäßigen Aufgaben erfüllt, sind die Überschüsse aus dem ideellen Bereich nicht körperschaftsteuerpflichtig.

Der Gewinn wird durch Gegenüberstellung der Einnahmen und Ausgaben des ideellen Bereichs ermittelt.

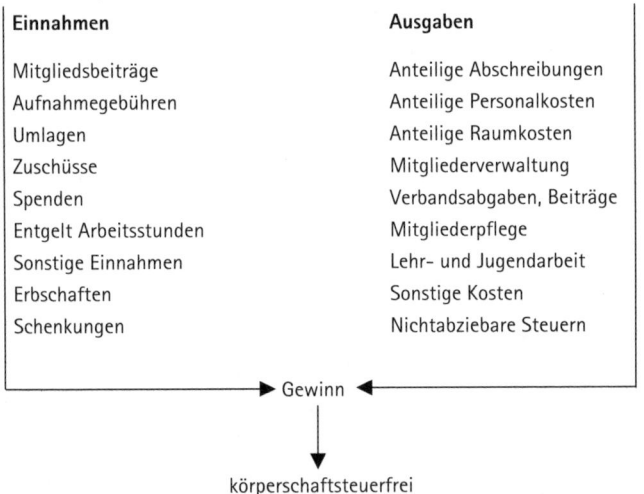

Einnahmen	Ausgaben
Mitgliedsbeiträge	Anteilige Abschreibungen
Aufnahmegebühren	Anteilige Personalkosten
Umlagen	Anteilige Raumkosten
Zuschüsse	Mitgliederverwaltung
Spenden	Verbandsabgaben, Beiträge
Entgelt Arbeitsstunden	Mitgliederpflege
Sonstige Einnahmen	Lehr- und Jugendarbeit
Erbschaften	Sonstige Kosten
Schenkungen	Nichtabziebare Steuern

→ Gewinn ←
↓
körperschaftsteuerfrei

Welche Vorteile hat die Gemeinnützigkeit?

Eine eventuelle wirtschaftliche Betätigung in der Form eines steuerpflichtigen wirtschaftlichen Geschäftsbetriebes darf nicht im Vordergrund des Wirkens des Vereins stehen.

Die Grenze zwischen zulässiger und unzulässiger Mittelverwendung ist oft nur schwer zu ziehen. Der steuerbegünstigte Verein hat seine Mittel nur für satzungsmäßige Zwecke und grundsätzlich zeitnah, d. h. im Laufe des folgenden Jahres zu verwenden. Bei Verstößen gegen diese zeitnahe Mittelverwendung und damit einer Zuführung zum Kapital des Vereines ist die Steuerbegünstigung abzuerkennen. Zu den Mitteln eines Vereins zählen:

Mittelverwendung

1. die Einnahmen aus dem ideellen Bereich, der Vermögensverwaltung und den Zweckbetrieben;
2. die von den steuerbegünstigten Vereinen erzielten Einkünfte (nach Abzug der darauf entfallenden Steuern), d. h. Überschüsse aus den wirtschaftlichen Geschäftsbetrieben.

> **Achtung**
> Ausnahmen von dieser zeitnahen Mittelverwendung sind nur in wenigen bestimmten Fällen möglich.

Zu den Ausnahmen zählen Rücklagen im Sinne des § 62 AO sowie Wiederbeschaffungskosten für abnutzbare Wirtschaftsgüter der zulässigen Vermögensverwaltung. Aus Einnahmen der Vermögensverwaltung können Mittel zur Wiederbeschaffung bis zur Höhe der steuerlich berücksichtigungsfähigen AfA angesammelt werden.

Die Unterhaltung eines wirtschaftlichen Geschäftsbetriebes, der kein Zweckbetrieb ist, ist nur dann unschädlich für die Gemeinnützigkeit eines Vereins, wenn der wirtschaftliche Geschäftsbetrieb sich selbst trägt. Die Verwendung von Mitteln des Vereins zum Ausgleich von Verlusten aus einem Nicht-Zweckbetrieb ist nicht zulässig; geschieht dies jedoch nur gelegentlich und wird der Ausgleich von Verlusten auf anderem Wege ernsthaft versucht (z. B. durch Erhöhung der Entgelte für Leistungen des Nicht-Zweckbetriebs), so bleibt die Selbstlosigkeit unberührt. Ein Verlustausgleich zwischen einzelnen steuerpflichtigen wirtschaftlichen Geschäftsbetrieben ist zulässig. Ebenso möglich ist der Ausgleich von Verlusten eines steuerpflichti-

Schädliche Mittelverwendung

gen wirtschaftlichen Geschäftsbetriebs mit dafür vorgesehenen Umlagen oder Zuschüssen. Als steuerbegünstigte Spenden können aber die Aufwendungen nicht angesehen werden.

Das Verbot der Mittelverwendung zum Verlustausgleich aus dem ideellen Bereich gilt unabhängig davon, ob die Besteuerungsgrenze **in § 64 Abs. 3 AO überschritten** wird oder nicht. Ergibt sich aus den Aufzeichnungen allerdings, dass in den steuerpflichtigen wirtschaftlichen Geschäftsbetrieben keine Dauerverluste entstanden sind, kann nach Auffassung der Finanzverwaltung eine Prüfung der Mittelverwendung unterbleiben.

Mittelbeschaffung für steuerbegünstigte Zwecke

Die Regelung, Mittel für steuerbegünstigte Zwecke zu erwirtschaften, macht es möglich, dass Förder- und Spendensammelvereine als steuerbegünstigte Vereine anerkannt werden. Die Beschaffung von Mitteln muss als Satzungszweck festgelegt sein. Die Organisation, für die Mittel beschafft werden, muss ebenfalls steuerbegünstigt sein. Die Verwendung der Mittel für die steuerbegünstigten Zwecke muss jedoch ausreichend nachgewiesen werden. Die Zuwendungen erhaltenden Vereine sind namentlich zu nennen.

> **Teilweise Mittelweitergabe**
> Überlässt ein im Übrigen selbst unmittelbar steuerbegünstigende Zwecke verfolgender Verein teilweise (nicht überwiegend) seine Mittel einem anderen gemeinnützigen Verein für dessen steuerbegünstigte Zwecke, so bleibt der Verein auch ohne Satzungserfordernis gemeinnützig.

Zweckgebundene Rücklage

Bei der Bildung der zweckgebundenen Rücklage kommt es nicht auf die Herkunft der Mittel an. Der Rücklage dürfen also auch Spendenmittel zugeführt werden. Für die unschädliche Bildung von Rücklagen aus Mitteln, die ganz oder teilweise zugeführt werden, ist Voraussetzung, dass sie für bestimmte satzungsmäßige Zwecke unter konkreten Zeitvorstellungen vorgesehen sind. Die Bildung einer zweckgebundenen Rücklage ist in der Steuererklärung auszuweisen.

> **Achtung**
> Fällt der Grund für die Rücklagenbildung weg, sind die Beträge unverzüglich für satzungsmäßige Zwecke zu verwenden.

Welche Vorteile hat die Gemeinnützigkeit?

Für monatlich oder vierteljährlich wiederkehrende Ausgaben (z. B. Personalkosten, Mieten etc.) kann der Verein Rücklagen, d. h. Guthaben auf diversen Konten bilden, ohne dass die Gemeinnützigkeit in Gefahr gerät. Die Höhe der Rücklagen ist auf einen angemessenen Zeitraum zwischen drei und sechs (in Ausnahmefällen bis zu zwölf) Monaten begrenzt. *Betriebsmittelrücklage*

Ein Verein kann jährlich ein Drittel seines Überschusses aus der Vermögensverwaltung in eine freie Rücklage einstellen. Wird die Höchstgrenze in einem Jahr nicht voll ausgeschöpft, so ist eine Nachholung in späteren Jahren unzulässig. Eine Verwendung der Rücklagen im steuerschädlichen Bereich ist nicht möglich. Der Verein braucht die freie Rücklage während der Dauer seines Bestehens nicht aufzulösen. *Freie Rücklage*

Zusätzlich können noch bis zu 10 % der sonstigen zeitnah zu verwendenden Mittel aus den Einnahmen des ideellen Bereichs und der Überschüsse der Zweckbetriebe und wirtschaftlichen Geschäftsbetriebe in eine freie Rücklage nach § 62 Abs. 1 Nr. 3 AO eingestellt werden.

Angemessene Vergütungen für eine Tätigkeit sind keine Zahlungen, die auf der Eigenschaft als Mitglied beruhen. Als angemessen ist das anzusehen, was für eine vergleichbare Tätigkeit oder Leistung auch von nicht steuerbegünstigten Einrichtungen gezahlt wird. Bei der verbilligten Abgabe von Eintrittskarten an Mitglieder ist grundsätzlich eine Ermäßigung des Mitgliedsbeitrags anzunehmen. Solange aber der Ermäßigungsbetrag den Mitgliedsbeitrag nicht übersteigt, liegt kein Verstoß gegen die Selbstlosigkeit vor. *Zuwendungen an Mitglieder*

> **Achtung**
> Mitglieder dürfen keine Zuwendungen aus Mitteln des Vereines erhalten.

Aufmerksamkeiten sind im Sinne von Abschn. 73 der Lohnsteuerrichtlinien keine Zuwendungen. Gemeinnützigkeitsunschädlich sind deshalb

- Aufmerksamkeiten aus Anlass eines persönlichen Ereignisses (wie z. B. Geburtstag, Vereinsjubiläum etc.) bis zu einem Betrag von 40 Euro brutto je Ereignis. Für Kranz- und Grabgebinde gelten angemessene Kosten ohne Begrenzung.

- Aufmerksamkeiten aus dem Grund eines besonderen Vereinsanlasses (wie z. B. unentgeltliche oder verbilligte Bewirtung bei der Weihnachtsfeier, der Hauptversammlung oder dem Vereinsausflug). Die Obergrenze von ebenfalls 40 Euro gilt hier für alle Anlässe zusammen je teilnehmendem Mitglied und Jahr.

Praxis-Beispiel
Der Ehrenpräsident wird 80 Jahre, hat sein 75-jähriges Vereinsjubiläum und freut sich auf die Teilnahme an der Mitgliederversammlung, dem Vereinsausflug und der Weihnachtsfeier. Dem Ehrenpräsidenten können folgende Sachzuwendungen überreicht werden:

Persönliche Ereignisse:	Geburtstag	40 EUR	
	Vereinsjubiläum	40 EUR	
			80 EUR
Vereinsanlass:	Mitgliederversammlung	5 EUR	
	Ausflug	20 EUR	
	Weihnachtsfeier	10 EUR	
			35 EUR
Summe			**115 EUR**

Für besondere Vereinsanlässe ist die jährliche Grenze von 40 Euro noch nicht voll ausgeschöpft. Es könnten für einen weiteren Vereinsanlass nochmals 5 Euro ausgegeben werden. Zu beachten ist allerdings, dass es sich um eine Freigrenze handelt; d. h., wird diese überschritten, besteht Gefahr für die Gemeinnützigkeit.

Ausschließlichkeit

Der Grundsatz der Ausschließlichkeit wird nicht verletzt, wenn mehrere steuerbegünstigte Zwecke nebeneinander verfolgt werden; alle Zwecke müssen jedoch satzungsgemäß festgelegt sein. Wird ein nicht begünstigter Hauptzweck verfolgt, kann die Steuervergünstigung nicht gewährt werden. Gelegentliche gesellige Veranstaltungen durch einen gemeinnützigen Sportverein sind als Nebenzweck anzusehen.

Praxis-Beispiel

Ein gemeinnütziger Fußballverein mit alleinigem Satzungszweck „Förderung des Sports" führt alljährlich um die Adventszeit ein Krippenspiel mit großem Erfolg auf. Es werden dabei Eintrittsgelder erhoben. Der nicht unerhebliche Gewinn kommt der Jugendarbeit zugute. Es liegt insgesamt ein steuerpflichtiger wirtschaftlicher Geschäftsbetrieb vor. Sowohl die Eintrittsgelder als auch der Gewinn unterliegen der vollen Steuerpflicht. Erst wenn durch die Mitgliederversammlung als weiterer Satzungszweck „Förderung kulturelle Veranstaltungen" aufgenommen wird, sind die Theateraufführungen als steuerbegünstigter Zweckbetrieb anzusehen. Die Einnahmen unterliegen dann der Umsatzsteuer mit 7 %. Die Gewinne bleiben ertragsteuerfrei.

Ein gemeinnütziger Verein muss Sport selbst in Form von z. B. Sportstunden, allgemeinem Trainingsbetrieb etc. anbieten. Das bloße Überlassen von Sportgeräten und -einrichtungen reicht nicht aus.

Unmittelbarkeit

Das Finanzamt entscheidet über die Steuerbegünstigung im jeweiligen Veranlagungsverfahren. Aus der Satzung muss direkt hervorgehen, welchen Zweck der Verein erfüllt, dass es sich um einen gemeinnützigen Zweck handelt und dass der Zweck selbstlos, ausschließlich und unmittelbar verfolgt wird. Wirtschaftliche Geschäftsbetriebe, die keine Zweckbetriebe sind, und die Vermögensverwaltung dürfen keine Satzungszwecke sein. Eine weitere satzungsmäßige Voraussetzung ist die Vermögensbindung.

Achtung
Auf die den gesetzlichen Anforderungen entsprechende Satzung kann nicht verzichtet werden.

Für jedes steuerrechtlich selbstständige Gebilde ist eine Satzung notwendig. Daneben muss auch die tatsächliche Geschäftsführung den Satzungsbestimmungen entsprechen. Ein Verein, der in tatsächlicher Hinsicht über den Satzungszweck hinaus im steuerbegünstigten Bereich tätig wird, d. h. einen weiteren an sich steuerbegünstigten Hauptzweck verfolgt, verliert ohne Anpassung an die Satzung die Gemeinnützigkeit. Die Steuerbefreiung soll spätestens alle drei Jahre überprüft werden.

Der wirtschaftliche Geschäftsbetrieb eines Vereins

Gesetzliche Definition

Ein wirtschaftlicher Geschäftsbetrieb ist gem. § 14 AO eine selbständige nachhaltige Tätigkeit, durch die Einnahmen oder andere wirtschaftliche Vorteile erzielt werden und die über den Rahmen einer Vermögensverwaltung hinausgeht. Die Absicht, Gewinn zu erzielen, ist nicht erforderlich. Eine Vermögensverwaltung liegt in der Regel vor, wenn Vermögen genutzt, Kapitalvermögen verzinslich angelegt oder unbewegliches Vermögen vermietet oder verpachtet wird.

Gewinnerzielungsabsicht muss nicht vorliegen

Für die Annahme eines wirtschaftlichen Geschäftsbetriebs müssen sämtliche in § 14 AO aufgeführten Merkmale erfüllt sein. Selbstständigkeit bedeutet die sachliche Selbstständigkeit, d. h., die Betätigung hebt sich von der Gesamtbetätigung des Vereines ab und bildet keine Einheit. Nachhaltigkeit ist bereits dann gegeben, wenn eine Tätigkeit auf Wiederholung angelegt ist. Tritt ein Verein mit seiner Tätigkeit in Konkurrenz zu anderen nicht steuerbegünstigten Unternehmen, nimmt er am wirtschaftlichen Verkehr teil. Weitere Voraussetzung ist, dass der Verein Einnahmen oder sonstige wirtschaftliche Vorteile erzielt. Nicht erforderlich ist aber eine Gewinnerzielung. Wird Vereinsvermögen durch Dritte gegen Entgelt genutzt, z. B. Verzinsung von Kapitalvermögen, Vermietung von unbeweglichem Vermögen, bewegt sich der Verein im Bereich der ertragssteuerfreien Vermögensverwaltung.

Der Gewinn wird durch Gegenüberstellung der Einnahmen und Ausgaben der wirtschaftlichen Geschäftsbetriebe ermittelt.

Der wirtschaftliche Geschäftsbetrieb eines Vereins

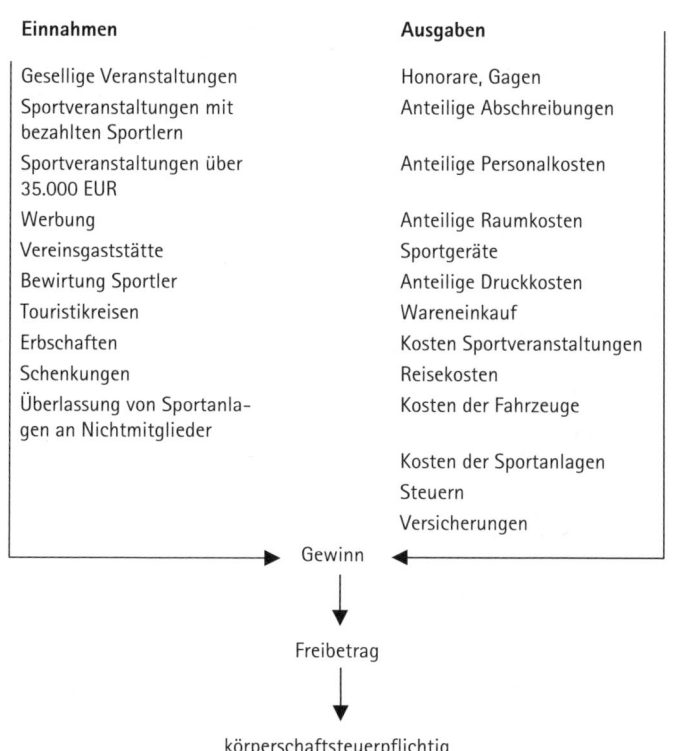

Verluste einzelner wirtschaftlicher Geschäftsbetriebe können mit Überschüssen aus anderen wirtschaftlichen Geschäftsbetrieben abgedeckt werden. Eine Gefährdung der Gemeinnützigkeit tritt erst ein, wenn der einheitliche steuerpflichtige wirtschaftliche Geschäftsbetrieb mit Verlusten abschließt. Auch die steuerpflichtigen sportlichen Veranstaltungen sind Teil des einheitlichen steuerpflichtigen Geschäftsbetriebs.

Verluste aus wirtschaftlichen Geschäftsbetrieben

Verbleibt im einheitlichen steuerpflichtigen wirtschaftlichen Geschäftsbetrieb ein Verlust, so ist dies gemeinnützigkeitsschädlich, wenn nicht einer der nachstehenden Sachverhalte verwirklicht ist:

Einheitlicher wirtschaftlicher Geschäftsbetrieb

- Dem ideellen Bereich wurden innerhalb der dem Verlustjahr vorangegangenen sechs Jahre Gewinne des einheitlichen steuerpflichtigen Geschäftsbetriebs in mindestens gleicher Höhe zugeführt.

- Der Verlust ist durch anteilige Abschreibungen auf gemischt genutzte Wirtschaftsgüter entstanden. Die Wirtschaftsgüter müssen dabei für den ideellen Bereich angeschafft worden sein und nur zur besseren Kapazitätsauslastung und Mittelbeschaffung teil- oder zeitweise für den steuerpflichtigen wirtschaftlichen Geschäftsbetrieb genutzt werden.
- Der Verlust beruht auf einer Fehlkalkulation.
- Der Verlust wird dadurch ausgeglichen, dass innerhalb von zwölf Monaten dem ideellen Tätigkeitsbereich wieder Mittel in entsprechender Höhe zugeführt werden.

Diese Mittel dürfen nicht aus Zweckbetrieben, aus dem Bereich der steuerbegünstigten Vermögensverwaltung, aus Beiträgen oder aus anderen Zuwendungen stammen, die zur Förderung steuerbegünstigter Zwecke bestimmt sind.

Die Zuführungen zu dem ideellen Bereich können deshalb aus folgenden Mitteln vorgenommen werden:
- aus dem Gewinn des einheitlichen wirtschaftlichen Geschäftsbetrieb, der in dem Jahr nach der Entstehung des Verlustes erzielt wird,
- aus für den Ausgleich des Verlustes bestimmten Umlagen der Mitglieder (die aber nicht als Spenden abziehbar sind).

Sollte keiner der o. g. Punkte erfüllt sein, so wird eine schädliche Verwendung von Mitteln des ideellen Bereichs für den Ausgleich des Verlustes aus dem wirtschaftlichen Geschäftsbetrieb angenommen, was den Wegfall der Gemeinnützigkeit zur Folge hat.

> **Wichtig**
> Mittel des ideellen Bereichs dürfen nicht im wirtschaftlichen Geschäftsbetrieb verwendet werden.

Besteuerungsgrenze

Übersteigt die Summe der Bruttoeinnahmen (inkl. Umsatzsteuer) nicht den Betrag von 35.000 Euro, wird weder Körperschaftsteuer noch Gewerbesteuer erhoben. Bei Gemeinschaften gemeinnütziger Vereine sind für die Frage, ob die Besteuerungsgrenze überschritten ist, die anteiligen Einnahmen (nicht der anteilige Gewinn) maßgebend. Auch bei Unterschreiten der Besteuerungsgrenze darf der Verein keine ideellen Mittel im wirtschaftlichen Geschäftsbetrieb verwenden. Es liegt nach wie vor ein wirtschaftlicher Geschäftsbetrieb vor, der jedoch nicht zur Körperschaftsteuer und Gewerbesteuer herangezogen wird. Die Umsatzsteuer ist mit dem Regelsteuersatz anzusetzen. Verluste aus wirtschaftlichen Geschäftsbetrieben können auch nur auf die Veranlagungszeiträume vor- oder rückübertragen werden, in denen die Besteuerungsgrenze überschritten wurde. Die Freigrenze (nicht Freibetrag!!) gilt insgesamt für alle wirtschaftlichen Aktivitäten einschl. aller Abteilungen. Mit dem Überschreiten der Zweckbetriebsgrenze wird automatisch auch die Besteuerungsgrenze überschritten.

Praxis-Beispiel

Ein Verein hat folgende Einnahmen aus eigener Tätigkeit erzielt:

	Jahr 01	Jahr 02
Vereinsgaststätte	20.000 EUR	20.000 EUR
Kegelbahn	4.000 EUR	4.000 EUR
Straßenfest	0 EUR	2.000 EUR
Bewirtung Turnier	3.000 EUR	3.000 EUR
Werbung	7.000 EUR	7.000 EUR
Gesamt	**34.000 EUR**	**36.000 EUR**

Im Jahr 01 entsteht weder eine Körperschaft- noch Gewerbesteuerpflicht, da die Besteuerungsgrenze von 35.000 Euro nicht überschritten wurde. Eine Gewinnermittlung ist nicht erforderlich. Im Jahr 02 ist der Verein ertragsteuerpflichtig; d. h. körperschaft- und gewerbesteuerpflichtig. Eine Gewinnermittlung für die einzelnen wirtschaftlichen Geschäftsbetriebe ist erforderlich. Inwieweit es bei dem Verein auch zu einer Steuerbelastung kommt, hängt von der Höhe des Gesamtüberschusses ab. Bei der Ermittlung dieses Überschusses sind alle wirtschaftlichen Geschäftsbetriebe zusammenzurechnen. Eventuelle Verluste aus einzelnen wirtschaftlichen Geschäftsbetrieben können mit Überschüssen verrechnet werden.

Immer häufiger veranstalten mehrere Vereine gemeinsam ein Straßenfest oder einen Ball. Wenn diese Gemeinschaft nach außen als Veranstalter auftritt, bildet sie eine GbR (Gesellschaft bürgerlich

Festgemeinschaften

Rechts). Die GbR ist umsatz- und gewerbesteuerpflichtig. Die GbR muss unter einer eigenen Steuernummer Steuererklärungen abgeben. Der anteilige Gewinn wird bei den einzelnen Vereinen versteuert. Für die Besteuerungsgrenze der Gesellschafter-Vereine sind aber die Einnahmen (und nicht der Gewinn) der Fest-GbR anteilig zu berücksichtigen.

Praxis-Beispiel

Die Tennisabteilung des Fußballvereins (FV) veranstaltet gemeinsam mit der Tennisabteilung des Turnvereins (TV) und dem Tennisclub (TC) einen Herbstball. Der Gewinn soll den drei Vereinen anteilig zufließen.

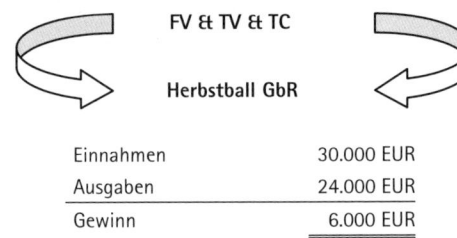

Einnahmen	30.000 EUR
Ausgaben	24.000 EUR
Gewinn	6.000 EUR

	Fußballverein	Turnverein	Tennisclub
eigene Wirtschaftsbetriebe			
Einnahmen	70.000 EUR	26.000 EUR	10.000 EUR
Ausgaben	69.000 EUR	13.000 EUR	2.000 EUR
Gewinn	1.000 EUR	13.000 EUR	8.000 EUR
+ Herbstball GbR			
Einnahmen	10.000 EUR	10.000 EUR	10.000 EUR
Gewinn	2.000 EUR	2.000 EUR	2.000 EUR

Der **Fußballverein** hat bereits mit eigenen wirtschaftlichen Geschäftsbetrieben die Besteuerungsgrenze überschritten. Der anteilige Gewinn der Herbstball GbR ist damit steuerpflichtig. Da der Freibetrag von 5.000 Euro insgesamt nicht überschritten wird, bleibt der Gewinn aus der GbR steuerfrei.

Der **Turnverein** hat mit den anteiligen Einnahmen der GbR die Besteuerungsgrenze und auch die Freibetragsgrenze überschritten. Der anteilige Gewinn der Herbstball GbR ist damit steuerpflichtig. Aber auch der Gewinn aus eigenen wirtschaftlichen Geschäftsbetrieben wird nun steuerpflichtig. Der Turnverein hat damit folgende Berechnung vorzunehmen:

Gewinn eigene wirtschaftliche Geschäftsbetriebe	13.000 EUR
+ Gewinn Festgemeinschaft	2.000 EUR
steuerpflichtiger Gewinn	15.000 EUR
– Freibetrag	5.000 EUR
zu versteuerndes Einkommen	**10.000 EUR**

Der Steuerbelastung für den Turnverein beträgt:

Körperschaftsteuer 15 % v. 10.00 EUR	1.500 EUR
Solidaritätszuschlag 5,5 % v. 1.500 EUR (abgerundet)	82 EUR

Hinzu kommt eine Gewerbesteuerbelastung je nach Hebesatz der Gemeinde für den Gewinn aus eigenen wirtschaftlichen Geschäftsbetrieben.

Der **Tennisclub** überschreitet insgesamt die Besteuerungsgrenze nicht. Sowohl der anteilige Gewinn der Herbstball GbR als auch der eigenen wirtschaftlichen Geschäftsbetriebe bleibt steuerfrei.

Zellteilungsverbot

Um Missbräuche zu unterbinden, ist die Aufteilung eines Mehrspartenvereins zur Ausnutzung der mehrfachen Inanspruchnahme der Besteuerungsgrenzen in selbstständige Abteilungen unzulässig. Soweit aber wirtschaftlich vernünftige Gründe vorliegen, müssen für eine Anerkennung der Aufgliederung in mehrere Vereine die neuen Vereine selbstständig sein.

Das verbleibende zu versteuernde Einkommen unterliegt der Körperschaftsteuer mit 15 % zuzüglich 5,5 % Solidaritätszuschlag.
Bei der Gewerbesteuer ist der Gewinn nach Hinzurechnungen (z. B. Dauerschuldzinsen) und Kürzungen je nach Hebesatz der Gemeinde mit Gewerbesteuer zwischen 10 und 12 % belastet.
Sowohl für die Berechnung der Körperschaftsteuer als auch der Gewerbesteuer ist vom Überschuss ein Freibetrag von 5.000 Euro bei der Körperschaftsteuer sowie von 5.000 Euro bei der Gewerbesteuer abzuziehen.

Körperschaftsteuer, Solidaritätszuschlag

Praxis-Beispiel

Einkommen	15.000 EUR
– Freibetrag	5.000 EUR
Steuerpflichtiges Einkommen	10.000 EUR
Ertragsteuerbelastung	
Körperschaftsteuer 15 % v. 10.000 EUR	1.500 EUR
Solidaritätszuschlag 5,5 % v. 1.500 EUR (abgerundet)	82 EUR
Gewerbesteuer ca. 12 % v. 10.000 EUR	1.200 EUR
Gesamt	2.782 EUR

Die Gewerbesteuer kann bei der Einnahme-Überschuss-Rechnung im Jahr der Zahlung als Betriebsausgabe gewinnmindernd zu berücksichtigen.
Die Gewerbesteuer ist keine abzugsfähige Betriebsausgabe.

Werbung

Die in den unterschiedlichsten Formen vorkommende Art der Werbung, wie z. B. Bandenwerbung, Trikotwerbung, Inseratenwerbung etc. ist ein eigenständiger wirtschaftlicher Geschäftsbetrieb. Es dürfen deshalb nur die tatsächlichen Aufwendungen verrechnet werden, die auf die Werbeeinnahmen entfallen. Bei Werbeeinnahmen aus Inseratenwerbung in einer Vereinszeitschrift sind nur die anteiligen Druckkosten, die auf die Seiten mit Werbung entfallen, als Betriebsausgabe im wirtschaftlichen Geschäftsbetrieb verrechenbar.

Reingewinnschätzung Bei den folgenden steuerpflichtigen wirtschaftlichen Geschäftsbetrieben kann nach § 64 Abs. 6 AO der Besteuerung ein Gewinn von 15 vom Hundert der Einnahmen zu Grunde gelegt werden:

1. Werbung für Unternehmen, die im Zusammenhang mit der steuerbegünstigten Tätigkeit einschließlich Zweckbetrieben stattfindet,
2. Totalisatorbetriebe,
3. Zweite Fraktionsstufe der Blutspendedienste.

Die Reingewinnschätzung kann für den unbezahlten Sport, aber nicht für den bezahlten Sport angewendet werden; ggf. muss eine Aufteilung der Werbeeinnahmen vorgenommen werden.

Praxis-Beispiel

Ein gemeinnütziger Sportverein erzielt im Kalenderjahr bei 15 sportlichen Veranstaltungen (5 mit bezahlten und 10 mit unbezahlten Sportlern) Einnahmen aus Bandenwerbung und Trikotwerbung in Höhe von 30.000 Euro. Die Ausgaben betragen insgesamt 1.500 Euro. Der Gewinn aus dem wirtschaftlichen Geschäftsbetrieb „Werbung" kann wie folgt ermittelt werden:

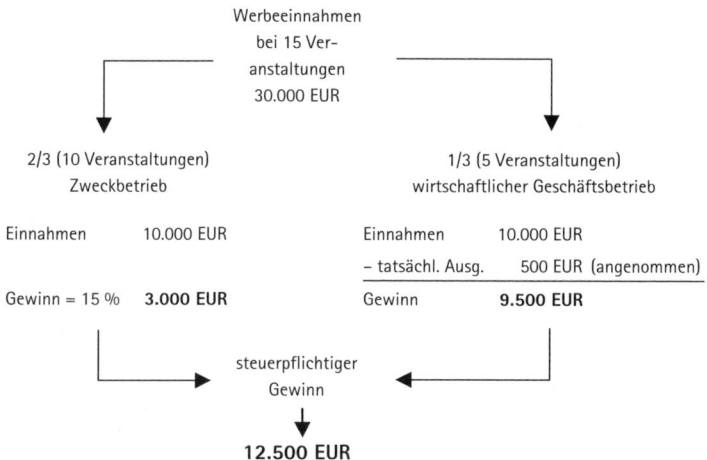

Lösung:
Macht der Verein von seinem Wahlrecht der Reingewinnschätzung keinen Gebrauch, sind bei den Werbemaßnahmen im Zweckbetrieb ebenfalls nur die tatsächlichen Kosten (2/3 von 1.500 Euro = 1.000 Euro) abziehbar. Der Gewinn beträgt dann 19.000 Euro statt 3.000 Euro.

Vermögensverwaltung

Gesetzliche Definition

Eine Vermögensverwaltung liegt in der Regel vor, wenn Vermögen genutzt, z. B. Kapitalvermögen verzinslich angelegt oder unbewegliches Vermögen vermietet oder verpachtet wird (§ 14 AO).

Zum Bereich der Vermögensverwaltung zählen neben Zinseinnahmen, Wertpapiererträgen auch Einnahmen aus der langfristigen (mehr als sechs Monate) Vermietung und Verpachtung von Grundstücken und Gebäuden. Die Vermietung von Rechten zählt ebenfalls zur Vermögensverwaltung.

Um die Besteuerungsgrenze nicht zu überschreiten, kann der Verein wirtschaftliche Geschäftsbetriebe auslagern. Betreibt der Verein die Werbung nicht selbst, sondern vergibt die Werberechte entgeltlich an einen Dritten, sind die Einnahmen daraus ertragsteuerfreie Vermögensverwaltung. Die entgeltliche Überlassung des Rechts zur Nutzung von Werbeflächen auf Sportkleidung und Sportgeräten bleibt allerdings steuerpflichtiger Geschäftsbetrieb.

Unbedingt beachten!

Für eine steuerwirksame Verpachtung sind unbedingt folgende Voraussetzungen zu beachten:
- Personelle Trennung zwischen Werbepächter und der Vereinsführung: Der Pächter sollte niemand aus dem Vorstand sein;
- 10 bis 15 % Gewinn vor Pacht/Lizenz: Sämtliche Kosten müssen vom Pächter übernommen werden;
- bei GmbH mindestens 15 % vom Stammkapital: Betriebsaufspaltung beachten (!);
- bei Gemeinde i. d. R. kein Mindestgewinn.

Der Gewinn wird durch Gegenüberstellung der Einnahmen und Ausgaben der Vermögensverwaltung ermittelt. Überschussermittlung

Achtung
Um eine Auslagerung eines steuerpflichtigen wirtschaftlichen Geschäftsbetriebs in die ertragsteuerfreie Vermögensverwaltung wirksam zu gestalten, sind die Vereinbarungen von zeichnungsberechtigten Personen (BGB-Vorstände) vorzunehmen. Die Verpachtung der Werberechte durch einen Abteilungsleiter führt u. U. nicht zum steuerlich gewünschten Ziel. Ein Blick in die Satzung beseitigt auch hier manche Zweifel.

Steuerbegünstigter Zweckbetrieb

Einzelne Zweckbetriebe sind nach § 68 AO:
- Alten-, Altenwohn- und Pflegeheime, Erholungsheime, Mahlzeitendienste, wenn sie in besonderem Maß den in § 53 AO genannten Personen dienen (§ 66 Abs. 3 AO).
- Kindergärten, Kinder-, Jugend- und Studentenheime, Schullandheime und Jugendherbergen,
- von den zuständigen Behörden genehmigte Lotterien und Ausspielungen, wenn der Reinertrag unmittelbar und ausschließlich zur Förderung mildtätiger, kirchlicher oder gemeinnütziger Zwecke verwendet wird,

- landwirtschaftliche Betriebe und Gärtnereien, die der Selbstversorgung von Körperschaften dienen und dadurch die sachgemäße Ernährung und ausreichende Versorgung von Anstaltsangehörigen sichern,
- andere Einrichtungen, die für die Selbstversorgung von Körperschaften erforderlich sind, wie Tischlereien, Schlossereien, wenn die Lieferungen und sonstigen Leistungen dieser Einrichtungen an Außenstehende den Wert 20 vom Hundert der gesamten Lieferungen und sonstigen Leistungen des Betriebs – einschließlich der an die Körperschaften selbst bewirkten – nicht übersteigen,
- kulturelle Einrichtungen, wie Museen, Theater, und kulturelle Veranstaltungen, wie Konzerte, Kunstausstellungen; dazu gehört nicht der Verkauf von Speisen und Getränken,
- Werkstätten für Behinderte, die nach den Vorschriften des Dritten Buches Sozialgesetzbuch förderungsfähig sind und Personen Arbeitsplätze bieten, die wegen ihrer Behinderung nicht auf dem allgemeinen Arbeitsmarkt tätig sein können, sowie Einrichtungen für Beschäftigungs- und Arbeitstherapie, die der Eingliederung von Behinderten dienen,
- Volkshochschulen und andere Einrichtungen, soweit sie selbst Vorträge, Kurse und andere Veranstaltungen wissenschaftlicher oder belehrender Art durchführen; dies gilt auch, soweit die Einrichtungen den Teilnehmern dieser Veranstaltungen selbst Beherbergung und Beköstigung gewähren,
- Einrichtungen, die zur Durchführung der Blindenfürsorge und zur Durchführung der Fürsorge für Körperbehinderte unterhalten werden,
- Wissenschafts- und Forschungseinrichtungen, deren Träger sich überwiegend aus Zuwendungen der öffentlichen Hand oder Dritter oder aus der Vermögensverwaltung finanzieren. Der Wissenschaft und Forschung dient auch die Auftragsforschung. Nicht zum Zweckbetrieb gehören Tätigkeiten, die sich auf die Anwendung gesicherter wissenschaftlicher Erkenntnisse beschränken, die Übernahme von Projektträgerschaften sowie wirtschaftliche Tätigkeiten ohne Forschungsbezug,

- Einrichtungen der Fürsorgeerziehung und der freiwilligen Erziehungshilfe.

Der Gewinn wird durch Gegenüberstellung der Einnahmen und Ausgaben der Zweckbetriebe ermittelt.

Zweckbetriebe eigener Art

Einem gemeinnützigen Verein wird von den nach dem jeweiligen Landeslotteriegesetz vorgesehenen Behörden eine allgemeine Erlaubnis erteilt, wenn der Gesamtpreis der Lose 40.000 Euro nicht übersteigt und der Reinerlös ausschließlich und unmittelbar zu gemeinnützigen Zwecken verwendet wird. Lotteriesteuer fällt an, wenn bei einer erlaubten Lotterie der Gesamtpreis der Lose 40.000 Euro übersteigt.

Lotterien und Ausspielungen

Die Vermietung von Sportanlagen ist keine sportliche Veranstaltung, sondern Zweckbetrieb eigener Art. Sie ermöglicht nur die Ausübung von Sport. Einnahmen aus der Vermietung von Sportanlagen auf längere Dauer von mindestens 6 Monaten gehören zum steuerfreien Bereich der Vermögensverwaltung. Bei der Vermietung auf kurze Dauer (z. B. stundenweise Vermietung, auch wenn diese für einen längeren Zeitraum im Voraus festgelegt wird) an Mitglieder liegen Einnahmen im Zweckbetrieb vor. Eine Berücksichtigung bei Berechnung der Zweckbetriebsgrenze entfällt deshalb. Die kurzfristige Vermietung an Nichtmitglieder stellt einen wirtschaftlichen Geschäftsbetrieb dar.

Vermietung von Sportanlagen

Sonderfall „Sportliche Veranstaltungen"

> **Gesetzliche Definition**
> Sportliche Veranstaltungen eines Sportvereins sind nach § 67a Abs. 1 AO ein Zweckbetrieb, wenn die Einnahmen einschließlich Umsatzsteuer insgesamt 45.000 Euro (ab 2013) im Jahr nicht übersteigen.

> **Achtung**
> Der Verkauf von Speisen und Getränken sowie die Werbung gehören nicht zu den sportlichen Veranstaltungen.

Der Sportverein kann dem Finanzamt bis zur Unanfechtbarkeit des Körperschaftsteuerbescheides erklären, dass er auf die Anwendung des § 67a Abs. 1 Satz 1 AO verzichtet. Die Erklärung bindet den Sportverein für mindestens fünf Veranlagungszeiträume.

Wird auf die Anwendung des Absatzes 1 Satz 1 verzichtet, sind sportliche Veranstaltungen eines Sportvereins ein Zweckbetrieb, wenn

1. kein Sportler des Vereins teilnimmt, der für seine sportliche Betätigung oder für die Benutzung seiner Person, seines Namens, seines Bildes oder seiner sportlichen Betätigung zu Werbezwecken von dem Verein oder einem Dritten über eine Aufwandsentschädigung hinaus Vergütungen oder andere Vorteile erhält und
2. kein anderer Sportler teilnimmt, der für die Teilnahme an der Veranstaltung von dem Verein oder einem Dritten im Zusammenwirken mit dem Verein über eine Aufwandsentschädigung hinaus Vergütungen oder andere Vorteile erhält.

Andere sportliche Veranstaltungen sind ein steuerpflichtiger wirtschaftlicher Geschäftsbetrieb. Dieser schließt die Steuervergünstigung nicht aus, wenn die Vergütungen oder anderen Vorteile ausschließlich aus wirtschaftlichen Geschäftsbetrieben, die nicht Zweckbetrieb sind, oder Dritten geleistet werden.

Sonderfall „Sportliche Veranstaltungen"

Sportliche Veranstaltungen sind solche, bei denen Einnahmen erzielt werden; sei es nun durch Eintrittsgelder, Start- oder Teilnehmergebühren, Ablösezahlungen vereinseigener Sportler, Verkauf von Programmheften etc. Zu den sportlichen Veranstaltungen zählen auch Sportreisen und die Erteilung von Sportunterricht an Mitglieder und Nichtmitglieder. Das Betreiben von Vereinsheimen oder Vereinsgaststätten ist keine „sportliche Veranstaltung", auch wenn sich das Angebot nur an Mitglieder richtet.

Einnahmen neben Mitgliedsbeiträgen

Sportreisen sind als sportliche Veranstaltungen anzusehen, wenn die sportliche Betätigung wesentlicher und notwendiger Bestandteil der Reise ist (z. B. Reise zum Wettkampfort, Vereinsmeisterschaft, Trainingslager, Skikurs etc.). Reisen, bei denen die Erholung der Teilnehmer im Vordergrund steht (Touristikreisen), zählen dagegen nicht zu den sportlichen Veranstaltungen, selbst wenn anlässlich der Reise auch Sport getrieben wird.

Sportreisen

Die Abgrenzung zwischen einem Vereinsausflug, bei dem die 40-Euro-Grenze gilt, und einer sog. Zielveranstaltung, bei der diese Begrenzung für die Kostenübernahme nicht gilt, erfolgt danach, ob die Reise (z. B. Trainingslager oder aber Konzertreise ins Ausland) zumindest weitaus überwiegend im Interesse des Vereins zur Erfüllung seiner satzungsmäßigen Aufgaben unternommen wird und die Verfolgung privater Interessen, wie z. B. Erholung und Bildung, nach dem Anlass der Reise, dem vorgelegten Programm und der tatsächlichen Durchführung so gut wie ausgeschlossen ist. Dabei sind für die Abgrenzung folgende Punkte relevant:

- dargebotene Information,
- Teilnehmerkreis,
- Reiseroute,
- Charakter der aufgesuchten Orte als beliebte Ausflugsziele,
- fachliche Organisation,
- Gestaltung der Wochenenden,
- frei verfügbare Zeitabschnitte.

Vereinssteuerrecht: Was Sie zum Thema wissen sollten

Zweckbetrieb „sportliche Veranstaltungen"

Der Gewinn wird durch Gegenüberstellung der Einnahmen und Ausgaben der sportlichen Veranstaltungen ermittelt.

Einnahmen	Ausgaben
Eintrittsgelder	Anteilige Abschreibungen
Startgelder	Anteilige Personalkosten
Teilnehmergebühren	Sportgeräte
Einnahmen aus Auswahlspielen	Kosten der Sportanlagen
Kostenerstattung Gastmannschaft	Ausgaben Gastmannschaft
Sportkurse	Kosten Sportveranstaltung
Sportreisen	Reisekosten
Zuschüsse	Kosten Fahrzeuge

Gewinn

körperschaftsteuerpflichtig

Förderung bezahlter Sport

Die Förderung des bezahlten Sports ist nur neben dem im Vordergrund stehenden Amateursport gemeinnützigkeitsunschädlich. Bei Unterschreiten der Zweckbetriebsgrenze dürfen bezahlte Sportler auch aus ideellen Mitteln steuerunschädlich bezahlt werden. Wird die Zweckbetriebsgrenze allerdings überschritten, ist die Gemeinnützigkeit nur dann nicht gefährdet, wenn die Vergütungen oder anderen Vorteile an bezahlte Sportler aus den steuerpflichtigen wirtschaftlichen Geschäftsbetrieben oder von Dritten geleistet werden. Ein Sportverein darf keine dem Sport nahestehende Tätigkeit fördern, die nicht selbst als gemeinnützig anerkannt ist.

Ablösezahlungen

Erhaltene Ablösezahlungen gehören zu den Einnahmen aus sportlichen Veranstaltungen; sie sind deshalb mit in die Zweckbetriebsgrenze einzubeziehen. Erhaltene Ablösesummen sind immer dann unproblematisch, wenn die Zweckbetriebsgrenze nicht überschritten ist. Etwas schwieriger ist die Betrachtungsweise der gezahlten Ablösesummen. Diese sind uneingeschränkt zulässig, soweit es sich um einen steuerbegünstigten Zweckbetrieb handelt.

Wird die Zweckbetriebsgrenze überschritten oder per Option darauf verzichtet, können vom zahlenden Verein gemeinnützigkeitsunschädlich lediglich die Ausbildungskosten des abgebenden Vereins erstattet werden. Dies sind beim aufnehmenden Verein pauschal 2.557 Euro oder nachgewiesene höhere Ausbildungskosten, soweit es sich in den ersten zwölf Monaten um einen unbezahlten Sportler handelt. Für bezahlte Sportler gibt es keine Begrenzung der Ablösesumme. Allerdings muss die gezahlte Ablösesumme aus dem Überschuss der Gesamtheit der steuerpflichtigen wirtschaftlichen Geschäftsbetriebe geleistet werden.

Sportliche Veranstaltungen sind ein Zweckbetrieb, wenn die Bruttoeinnahmen (inkl. Umsatzsteuer) aus allen sportlichen Veranstaltungen eines Kalenderjahres 45.000 Euro (ab 2013) nicht übersteigen. Es ist dabei unerheblich, ob bezahlte oder unbezahlte Sportler daran teilgenommen haben, mit welchen Mitteln sie bezahlt wurden und ob Verluste mit ideellen Mitteln abgedeckt wurden. Übersteigen die Einnahmen die Zweckbetriebsgrenze, sind alle sportlichen Veranstaltungen – einschließlich der mit unbezahlten Sportlern – steuerpflichtige wirtschaftliche Geschäftsbetriebe.

Zweckbetriebsgrenze

Achtung
Nicht jeder Sportfachverband lässt Spielgemeinschaften zu.

Sport-, Spielgemeinschaften

Bei Spielgemeinschaften von Sportvereinen ist bei der Körperschaftsteuerveranlagung der einzelnen beteiligten Sportvereine zu entscheiden, ob ein Zweckbetrieb oder ein wirtschaftlicher Geschäftsbetrieb vorliegt.

Übersicht Sportliche Veranstaltungen

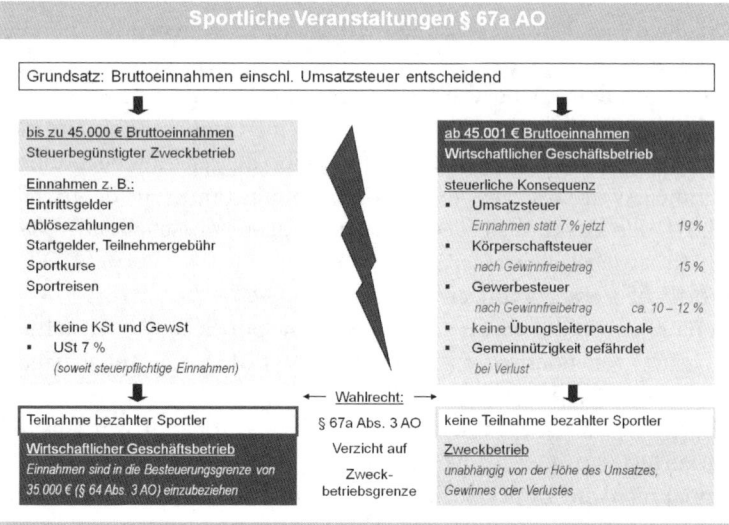

Verzichtet ein Sportverein auf die Anwendung der Zweckbetriebsgrenze (ab 2013 = 45.000 Euro), ist er für mindestens fünf Veranlagungszeiträume an diese Verzichtserklärung gebunden.

Bezahlte und unbezahlte Sportler

Bezahlter Sportler ist, wer für seine sportliche Betätigung oder für die Benutzung seiner Person, seines Namens, seines Bildes oder seiner sportlichen Betätigung zu Werbezwecken bezahlt wird. Es ist dabei zwischen Sportlern des Vereins und anderen – vereinsfremden – Sportlern zu unterscheiden. Als Sportler des Vereins gelten alle, die für den Verein auftreten. Bezahlter Sportler ist danach, wer vom Verein oder einem Dritten über eine Aufwandsentschädigung hinaus (unschädlich 400 Euro durchschnittlich pro Monat) Vergütungen erhält. Werden höhere Aufwendungen erstattet, sind die gesamten Aufwendungen im Einzelnen nachzuweisen. Dabei muss es sich um Aufwendungen persönlicher oder sachlicher Art handeln, die dem Grunde nach Werbungskosten oder Betriebsausgaben sein können. Nehmen vereinsfremde Sportler teil, gelten diese Sportler für den veranstaltenden Verein nur dann als bezahlte Sportler, wenn der Verein oder ein Dritter im Zusammenwirken mit dem Verein dem Sportler mehr als die tatsächlich dem Sportler entstandenen Kosten (Pauschale mit 400 Euro gilt nicht) vergütet.

Achtung
Die Frage bezahlter oder unbezahlter Sportler hat keine Auswirkungen auf die Abgabenpflicht in der Lohnsteuer und Sozialversicherung. Auch bei Zahlungen an „unbezahlte" Sportler i. S. des § 67a AO (Vergütungen weniger als 400 Euro), die pauschal – ohne Einzelnachweis – erfolgen, ist immer eine Steuer- und Sozialversicherungspflicht zu prüfen. Dies gilt auch für Zahlungen von Dritten (Sponsoren, Mäzenen, Fördervereinen etc.).

Rücklagen – das Finanzpolster des Vereins

Formen der Rücklagen

Soweit Mittel nicht schon im Jahr des Zuflusses für die steuerbegünstigten Zwecke verwendet werden oder zulässigerweise dem Vermögen (Rücklagen) zugeführt werden, muss nach einem BMF-Schreiben aus dem Jahr 1994 ihre zeitnahe Verwendung durch eine Nebenrechnung (Mittelverwendungsrechnung) nachgewiesen werden.

> **Achtung**
> Von der zeitnahen Mittelverwendung für steuerbegünstigte Zwecke sind bestimmte Rücklagen ausgenommen.

§ 62 AO Rücklagen und Vermögensbildung

(1) Körperschaften können ihre Mittel ganz oder teilweise

1. einer Rücklage zuführen, soweit dies erforderlich ist, um ihre steuerbegünstigten, satzungsmäßigen Zwecke nachhaltig zu erfüllen;
2. einer Rücklage für die beabsichtigte Wiederbeschaffung von Wirtschaftsgütern zuführen, die zur Verwirklichung der steuerbegünstigten, satzungsmäßigen Zwecke erforderlich sind (Rücklage für Wiederbeschaffung). Die Höhe der Zuführung bemisst sich nach der Höhe der regulären Absetzungen für Abnutzung eines zu ersetzenden Wirtschaftsguts. Die Voraussetzungen für eine höhere Zuführung sind nachzuweisen;
3. der freien Rücklage zuführen, jedoch höchstens ein Drittel des Überschusses aus der Vermögensverwaltung und darüber hinaus höchstens 10 Prozent der sonstigen nach § 55 Absatz 1 Nummer 5 zeitnah zu verwendenden Mittel. Ist der Höchstbetrag für die Bildung der freien Rücklage in einem Jahr nicht

ausgeschöpft, kann diese unterbliebene Zuführung in den folgenden zwei Jahren nachgeholt werden;
4. einer Rücklage zum Erwerb von Gesellschaftsrechten zur Erhaltung der prozentualen Beteiligung an Kapitalgesellschaften zuführen, wobei die Höhe dieser Rücklage die Höhe der Rücklage nach Nummer 3 mindert.

(2) Die Bildung von Rücklagen nach Absatz 1 hat innerhalb der Frist des § 55 Absatz 1 Nummer 5 Satz 3 zu erfolgen. Rücklagen nach Absatz 1 Nummer 1, 2 und 4 sind unverzüglich aufzulösen, sobald der Grund für die Rücklagenbildung entfallen ist. Die freigewordenen Mittel sind innerhalb der Frist nach § 55 Absatz 1 Nummer 5 Satz 3 zu verwenden.

(3) Die folgenden Mittelzuführungen unterliegen nicht der zeitnahen Mittelverwendung nach § 55 Absatz 1 Nummer 5:

1. Zuwendungen von Todes wegen, wenn der Erblasser keine Verwendung für den laufenden Aufwand der Körperschaft vorgeschrieben hat;
2. Zuwendungen, bei denen der Zuwendende ausdrücklich erklärt, dass diese zur Ausstattung der Körperschaft mit Vermögen oder zur Erhöhung des Vermögens bestimmt sind;
3. Zuwendungen auf Grund eines Spendenaufrufs der Körperschaft, wenn aus dem Spendenaufruf ersichtlich ist, dass Beträge zur Aufstockung des Vermögens erbeten werden;
4. Sachzuwendungen, die ihrer Natur nach zum Vermögen gehören.

(4) Eine Stiftung kann im Jahr ihrer Errichtung und in den drei folgenden Kalenderjahren Überschüsse aus der Vermögensverwaltung und die Gewinne aus wirtschaftlichen Geschäftsbetrieben nach § 14 ganz oder teilweise ihrem Vermögen zuführen."

| Hinweis

Die Rücklagen müssen nachgewiesen werden, d. h. entweder sind diese in der Steuererklärung GEM1, im Jahresabschluss oder in einer Nebenrechnung darzustellen. Wichtig wird dabei auch sein, dass die Rücklagen durch den Beschluss der dafür zuständigen Organe getroffen wurden.

Rücklagen vermindern nicht ein steuerpflichtiges Ergebnis.

Rücklage nach § 62 Abs. 1 Nr. 1 AO

Alle Rücklagen (zweckgebundene Rücklage, Betriebsmittelrücklage, freie Rücklage, Kapitalbeteiligungsrücklage und Rücklage im wirtschaftlichen Geschäftsbetrieb) müssen vom steuerbegünstigten Verein in einer solch klaren Form gesondert ausgewiesen werden, dass eine Kontrolle jederzeit und ohne besonderen Aufwand möglich ist. Der Nachweis der Rücklagen kann entweder in der Steuererklärung, im Rahmen der Rechnungslegung in einer Vermögensübersicht oder aber einer Nebenrechnung erfolgen.

Um die steuerbegünstigten satzungsmäßigen Zwecke nachhaltig zu erfüllen, ist es einem gemeinnützigen Verein gestattet, eine Rücklage zu bilden. Auf die Herkunft der Mittel kommt es dabei nicht an, sodass auch Spenden in die Rücklage eingestellt werden können. Voraussetzung ist aber, dass ein bestimmter Grund und ein konkreter Zeitpunkt der Verwirklichung genannt werden. Ohne genaue Zeitvorstellung kann diese sog. Zweckerfüllungs- oder Projektrücklage zulässig sein, wenn die Durchführung des Vorhabens in einem angemessenen Zeitraum (ca. drei bis fünf Jahre) möglich ist.

> **Hinweis**
>
> Für periodisch wiederkehrende Ausgaben, wie z. B. Löhne, Gehälter, Mieten etc., kann eine sog. Betriebsmittelrücklage (Aufwendungen zwischen sechs bis zwölf Monaten) gebildet werden.

Freie Rücklage nach § 62 Abs. 1 Nr. 3 AO

Einer freien Rücklage kann jährlich höchstens ein Drittel des Überschusses aus der Vermögensverwaltung (Zins-, Miet- und Pachteinnahmen abzüglich unmittelbarer Ausgaben) zugeführt werden. Zusätzlich können nochmals höchstens 10 % der sonstigen (ohne Vermögensverwaltung) zeitnah zu verwendenden Mittel in eine freie Rücklage eingestellt werden. Bemessungsgrundlage ist das Ergebnis aus den Einnahmen des ideellen Bereichs und den Überschüssen aus den steuerbegünstigten Zweckbetrieben und den steuerpflichtigen wirtschaftlichen Geschäftsbetrieben. Verluste aus Zweckbetrieben und wirtschaftlichen Geschäftsbetrieben mindern die Bemessungsgrundlage nicht.

Formen der Rücklagen

Praxis-Beispiel

Ein gemeinnütziger Verein erzielt im Kalenderjahr folgende Überschüsse aus den einzelnen Bereichen:

ideeller Bereich (Einnahmen 50.000 EUR)	20.000 EUR
Vermögensverwaltung	3.000 EUR
steuerbegünstigter Zweckbetrieb	– 15.000 EUR
steuerpflichtiger wirtschaftlicher Geschäftsbetrieb	2.000 EUR
Gesamtüberschuss	**10.000 EUR**

Der Verein kann folgende freie Rücklage bilden:

Vermögensverwaltung 1/3 von 3.000 EUR		1.000 EUR
+ zusätzliche freie Rücklage		
ideeller Bereich	50.000 EUR	
Vermögensverwaltung	0 EUR	
steuerbegünstigter Zweckbetrieb	0 EUR	
steuerpflichtiger wirtschaftlicher Geschäftsbetrieb	2.000 EUR	
positiver Überschuss	**52.000 EUR**	
davon Rücklage 10 %		5.200 EUR
Summe freie Rücklage		**6.200 EUR**

Der Verein muss demzufolge seine verbleibenden Mittel von 3.800 Euro (10.000 Euro – 6.200 Euro) nach § 55 Abs. 1 Nr. 5 Satz 3 AO im laufenden, spätestens aber in den darauffolgenden zwei Jahren für seine steuerbegünstigten satzungsmäßigen Zwecke verwenden.

Ausnahme: Der Betrag von 3.800 Euro wird ganz oder teilweise in eine zulässige zweckgebundene Projektrücklage nach § 62 Abs. 1 Nr. 1 AO eingestellt.

Die freie Rücklage erfordert keinen bestimmten Grund und muss auch nicht zu einem konkreten Zeitpunkt verbraucht bzw. aufgelöst werden.

Außerhalb dieser Regelungen dürfen im Bereich der Vermögensverwaltung Rücklagen nur für die Durchführung konkreter Reparatur- und Erhaltungsmaßnahmen an Vermögensgegenständen i. S. von § 21 EStG gebildet werden. Die Maßnahmen, für deren Durchführung die Rücklage gebildet wird, müssen notwendig sein, um den ordnungsgemäßen Zustand des Vermögensgegenstands, z. B. eines

Vereinsheims, zu erhalten oder wiederherzustellen. Sie müssen zudem in einem angemessenen Zeitraum durchgeführt werden können.

Kapitalbeteiligungsrücklage nach § 62 Abs. 1 Nr. 4 AO

Zur Erhaltung der prozentualen Beteiligung an Kapitalgesellschaften können ebenfalls Mittel angesammelt, d. h. in eine Rücklage eingestellt werden. Dies gilt aber nicht für den erstmaligen Erwerb eines Anteils an einer Kapitalgesellschaft.

Der Einsatz von Mitteln zum Erwerb oder zur Erhaltung der Beteiligungsquote an einer Personengesellschaft stellt grundsätzlich eine schädliche Mittelverwendung dar. Eine Rücklage kann demzufolge nicht gebildet werden. Die Anteilsfinanzierung muss über eine Finanzierung aus steuerpflichtigen wirtschaftlichen Aktivitäten getragen werden.

Rücklage im wirtschaftlichen Geschäftsbetrieb

Bei vernünftiger und begründeter wirtschaftlicher Betrachtung kann eine Rücklage im wirtschaftlichen Geschäftsbetrieb gebildet werden. Hierfür muss ein konkreter Anlass gegeben sein, der auch aus objektiver unternehmerischer Sicht die Bildung einer solchen Rücklage rechtfertigt.

> **Hinweis**
>
> Der Rücklage können allerdings erst Gewinne aus einem steuerpflichtigen wirtschaftlichen Geschäftsbetrieb nach deren Versteuerung zugeführt werden.

Umsatzsteuer – die wichtigste Steuerart auch für Vereine

Überblick

Umsatzsteuer ist – neben der Lohnsteuer – die beim Verein wohl am häufigsten vorkommende Steuerart. Die Umsatzsteuer ist die Steuer, mit der der Verein tagtäglich konfrontiert wird, sei es, dass er
- Lieferungen (z. B. Sportkleidung, Lebensmittel, Getränke etc.),
- sonstige Leistungen (An- bzw. Vermietung von Sportanlagen, Werbemaßnahmen etc.)

erhält oder selbst solche tätigt.

Lieferung bedeutet, dass der Verein den Abnehmer befähigt, über einen Gegenstand zu verfügen.

Sonstige Leistungen sind Leistungen, die keine Lieferungen sind. Sie können auch in einem Unterlassen oder im Dulden einer Handlung oder eines Zustands bestehen (z. B. Trikotwerbung = der Verein duldet, dass die Spieler mit Werbung auf dem Trikot auftreten).

Als sonstige Leistungen kommen insbesondere in Betracht: Dienstleistungen, Gebrauchs- und Nutzungsüberlassungen wie z. B. Vermietung, Verpachtung, Einräumung, Wahrnehmung von Rechten, Reiseleistungen.

Die Umsatzsteuer wird über den Kaufpreis wirtschaftlich vom Umsatzempfänger getragen. Der Umsatzempfänger ist Steuerträger, Steuerschuldner ist allerdings der Verein. *(Steuerträger, Steuerschuldner)*

Umsatzsteuer – die wichtigste Steuerart auch für Vereine

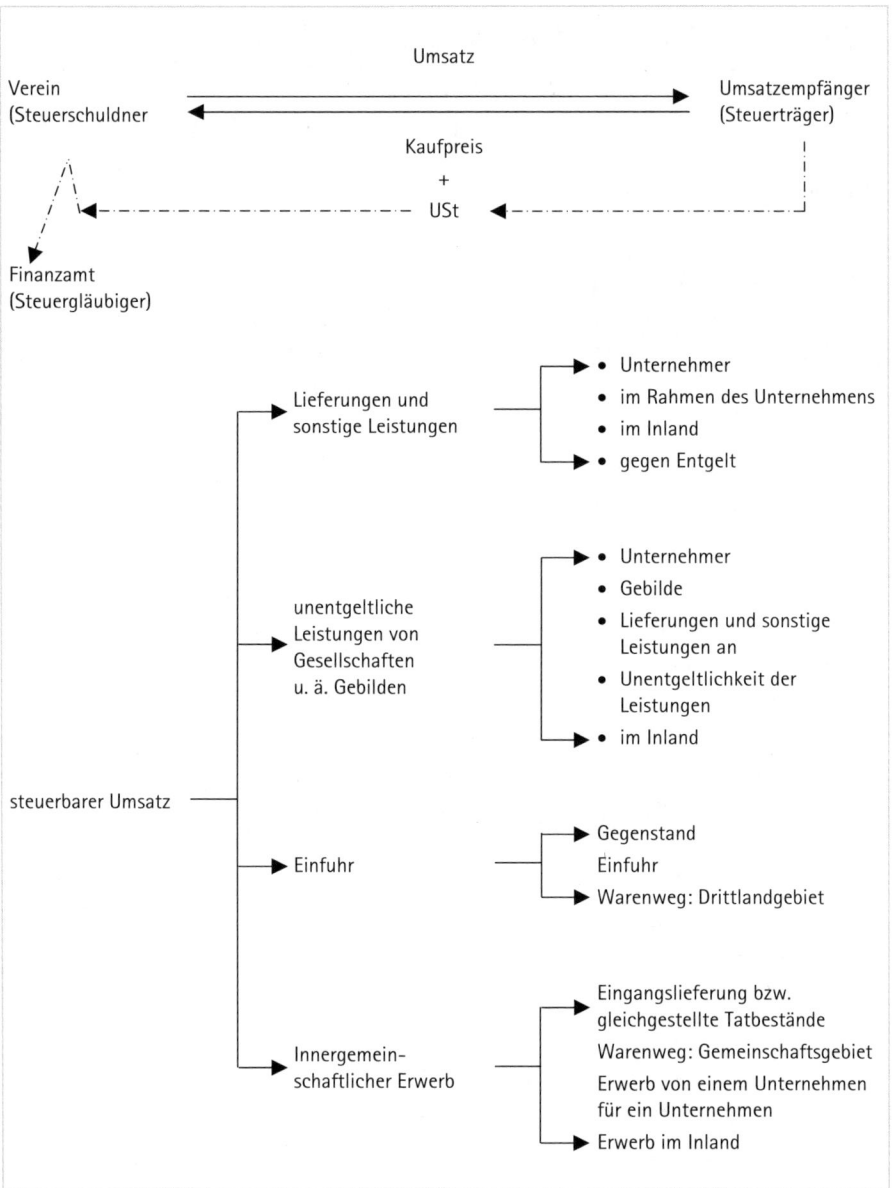

Bei der Frage nach der sachlichen Steuerpflicht werden im Umsatzsteuergesetz verschiedene steuerbare Umsätze genannt. Die wichtigste Umsatzart sind Lieferungen und sonstige Leistungen.

Lieferungen und sonstige Leistungen

> **Hinweis**
>
> Der Umsatzsteuer unterliegen die Lieferungen und sonstigen Leistungen, die ein Verein im Inland gegen Entgelt im Rahmen seines Unternehmens ausführt.

Lieferungen liegen vor, wenn der Verein einem Abnehmer die Möglichkeit verschafft, über einen Gegenstand frei zu verfügen. Sonstige Leistungen sind solche Leistungen, die keine Lieferungen sind.

Wann ist ein Verein Unternehmer?

Unternehmer ist der Verein, der eine gewerbliche Tätigkeit selbstständig ausübt. Das Unternehmen umfasst die gesamte gewerbliche Tätigkeit des Vereins. Gewerblich ist jede nachhaltige Tätigkeit zur Erzielung von Einnahmen, auch wenn die Absicht, Gewinn zu erzielen, fehlt, oder ein Verein nur gegenüber seinen Mitgliedern tätig wird.

Wie jeder Steuerpflichtige hat auch der Verein eine unternehmerische und eine außerunternehmerische Sphäre.

Unternehmenssphären

Welchem Verein eine Leistung als Unternehmer zuzurechnen ist, richtet sich danach, wer nach außen dem Leistungsempfänger gegenüber als Schuldner der Leistung auftritt. Bei Sportveranstaltungen auf eigenem Sportplatz (Pokalspiele, Turniere etc.) ist der Platzverein als Unternehmer anzusehen. Der Platzverein muss die gesamten Einnahmen versteuern. Der Gastverein hat die ihm aus diesen Veranstaltungen zufließenden Beträge nicht zu versteuern. Bei Sportveranstaltungen auf fremden Platz hat der mit der Durchführung der Veranstaltung und insbesondere mit der Erledigung der Kassengeschäfte und der Abrechnung beauftragte Verein als Unternehmer die gesamten Einnahmen der Umsatzsteuer zu unterwerfen, während der andere Verein die ihm zufließenden Beträge nicht zu versteuern hat.

Leistungsschuldner

Veranstalten mehrere Vereine zusammen ein gemeinsames Fest, dann ist insoweit nicht jeder Verein, sondern die Gemeinschaft als Unternehmer tätig. Ihr sind die Umsätze zuzurechnen.

Kleinunternehmerregelung Die für Umsätze geschuldete Umsatzsteuer wird nicht erhoben, wenn die Einnahmen zuzüglich der darauf entfallenden Steuer im vorangegangenen Kalenderjahr 17.500 Euro nicht überstiegen haben und im laufenden Kalenderjahr 50.000 Euro voraussichtlich nicht übersteigen werden (Kleinunternehmerregelung).

Ermittlung des Gesamtumsatzes

	Steuerbare Lieferungen und sonstige Leistungen
	• aus Vermögensverwaltung
	• aus steuerbegünstigten Zweckbetrieben
	• aus steuerpflichtigen wirtschaftlichen Geschäftsbetrieben
+	Steuerbarer Eigenverbrauch
+	Steuerbare Gesellschaftsleistungen
	Summe der steuerbaren Umsätze
–	Steuerfreie Umsätze
	Gesamtumsatz des Kleinunternehmers

Bei der Grenze von 50.000 Euro kommt es darauf an, ob der Verein diese Bemessungsgröße voraussichtlich nicht überschreiten wird. Maßgebend sind die Verhältnisse zu Beginn des laufenden Kalenderjahres. Der Verein hat dem Finanzamt auf Verlangen die Verhältnisse darzulegen, aus denen sich ergibt, wie hoch der Umsatz des laufenden Kalenderjahres voraussichtlich sein wird.

Der Verein kann dem Finanzamt bis zur Unanfechtbarkeit der Steuerfestsetzung erklären, dass er auf die Anwendung der Kleinunternehmerregelung verzichtet. Nach Eintritt der Unanfechtbarkeit der Steuerfestsetzung bindet die Erklärung den Verein mindestens für fünf Kalenderjahre. Sie kann nur mit Wirkung vom Beginn eines Kalenderjahres an widerrufen werden.

Wann ist ein Verein Unternehmer?

Praxis-Beispiel
Ein Verein erzielt im laufenden Jahr folgende Einnahmen:

Eintrittsgelder aus sportlichen Veranstaltungen	5.000 EUR
Verkauf Speisen und Getränke bei Festveranstaltungen	20.000 EUR
Gesamtumsatz	25.000 EUR
steuerpflichtiger Gesamtumsatz im Vorjahr	15.000 EUR

Eine Umsatzsteuerpflicht liegt nicht vor, da der Vorjahresumsatz nicht mehr als 17.500 Euro betrugt (Kleinunternehmerregelung).

Der Verzicht auf die Nullbesteuerung ist sinnvoll, wenn der Verein hohe Vorsteuerbeträge abziehen kann. Die Vorsteuerbeträge sind insbesondere in Fällen von Neubauten, Umbauten, Ausbauten und sonstigen größeren Anschaffungen oft höher als die geschuldete Umsatzsteuer aus den Umsätzen für die Dauer von zehn Jahren.

Option zur Regelbesteuerung

Prüfung umsatzsteuerlicher Sachverhalte

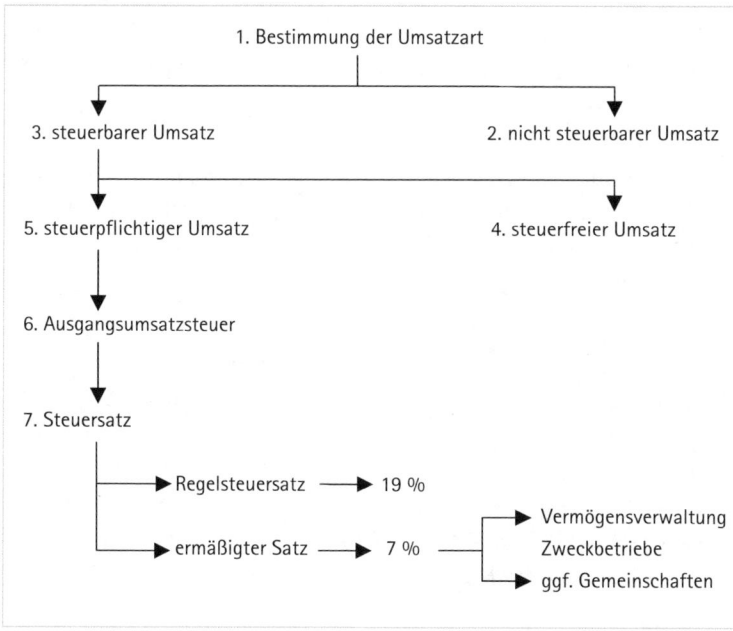

Umsatzsteuer – die wichtigste Steuerart auch für Vereine

Nach diesem Schema lässt sich schrittweise die Steuerbarkeit, die Steuerpflicht und der jeweils zutreffende Steuersatz der zu untersuchenden Einnahme ermitteln.

Inwieweit steuerbare Umsätze steuerpflichtig sind oder steuerfrei bleiben, richtet sich nach den Bestimmungen des Umsatzsteuergesetzes.

Befreiungstatbestand

Die wesentlichen Befreiungstatbestände für Vereine sind nach § 4 UStG:
- Ausfuhrlieferungen,
- Gewährung, Vermittlung und Verwaltung von Krediten,
- Umsätze, die unter das Grunderwerbsteuergesetz fallen,
- Umsätze, die unter das Rennwett- und Lotteriegesetz fallen,
- Vermietung und Verpachtung von Grundstücken und Gebäuden.

Steuerpflichtige Umsätze

Nicht befreit ist
- die Vermietung von Wohn- und Schlafräumen, die ein Unternehmer zur kurzfristigen Beherbergung von Fremden bereithält;
- die kurzfristige Vermietung von Plätzen für das Abstellen von Fahrzeugen;
- die kurzfristige Vermietung auf Campingplätzen und
- die Vermietung von Maschinen und sonstigen Vorrichtungen aller Art, die zu einer Betriebsanlage gehören (Betriebsvorrichtungen), auch wenn sie wesentliche Bestandteile eines Grundstücks sind.

Steuerfreie Umsätze

Steuerfrei sind dagegen
- Vorträge, Kurse von gemeinnützigen Vereinen;
- andere kulturelle und sportliche Veranstaltungen (Teilnehmergebühren);
- die Gewährung von Beherbergung, Beköstigung und der üblichen Naturalleistungen durch Personen und Einrichtungen, wenn sie überwiegend Jugendliche (bis 27 Jahre) für Erziehungs-, Ausbildungs- oder Fortbildungszwecke bei sich aufnehmen.

- die Durchführung von Lehrgängen, Freizeiten, Zeltlagern, Fahrten und Treffen sowie von Veranstaltungen, die dem Sport oder der Erholung dienen, soweit die Leistungen Jugendlichen unmittelbar zugutekommen.

Nach einem BFH-Urteil vom 31.5.2001 ist die Vermietung von Sportanlagen in vollem Umfang steuerpflichtig. Es wird lediglich der Höhe des Umsatzsteuersatzes nach weiterhin zwischen der Vermietung an Mitglieder und an Nichtmitglieder unterschieden. *Vermietung Sportanlagen*

Bestimmte steuerfreie Umsätze kann der Verein als steuerpflichtig behandeln, wenn der Umsatz an einen anderen Unternehmer für dessen Unternehmen ausgeführt wird (§ 9 UStG). Die Option kann bereits durch den gesonderten Ausweis von Umsatzsteuer in einer Rechnung erfolgen. Eine Mitteilungspflicht gegenüber dem Finanzamt besteht nicht. Für nicht steuerbare Umsätze ist allerdings eine freiwillige Versteuerung nicht zulässig. *Option zur Steuerpflicht*

Der Regelsteuersatz beträgt für jeden steuerpflichtigen Umsatz 19 % USt. *Steuersätze*
Für die Lieferung, den Eigenverbrauch und die Vermietung bestimmter Gegenstände ist der ermäßigte Steuersatz von 7 % USt anzuwenden. Hierzu zählen z. B. bestimmte Lebensmittel und Getränke, Bücher, Zeitschriften etc. Die Lieferung von Speisen und Getränken zum Verzehr an Ort und Stelle unterliegt aber immer dem vollen Steuersatz von 19 % USt. Soweit gemeinnützige Vereine Einnahmen aus Vermögensverwaltung und Zweckbetrieben erzielen, unterliegen diese Umsätze dem ermäßigten Steuersatz mit 7 % USt.

Führt ein Verein steuerpflichtige Lieferungen oder sonstige Leistungen aus, so ist er berechtigt und, soweit er die Umsätze an einen anderen Unternehmer für dessen Unternehmen ausführt, auf Verlangen des anderen verpflichtet, Rechnungen auszustellen, in denen die Steuer gesondert ausgewiesen ist. Diese Rechnungen müssen folgende Angaben enthalten: *Anforderung an Rechnungen*

1. den genauen Namen und die vollständige Anschrift des leistenden Unternehmers,
2. die dem leistenden Unternehmer erteilte Steuernummer oder USt-ID-Nummer,
3. den genauen Namen und die vollständige Anschrift des Leistungsempfängers,
4. das Ausstellungsdatum,
5. eine fortlaufende Rechnungsnummer,
6. die Menge und die handelsübliche Bezeichnung des Gegenstands der Lieferung oder die Art und den Umfang der sonstigen Leistung,
7. den Zeitpunkt der Lieferung oder der sonstigen Leistung,
8. das nach Steuersätzen und einzelnen Steuerbefreiungen aufgeschlüsselte Entgelt,
9. den anzuwendenden Steuersatz sowie den Steuerbetrag.

Rechnungen bis 150 Euro

Rechnungen, deren Gesamtbetrag 150 Euro nicht übersteigen, müssen mindestens folgende Angaben enthalten:

1. den Namen und die Anschrift des leistenden Unternehmens,
2. die Menge und die handelsübliche Bezeichnung des Gegenstands der Lieferung oder die Art und den Umfang der sonstigen Leistung,
3. das Bruttoentgelt,
4. den Steuersatz.

Vorsteuerabzug

Vorsteuerabzug heißt, der Verein kann die für den unternehmerischen Teil (Vermögensverwaltung, Zweckbetrieb und wirtschaftlicher Geschäftsbetrieb) von anderen Unternehmern gesondert in Rechnung gestellte Umsatzsteuer vom Finanzamt vergütet bekommen. Die Vergütung erfolgt dadurch, dass der Verein die an den Vorunternehmer gezahlte Umsatzsteuer (Vorsteuer) von seiner ihm entstandenen Umsatzsteuer (Ausgangs-Umsatzsteuer) abzieht und nur den Differenzbetrag an das Finanzamt bezahlt oder von diesem erhält.

Das Besteuerungsverfahren für Vereine wird durch das Vereinsförderungsgesetz dadurch vereinfacht, dass die Möglichkeit einer Pauschalierung der Vorsteuer gegeben ist. Die Umsatzsteuer ist dann wie folgt zu ermitteln:

Durchschnittssatz für Vereine

Ausgangsumsatz x Steuersatz (7 % USt bzw. 19 % USt)
− Vorsteuerpauschale (7 % USt des steuerpflichtigen Umsatzes)
= Umsatzsteuerschuld

Praxis-Beispiel
Ein Verein hat folgende Umsätze:

steuerfreie Verpachtungsumsätze	7.200 EUR
steuerpflichtige Umsätze (netto) aus einem Zweckbetrieb mit einem Steuersatz von 7 %	4.000 EUR
steuerpflichtige Umsätze (netto) aus einem wirtschaftlichen Geschäftsbetrieb mit einem Steuersatz von 19 %	9.000 EUR

Entscheidet sich der Verein zur Anwendung des Durchschnittssatzes, beträgt die abzugsfähige Vorsteuer 7 % aus 13.000 Euro (= Summe der steuerpflichtigen Umsätze ohne den innergemeinschaftlichen Erwerb), mithin 910 Euro. Die Umsatzsteuer-Zahllast ermittelt sich wie folgt:

USt auf 7%ige Umsätze	280 EUR
+ USt auf 19%ige Umsätze	1.710 EUR
= Gesamtumsatzsteuer	1.990 EUR
− abzugsfähige Vorsteuerbeträge	910 EUR
= Zahllast	1.080 EUR

Der Durchschnittssatz gilt nur für Vereine, die mittels einer Einnahme-Überschuss-Rechnung den Gewinn ermitteln. Der steuerpflichtige Umsatz darf im vorangegangenen Jahr 35.000 Euro nicht überschritten haben. Der Verein muss sich darüber hinaus bis zum zehnten Tag nach Ablauf des ersten Voranmeldungszeitraums entscheiden und bindet sich für fünf Jahre.

Zum Vorsteuerabzug sind ausschließlich Vereine im Rahmen ihrer unternehmerischen Tätigkeit berechtigt. Abziehbar sind hierbei

Berechtigung zum Vorsteuerabzug

auch Vorsteuerbeträge, die vor der Ausführung von Umsätzen oder die nach Aufgabe des Unternehmens anfallen, sofern sie der unternehmerischen Tätigkeit zuzurechnen sind.

Kleinunternehmer sind nicht zum Vorsteuerabzug berechtigt, wenn sie der Sonderregelung des § 19 UStG unterliegen.

Der Vorsteuerabzug setzt grundsätzlich eine auf den Namen des umsatzsteuerlichen Leistungsempfängers (also den Verein, die Spielgemeinschaft, die Festgemeinschaft) lautende Rechnung mit gesondert ausgewiesener Steuer voraus. Eine andere Rechnungsadresse ist nicht zu beanstanden, wenn aus dem übrigen Inhalt der Rechnung oder aus anderen Unterlagen, auf die in der Rechnung hingewiesen wird, Name und Anschrift des umsatzsteuerlichen Leistungsempfängers eindeutig hervorgehen, z. B. bei Rechnungsausstellung auf den Namen eines Mitglieds für Leistungen an den Verein.

> **Achtung**
> Wer keine Mehrwertsteuer an das Finanzamt bezahlt, kann auch keine Vorsteuer abziehen!

Die Vorsteuer kann aus dem Rechnungsbetrag wie folgt herausgerechnet werden:

Multiplikatoren

Steuersatz = 19 % USt = 19/119 = × 0,1596

Steuersatz = 7 % Ust = 7/107 = × 0,0654

Die Voraussetzungen für den Vorsteuerabzug hat der Verein aufzuzeichnen und durch Belege nachzuweisen.

Verwendet der Verein einen für sein Unternehmen gelieferten oder eingeführten Gegenstand oder eine von ihm in Anspruch genommene sonstige Leistung nur zum Teil zur Ausführung von Umsätzen, die den Vorsteuerabzug ausschließen, so ist der Teil der jeweiligen Vorsteuerbeträge nicht abziehbar, der den zum Ausschluss vom Vorsteuerabzug führenden Umsätzen wirtschaftlich zuzurechnen ist. Der Verein kann die nicht abziehbaren Teilbeträge im Wege einer sachgerechten Schätzung ermitteln. Eine Aufteilung der Vorsteuerbeträge bezweckt eine genaue Zuordnung der Vorsteuerbeträge zu den Umsätzen, denen sie wirtschaftlich zuzurechnen sind.

Folgende drei Gruppen von Vorsteuerbeträgen sind zu unterscheiden:

Zuordnung von Vorsteuerbeträgen

1. Vorsteuerbeträge, die in voller Höhe abziehbar sind, weil sie ausschließlich Umsätzen zuzurechnen sind, die zum Vorsteuerabzug berechtigen.
2. Vorsteuerbeträge, die in voller Höhe vom Abzug ausgeschlossen sind, weil sie ausschließlich Umsätzen zuzurechnen sind, die nicht zum Vorsteuerabzug berechtigen.
3. Übrige Vorsteuerbeträge. In diese Gruppe fallen alle Vorsteuerbeträge, die sowohl mit Umsätzen, die zum Vorsteuerabzug berechtigen, als auch mit Umsätzen, die den Vorsteuerabzug ausschließen, in wirtschaftlichem Zusammenhang stehen.

Für eine Aufteilung (Prinzip der wirtschaftlichen Zuordnung) kommen nur die in Nummer 3 bezeichneten Vorsteuerbeträge in Betracht.

Praxis-Beispiel

Ein Sportverein errichtet ein Vereinsheim mit Vereinsgaststätte, Kegelbahnen, Pächterwohnung sowie Vereinszimmer, Umkleideräumen und Duschen. Die Baukosten betragen insgesamt 1.190.000,00 Euro (es sind 19 % Umsatzsteuer enthalten).

Die Vereinsgaststätte und Kegelbahnen sowie die Pächterwohnung werden an einen selbstständigen Gastwirt vermietet.

Das Vereinszimmer, die Umkleideräume und die Duschen werden voraussichtlich zu 80 % für den allgemeinen Sportbetrieb des Vereins (keine Einnahmen) und zu 20 % von der 1. Fußballmannschaft (Einnahmen aus Eintrittsgeldern 5.000,00 Euro jährlich) genutzt.

Nach den Berechnungen des Architekten entfallen vom umbauten Raum des Vereinsheims 50 % auf den Wirtschaftsteil (einschließlich Kegelbahn und Vorratsräume), 20 % auf die Pächterwohnung und 30 % auf Vereinszimmer, Umkleideräume und Duschen.

Welche Vorsteuerbeträge kann der Verein aus den Baukosten erstattet bekommen und als Investitionshilfe verwenden?

Umsatzsteuer – die wichtigste Steuerart auch für Vereine

	Wirtschaftsteil	Pächterwohnung	Vereinszimmer Umkleideräume Duschen
Anteil der Baukosten nach umbautem Raum	50 %	20 %	30 %
Anteil an der Vorsteuer von 190.000 EUR	95.000	38.000	57.000
Wirtschaftsteil: abzugsfähige Vorsteuer 100 % (Verzicht auf Steuerbefreiung für Pachtentgelte vorausgesetzt)	95.000		
Pächterwohnung: kein Vorsteuerabzug (Verzicht auf Steuerbefreiung der Mieteinnahmen nicht möglich)		0	
Vereinszimmer, Umkleideräume, Duschen: Vorsteuerabzug, soweit Nutzung durch 1. Fußballmannschaft 20 % v. 57.000 EUR			11.400
Abzugsfähige Vorsteuer	**95.000**	**0**	**11.400**

Vorsteuerberichtigung

Ändern sich bei einem Wirtschaftsgut die Verhältnisse, die im Kalenderjahr der erstmaligen Verwendung für den Vorsteuerabzug maßgebend waren, innerhalb von fünf Jahren (bei Grundstücken = zehn Jahre) seit dem Beginn der Verwendung, so ist für jedes Kalenderjahr der Änderung ein Ausgleich durch eine Berichtigung des Abzugs der auf die Anschaffungs- oder Herstellungskosten entfallenden Vorsteuerbeträge vorzunehmen.

Praxis-Beispiel
Ein neu errichtetes Gebäude, auf das eine Vorsteuer von 50.000 Euro entfällt, wird im Jahr 01 erstmalig verwendet. Das Gebäude wurde wie folgt verwendet: im Jahr 01: nur zur Ausführung steuerpflichtiger Umsätze; im Jahr 02: je zur Hälfte zur Ausführung steuerpflichtiger und steuerfreier Umsätze; im Jahr 03: nur zur Ausführung von steuerfreien Umsätzen.

Lösung:
Im Jahr 01 kann der Verein die Vorsteuer von 50.000 Euro voll abziehen, da das Gebäude ausschließlich für steuerpflichtige Umsätze verwendet wird.

Im **Jahr 02** nutzt der Verein das Gebäude zu 50 % für steuerfreie Umsätze. Die Vorsteuer aus dem Jahr 02 ist zu berichtigen und anteilig an das Finanzamt zurückzuzahlen. 1/10 v. 50.000 Euro = 5.000 Euro, davon 50 % = 2.500 Euro.
Im **Jahr 03** nutzt der Verein das Gebäude voll für steuerfreie Umsätze. Der Verein muss an das Finanzamt zurückzahlen: 1/10 v. 50.000 Euro = 5.000 Euro.

Besteuerungsverfahren

Der Verein hat die selbst berechneten Umsatzsteuervoranmeldungen bis zum 10. Tag nach Ablauf des Voranmeldungszeitraums auf amtlich vorgeschriebenem Vordruck dem Finanzamt auf elektronischem Weg abzugeben.

Vorjahressteuerschuld	nicht mehr als	1.000 EUR	jährlich
Vorjahressteuerschuld	nicht mehr als	7.500 EUR	vierteljährlich
Vorjahressteuerschuld	über	7.500 EUR	monatlich

Einführung eines generellen Trennungsprinzips der Eingangsleistungen bei Vereinen

Mit den BFH-Urteilen vom 06.05.2010, V R 29/09 und 03.03.2011, V R 23/10 hat der BFH die EuGH-Rechtsprechung vom 13.03.2008, C-437/06, umgesetzt und unterscheidet bei Vereinen (auch bei juristischen Personen des öffentlichen Rechts) zwischen wirtschaftlichen und nichtwirtschaftlichen Tätigkeiten.
Vereine dürfen somit beim Erwerb oder der Anmietung von einheitlichen beweglichen Wirtschaftsgütern und beim Erwerb oder der Herstellung von unbeweglichen Wirtschaftsgütern diese – im Gegensatz zu den anderen Unternehmern – bei einer mehr als 10 %igen unternehmerischen Nutzung nicht mehr ihrem unternehmerischen Bereich zuordnen und damit keinen Vorsteuerabzug mehr geltend machen. Gleichzeitig entfällt damit aber die Besteuerung einer eventuellen steuerpflichtigen unentgeltlichen Wertabgabe.
Erfolgt somit ein Eingangsumsatz sowohl für den unternehmerischen als auch für den ideellen Bereich, gilt seit 01.01.2013 grundsätzlich das Trennungsprinzip. Der Verein muss also von vornherein

eine Zuordnung seiner Eingangsleistungen zum ideellen Bereich vornehmen, was damit einen Vorsteuerabzug ausschließt.

Vorsteuerabzug bei teilweise unternehmerisch genutzten Grundstücken

Soweit ein Grundstück teilweise für unternehmerische und ideelle (nichtwirtschaftliche) Tätigkeiten verwendet wird, gilt von vornherein das Trennungsprinzip und der Vorsteuerabzug ist bereits nach § 15 Abs. 1 UStG ausgeschlossen. Für die Anwendung des § 15 Abs. 1b UStG bleibt insoweit kein Raum.

Änderung der unternehmerischen Nutzung

Erhöht sich die unternehmerische Nutzung zulasten der ideellen Nutzung im Laufe des maßgeblichen Berichtigungszeitraums des § 15a UStG, ist eine Vorsteuerberichtigung nach § 15a UStG zugunsten eigentlich nicht möglich. Hierzu wäre eine volle Zuordnung der Eingangsleistung zum Unternehmensvermögen erforderlich (vgl. Abschn. 15.6a Abs. 5 Satz 3 UStAE).

In diesem Falle lässt die Verwaltung für Leistungsbezüge ab dem 1.4.2012 eine Vorsteuerberichtigung nach § 15a UStG aus Billigkeitsgründen zu (vgl. Abschn. 3.4 Abs. 5a Satz 5 UStAE und den neuen Abs. 7 in Abschn. 15a.1 UStAE).

Vermindert sich die unternehmerische Nutzung zugunsten der ideellen Nutzung, ist eine Vorsteuerberichtigung nach § 15a UStG zu Ungunsten nicht vorzunehmen. In diesen Fällen, in denen das Trennungsprinzip zur Anwendung kommt, ist allerdings eine unentgeltliche Wertabgabe nach § 3 Abs. 9a Nr. 1 UStG zu besteuern (vgl. Abschn. 3.4 Abs. 5a Satz 4 UStAE).

Praxis-Beispiel:
Der SKV Insolvenza e. V. erwirbt am 10.05.2012 einen Kleinbus für 30.000 Euro + 5.700 Euro Umsatzsteuer. Nach den zum Zeitpunkt des Erwerbs maßgebenden Verhältnissen (Einnahmeschlüssel) wird der Pkw zu 50 % für unternehmerische Tätigkeiten (Vermietung an Mitglieder) und zu 50 % für unentgeltliche Tätigkeiten für ideelle Vereinszwecke verwendet. Die Verwendung für unternehmerische Tätigkeiten
a) erhöht sich ab dem 01.01.2013 um 20 % auf insgesamt 70 %,
b) verringert sich ab dem 01.01.2013 um 20 % auf 30 %.

Lösung 2012:
Der SKV Insolvenza ist seit 01.04.2012 zum Vorsteuerabzug nur noch in Höhe von 50 % von 5.700 Euro nach § 15 Abs. 1 UStG berechtigt. Der für unentgeltliche ideelle Tätigkeiten des Vereins (nichtwirtschaftliche Tätigkeit i. e. S., vgl. Abschnitt 2.3 Abs. 1a UStAE) verwendete Anteil des PKW berechtigt nicht zum Vorsteuerabzug (vgl. Abschnitt 15.2 Abs. 15a UStAE).

Lösung Jahr 2013:
Erhöht sich die unternehmerische Nutzung, gestattet die Verwaltung aus Billigkeitsgründen die sinngemäße Anwendung des § 15a UStG. Da im obigen Fall die Bagatellgrenzen des § 44 UStDV überschritten sind, kann eine Vorsteuerberichtigung nach § 15a Abs. 1 UStG vorgenommen werden.

Verringert sich die unternehmerische Nutzung, bleibt der Vorsteuerbetrag in Höhe von 50 % beim Verein erhalten. Dafür ist lt. Verwaltung eine steuerpflichtige unentgeltliche Wertabgabe nach § 3 Abs. 9a Nr. 1 UStG anzunehmen.

Praxis-Beispiel:
Der SKV Insolvenza erstellt ein Vereinsheim. Der Bauantrag wurde vor dem 01.01.2011 gestellt. Baubeginn war der 01.10.2010 (sog. Altfall). Das Gebäude soll zu 70 % für ideelle Zwecke und zu 30 % für den Betrieb einer Gaststätte genutzt werden.

Lösung:
Für Rechnungen, mit denen über Leistungsbezüge bis zum 31.03.2012 abgerechnet wird, kann der Verein einen Vorsteuerabzug in Höhe von 100 % geltend machen. Dafür muss er von 70 % der Anschaffungskosten, für die ein Vorsteuerabzug von 100 % möglich war, ab der erstmaligen Nutzung jährlich 1/10 (§ 10 Abs. 4 Nr. 2 Satz 3 UStG) als unentgeltliche Wertabgabe der Umsatzsteuer unterwerfen (§ 3 Abs. 9a Nr. 1 UStG). Steuersatz bei einem gemeinnützigen Verein 7 % USt (Seeling-Modell).

Aus den Leistungsbezügen ab dem 01.04.2012 ist allerdings nur noch ein Vorsteuerabzug von 30 % möglich.

Ein Vorsteuerabzug aus Anzahlungsrechnungen ist am 01.04.2012 zu 70 % rückgängig zu machen, wenn die zugrunde liegende Leistung erst nach dem 31.03.2012 erbracht wird.

Spenden in der steuerlichen Behandlung – was ist bei der Buchführung zu beachten?

Steuerbegünstigte Zwecke

Die steuerbegünstigten Zwecke werden ab dem 1.1.2008 ausschließlich im § 52 Abs. 2 AO aufgeführt.

Spendennachweis

Materiell-rechtliche Voraussetzung für den Spendenabzug bleibt nach wie vor eine förmliche Zuwendungsbestätigung. Diese Bestätigung muss nach amtlich vorgeschriebenem Vordruck erstellt werden. Steuerbegünstigte Vereine müssen die Vereinnahmung der Zuwendung und ihre zweckentsprechende Verwendung ordnungsgemäß aufzeichnen und ein Doppel der Zuwendungsbestätigung aufbewahren. Der steuerbegünstigte Zweck, für den die Zuwendung verwendet wird, und die Angaben über die Freistellung des Empfängers von der Körperschaftsteuer müssen auf der Zuwendungsbestätigung aufgedruckt sein. Bei allen Geldspenden muss der steuerbegünstigte Verein immer eine Aussage machen, ob es sich um eine reine Geldspende oder eine Aufwandsspende handelt. Bei Sachzuwendungen und beim Verzicht auf die Erstattung von Aufwand müssen sich aus den Aufzeichnungen des Zuwendungsempfängers auch die Grundlagen für den vom Empfänger bestätigten Wert der Zuwendung ergeben.

> **Hinweis**
> Mangelhafte Aufzeichnungspflichten können zum Verlust der Gemeinnützigkeit des Vereins führen und eine Haftung des Zuwendungsempfängers nach § 10b Abs. 4 EStG auslösen.

Bei Zuwendungen bis zu einem Betrag von 200 Euro gilt als Nachweis der Bareinzahlungsbeleg oder die Buchungsbestätigung eines Kreditinstituts, die aber ebenfalls Hinweise auf die Gemeinnützigkeit des Vereins enthalten muss.

Vereinfachter Nachweis

Achtung
Spenden sind Chefsache!

Zeichnungsberechtigung

Die Zuwendungsbestätigung muss grundsätzlich vom Vorstand nach § 26 BGB oder einem vom Vorstand entsprechend Bevollmächtigten unterschrieben werden. Es ist dabei zu beachten, wie die Vertretung nach außen in der Satzung geregelt ist. Bei einem mehrköpfigen Vorstand bestehen folgende Vertretungsmöglichkeiten:
- aktive Gesamtvertretung,
- reine Einzelvertretung,
- eingeschränkte Einzelvertretung (z. B. Vier-Augen-Prinzip).

Risiken für Mehrspartenvereine

Achtung
Unwissenheit schützt vor Strafe nicht.

In Mehrspartenvereinen sollte das Haftungsrisiko für den Vorstand nach § 26 BGB nicht unterschätzt werden. Dies gilt vor allem dann, wenn die Untergliederungen rechtlich unselbstständig sind, sich aber selbst verwalten dürfen; d. h. eigene Kassen und Bankkonten haben. Hier sollte eine eindeutige Regelung im Verein vorgeschrieben werden. Die Kompetenz für die Ausstellung von Zuwendungsbestätigungen sollte nur beim BGB-Vorstand liegen. Abteilungsleiter, -kassierer und andere Funktionsträger sind nicht berechtigt, verbindliche auf amtlich vorgeschriebenem Vordruck zu erstellende Zuwendungsbestätigungen anzufertigen. Der Vorstand sollte sich über die richtige Verwendung von Spenden innerhalb der Abteilung vergewissern.

Spenden in der steuerlichen Behandlung

Spendenarten

Spenden sind Ausgaben, die

- freiwillig sowie
- unentgeltlich

geleistet werden und beim

- Spender zu einer Vermögensminderung und beim
- Verein zu einer Vermögensmehrung

führen. Diese können neben Geld auch in Form von Wirtschaftsgütern (Sachspenden), nicht aber in Nutzungen und Leistungen bestehen. Ausgaben zur Förderung sportlicher Zwecke sind nur dann für den Spender als Spende abzugsfähig, wenn der Sportverein die Zuwendungen unmittelbar für steuerbegünstigte satzungsmäßige Zwecke (ideeller Bereich oder steuerbegünstigter Zweckbetrieb), nicht aber im steuerpflichtigen wirtschaftlichen Geschäftsbetrieb oder in der Vermögensverwaltung verwendet.

Freiwillige Spende

Freiwillig ist eine Spende immer dann, wenn sie ohne rechtliche Verpflichtung geleistet wird. Mitgliedsbeiträge, Umlagen, Bausteine etc. werden dem Sportverein durch Satzung oder Mitgliederbeschluss unmittelbar geschuldet.

Praxis-Beispiel

Der Sportverein „Land unter" erweitert sein Freibad um ein weiteres Schwimmbecken. In der Mitgliederversammlung werden sog. Bausteinspenden in Höhe von 100 Euro beschlossen, die jedes Alt- und Neumitglied neben dem Mitgliedsbeitrag bezahlen muss. Lösung: Da die „Bausteinspende" aufgrund eines Mitgliederbeschlusses bezahlt werden muss, fehlt es an der Freiwilligkeit. Der Verein darf keine Zuwendungsbestätigung ausstellen. Der Betrag ist für die Mitglieder nicht als Spende abzugsfähig.

Unentgeltliche Spende

Unentgeltlich ist eine Spende, wenn ihr keine Gegenleistung gegenübersteht bzw. zwischen Leistung und Gegenleistung kein unmittelbarer wirtschaftlicher Zusammenhang besteht. Als Spende nicht abzugsfähig sind deshalb Zahlungen, die im Rahmen eines Strafverfahrens auferlegt werden oder die zum Erwerb von Eintrittskarten oder Losen geleistet werden.

Werden Trikots mit Werbeaufdruck, die von den Sportlern bei öffentlichen Auftritten getragen werden, an einen Sportverein gespendet, stellen diese für den Spender Betriebsausgaben und für den Verein Einnahmen im steuerpflichtigen wirtschaftlichen Geschäftsbetrieb „Werbung" dar. Als Spenden bezeichnete Ausgaben, die bei wirtschaftlicher Betrachtung das Entgelt für eine Leistung des empfangenden Vereins darstellen, sind nicht nach § 10b EStG abziehbar.

Praxis-Beispiel

Das Autohaus „Heilig's Blechle" stellt dem Verein für die Jugendmannschaften Trikots und Trainingsanzüge unentgeltlich zur Verfügung. Der Verein hätte für die Sportkleidung 10.000 Euro bezahlen müssen. Das Autohaus hat die Sportkleidung mit seinem Firmenlogo versehen.

Lösung:

	Steuerliche Beurteilung
beim Autohaus	Betriebsausgabenabzug
beim Verein	Einnahme wirtschaftlicher Geschäftsbetrieb • 19 % Umsatzsteuer (= 1.596,63 EUR) werden fällig • eventuell 15 % Körperschaftsteuer • + 5,5 % Solidaritätszuschlag • + ca. 15 % Gewerbesteuer

Unproblematisch sind Zuwendungen in Geld durch den Spender, da für ihn ein finanzieller Aufwand entsteht, der genau bezifferbar ist. Die Ausstellung einer Zuwendungsbestätigung dürfte keine Schwierigkeiten bereiten.   *Geldspenden*

Neben Geld- ist es aber auch bei Sachspenden nicht mehr erforderlich, dass die Zuwendungsbestätigung von der Durchlaufstelle ausgestellt wird. Erhält der Verein unmittelbar eine Sachspende, kann er über diese Zuwendung eine Zuwendungsbestätigung „Sachzuwendung" ausstellen. Damit beim Spendengeber eine Aufwendung steuerlich berücksichtigt werden kann, muss die Zuwendung beim   *Sachspenden*

Spendenempfänger für steuerbegünstigte Zwecke (ideeller Bereich, steuerbegünstigte Zweckbetriebe) verwendet werden.

Praxis-Beispiel
Die F-Jugend der Handballabteilung erhält ein Netz voller Bälle vom Vater (Bauunternehmer) eines Spielers. Der Vater erwartet vom Verein keine Gegenleistung.

Lösung:
Die Bälle werden im **ideellen Bereich** (Jugend) verwendet. Nach Vorlage der Rechnung kann der Sportverein eine Zuwendungsbestätigung über ein Netz Bälle ausstellen.

Praxis-Beispiel
Die 1. Damenmannschaft der Fußballabteilung erhält von einem Gönner des Vereins ein Satz Trikots. Die Spielerinnen der Mannschaft erhalten weder vom Verein noch von einem Dritten mehr als 400 Euro monatlich fürs Kicken.

Lösung:
Auch für diese Zuwendung kann der Fußballverein eine Bestätigung ausstellen, wenn keine Gegenleistung durch den Verein erbracht wird. Die Trikots werden in einem **steuerbegünstigten Zweckbetrieb** „unbezahlter Sport" verwendet.

Abzugsverbot für Sachspenden

Wird eine Sachspende für die selbst bewirtschaftete Vereinsgaststätte oder für Vereinsfeste verwendet, kann eine Zuwendungsbestätigung nicht ausgestellt werden. Die Verwendung erfolgt in einem steuerpflichtigen wirtschaftlichen Geschäftsbetrieb, der Spender hat keine Abzugsmöglichkeit.

Praxis-Beispiel
Die Judoabteilung veranstaltet einmal jährlich einen Elternnachmittag. Es werden die sportlichen Fortschritte der Kinder gezeigt und damit auch für weitere Mitglieder geworben. Die Abteilung verkauft an einem Stand „gespendete" Speisen und Getränke.

Lösung:
Der Sportverein darf keine Zuwendungsbestätigungen an die Wohltäter der Abteilung ausstellen. Auch der noch so geringe Verkauf von gespendeten Waren stellt einen steuerpflichtigen wirtschaftlichen Geschäftsbetrieb dar.

Spendenarten

Aus der Zuwendungsbestätigung müssen der Wert und die genaue Bezeichnung der gespendeten Sache im Sinne des § 10b EStG ersichtlich sein. Für den Wertansatz einer Sachspende kommt es darauf an, ob diese aus dem Privat- oder Betriebsvermögen gegeben wird. Der Spender trägt das Risiko des „richtigen" Wertes. Er hat deshalb den Wert der gespendeten Sache durch geeignete Unterlagen (z. B. Einkaufsrechnung, Gutachten etc.) nachzuweisen. Problematischer ist die Wertermittlung von gebrauchten Gegenständen. Hier ist der Wert im Zeitpunkt der Übergabe anhand des Anschaffungspreises, des Alters, des technischen Zustands etc. zu schätzen und ggf. durch ein Schätzgutachten zu belegen. Die Belege sind vom Verein aufzubewahren.

Bewertung von Sachspenden

Das Bundesministerium für Finanzen hat am 7. Juni 1999 in einem Erlass zur steuerlichen Anerkennung von Aufwandsersatzansprüchen gem. § 670 BGB als Aufwandsspenden im Sinne des § 10b EStG Folgendes bestimmt:

Aufwandsspenden

- Aufwendungsersatzansprüche nach § 670 BGB können Gegenstand von Aufwandsspenden sein.
- Hat der Zuwendende einen Aufwendungsersatzanspruch gegenüber dem Verein und verzichtet er darauf, ist ein Spendenabzug nur zulässig, wenn der entsprechende **Aufwendungsersatzanspruch durch Vertrag, Satzung oder einen rechtsgültigen Vorstandsbeschluss** eingeräumt worden ist.
- Aufwendungsersatzansprüche müssen **ernsthaft** vereinbart sein.
- Beim **nachträglichen** Verzicht auf den Ersatz der Aufwendungen handelt es sich um eine Geldspende des Aufwands.
- Für die Höhe der Zuwendungen ist der vereinbarte Ersatzanspruch maßgebend.

> **Achtung**
> Klare, eindeutige Vereinbarungen sollten im Voraus getroffen werden.

Aufwandsersatzansprüche

Als Aufwendungsersatz wird lediglich ein Kostenersatz tatsächlich angefallener, nachgewiesener und zur Erfüllung des Auftrags auch notwendiger Kosten angesehen. Nicht unter diesen gesetzlichen Aufwendungsersatzanspruch fallen Vergütungen für die aufgewendete Arbeitszeit und Arbeitskraft. Durch den reinen Aufwendungsersatz kann insoweit auch kein Arbeitsverhältnis mit dem ehrenamtlich Tätigen entstehen. Ohne eine Regelung in der Satzung oder einer Vereinsordnung (Satzungsgrundlage erforderlich) hat jeder Beauftragte gegen den Verein einen umfassenden und unbeschränkten Anspruch. Darüber hinaus können auch andere Personen (z. B. Eltern, die Jugendliche zu sportlichen Veranstaltungen fahren) einen Kostenersatz vom Verein erhalten.

Häufig werden die steuerrechtlich zulässigen Vergütungssätze erstattet:

1. Fahrtkosten für auswärtige Tätigkeiten (tatsächlich gefahrene Kilometer)	
mit dem eigenen Pkw	0,30 EUR
+ Mitnahmeentschädigung	0,02 EUR
mit dem Motorrad oder Motorroller	0,13 EUR
+ Mitnahmeentschädigung	0,01 EUR
mit dem Moped oder Mofa	0,08 EUR
mit dem Fahrrad	0,05 EUR
2. Entfernungspauschale Training/Heimspiele (einfache Strecke)	
für jeden Kilometer (einfache Strecke)	0,30 EUR
Höchstbetrag	4.500,00 EUR
3. Mehraufwendung für Verpflegung	
mind. 8 bis 14 Stunden	6,00 EUR
mind. 14 bis 24 Stunden	12,00 EUR
24 Stunden	24,00 EUR
4. Übernachtungskosten	20,00 EUR
5. Telefonkosten (Telefoneinheiten)	
6. Portokosten (Beleg)	
7. weiterer vereinbarter Kostenersatz ist denkbar.	

Praxis-Beispiel

Eltern nehmen neben ihren beiden eigenen Kindern (25 km) weitere zwei Kinder (15 km bzw. 10 km) mit zum sonntäglichen Fußballspiel. Der Verein hat sich in einer Finanzordnung bereit erklärt, Fahrtkosten nach steuerrechtlichen Gesichtspunkten zu erstatten. Es können folgende Fahrtkosten ersetzt werden:

für die eigenen Kinder	25 km	0,30 EUR	7,50 EUR
für Mitnahme 1. Kind	15 km	0,02 EUR	0,30 EUR
für Mitnahme 2. Kind	10 km	0,02 EUR	0,20 EUR
steuerfreier Ersatz an Eltern insgesamt			**8,00 EUR**

Hinweis

Ab 01.01.2014 gilt ein neues Reisekostenrecht, dabei werden u. a. die Pauschbeträge für Mehraufwendungen bei Verpflegung neu geregelt.

Kann der Verein den Aufwendungsersatz nur unter der Bedingung des Verzichts gewähren, fehlt es an einem ernsthaft vereinbarten Anspruch. Der Verein muss also finanziell in der Lage sein, ggf. Aufwendungsersatzansprüche auch aus eigenen finanziellen Mitteln begleichen zu können. Das gilt auch in den Fällen, in denen zunächst der ehrenamtlich Tätige den Aufwendungsersatzanspruch dem Verein spendet.

Ernsthaftigkeit des Anspruchs auf Aufwendungsersatz

Praxis-Beispiel

Der Sportverein „Habenichts" vergütet seinen zehn Übungsleitern am Jahresende 2.100 Euro (= 21.000 Euro). Auf den Konten des Vereins stehen zum Zeitpunkt der Auszahlung nur rote Zahlen. Alle Übungsleiter spenden nach Erhalt der Übungsleitervergütung diese wieder umgehend an den Sportverein.

Lösung:

Ein Spendenabzug bei den Übungsleitern kann nicht anerkannt werden. Wesentliches Indiz für die Ernsthaftigkeit ist die wirtschaftliche Leistungsfähigkeit des Sportvereins als Zuwendungsempfänger. Der Sportverein muss finanziell in der Lage sein, die geschuldete Übungsleitervergütung im Zweifel an alle Übungsleiter auch leisten zu können. Der Sportverein konnte die Übungsleitervergütungen nur auszahlen (ohne sich zu verschulden), weil er von Anfang an wusste, dass diese Vergütungen als Spende wieder in den Vermögensbereich des Vereins kamen.

> **Hinweis**
>
> Das Finanzgericht München hat in einem Urteil vom 07.07.2009 (6 K 3583/07) über Nichtauszahlung von Übungsleitern gegen Zuwendungsbestätigung entschieden und dabei nochmals einzelne Kriterien herausgearbeitet.

Praxis-Beispiel

Der Fall:
Ein Übungsleiter erhält statt einer Auszahlung die Übungsleitervergütung in Höhe von 2.100 Euro in Form einer Spendenbescheinigung.

Das Urteil:
Bei der ordnungsgemäßen Aufwandsspende liegt die Spende nicht bereits darin, dass der Spender Aufwendungen für den Spendenempfänger tätigt. Zunächst entsteht nur ein zivilrechtlicher Anspruch des Spenders auf Ersatz seiner Aufwendungen. Die Spende liegt erst im anschließenden Verzicht auf diesem Anspruch. Deswegen handelt es sich letztlich nicht um eine Sachspende, sondern um eine Geldspende.

> **Hinweis:**
> 1. Für die Anerkennung von Aufwandsspenden spricht, dass
>   – Bestimmungen durch die zuständigen Gremien getroffen wurden,
>   – zivilrechtliche Aufwendungsersatzansprüche dadurch entstehen können,
>   – Aufträge in gewissem Umfang auch erteilt wurden und
>   – die Beauftragten umfangreiche Abrechnungen erstellt haben.
> 2. Ein zivilrechtlicher Verzicht ist notwendige Voraussetzung.
> 3. Der Verein muss finanziell in der Lage sein, ggf. auch die Aufwendungen auszahlen zu können.
> 4. Die Spendenbescheinigung ist vom Spendenempfänger für das Jahr des Zugangs der Verzichtserklärung beim Spendenempfänger auszustellen.

Haftung des Spendenempfängers

Bei der Einkommensteuer und Körperschaftsteuer besteht für den gutgläubigen Spender eine Vertrauensschutzregelung, die gleichzeitig mit einem Haftungstatbestand verknüpft ist.

Der Haftungstatbestand des § 10b Abs. 4 EStG ist erfüllt, wenn

- die Zuwendungsbestätigung **vorsätzlich oder grob fahrlässig** falsch ausgestellt wurde, z. B. bei Sachspenden ein überhöhter Wert festgelegt wird. Auch eine missbräuchliche Ausstellung von Spendenbestätigungen erfüllt in der Regel den Tatbestand der objektiven Steuerverkürzung und kann zur Aberkennung der Gemeinnützigkeit führen,

oder, wenn

- die Zuwendungen nicht zu den in der Zuwendungsbestätigung **angegebenen steuerbegünstigten Zwecken** verwendet wurden. Jede steuerschädliche Verwendung der Zuwendungen führt grundsätzlich sofort zur Annahme der Haftung. Auf eine vorsätzlich oder grob fahrlässig falsche Verwendung kommt es nicht an. Auch in diesen Fällen kann die Aberkennung der Gemeinnützigkeit drohen.

Achtung
Im Haftungsfall kann die Gemeinnützigkeit entzogen werden.

Haftungssumme

Die Haftung beträgt sowohl im Fall der zweckwidrigen Verwendung einer Spende als auch der wahrheitswidrigen Ausstellung von Zuwendungsbestätigungen 30 % des zugewandten Betrags. Neben dieser Haftung wird dem Verein in aller Regel die Gemeinnützigkeit entzogen. Der Schaden für einen gemeinnützigen Sportverein kann damit weit über den zugewendeten Betrag hinausgehen. Werden Spenden aus einem Gewerbebetrieb geleistet, liegt ein eigener Haftungstatbestand vor. Der Haftungsbetrag wird in Höhe von weiteren 15 % der Zuwendungen festgesetzt.

Werden z. B. bei Sachspenden überhöhte Werte in einer Zuwendungsbestätigung bestätigt, so haftet der Aussteller für die fehlerhafte Bescheinigung.

Überhöhter Wert

Praxis-Beispiel

Der Sportverein „Modern Walking" möchte seine manuelle Vereinsbuchhaltung auf ein fortschrittliches EDV-System umstellen. Er erhält hierzu die alte und gebrauchte Hardware (PC, Monitor und Drucker) von einem Mitglied mit der Bitte um Ausstellung einer Zuwendungsbestätigung. Der Schatzmeister stellt eine Zuwendungsbestätigung für einen PC über 2.000 Euro aus.

Lösung:

Da der PC nur noch „Schrottwert" hat, liegt eine fehlerhafte Zuwendungsbestätigung vor. Es wurde ein überhöhter Wert eingetragen, der Spender hat dadurch einen ungerechtfertigten Steuervorteil erhalten. Der Sportverein muss 30 % v. 2.000 Euro = 600 Euro an das Finanzamt bezahlen und verliert die Gemeinnützigkeit. Bei fehlerhaften Spendenbescheinigungen sind aufgrund der Rechtsprechung zunächst der Verein und erst dann einzelne Personen in Haftung zu nehmen. Der Sportverein wird versuchen, den Haftungsbetrag vom Schatzmeister zu erhalten.

Ebenso unzulässig sind in Anspruch genommene Leistungen ohne Rechnung gegen Zuwendungsbestätigung.

Praxis-Beispiel

Ein Sportverein muss seine im steuerbegünstigten Bereich genutzten Sportanlagen instand setzen. Der Schatzmeister erinnert sich an ein Mitglied (Bauunternehmer) und bittet dieses um Hilfe. Der Unternehmer stellt Material und Personal unentgeltlich zur Verfügung. Nachdem der Sportplatz wieder bespielbar ist, weist der Unternehmer auf die Höhe der Kosten hin (8.000 Euro) und erwähnt dabei, dass er gegen eine Zuwendungsbestätigung nichts einzuwenden hätte. Der Schatzmeister „Eifrig-Ahnungslos" stellt eine solche umgehend aus.

Lösung:

Dem Verein wird die Gemeinnützigkeit wegen zweckwidriger Mittelverwendung entzogen. Der Schatzmeister hat eine Zuwendungsbestätigung „beschafft". Bei dem Bauunternehmer liegt keine Vermögensminderung vor; d. h., er ist nicht ärmer geworden. Im Gegenteil, der Unternehmer hat die Kosten für Material und Personal in Höhe von 8.000 Euro als Betriebsausgaben in seinem Unternehmen geltend gemacht. Zusätzlich erhält er noch die vom Schatzmeister „beschaffte" Zuwendungsbestätigung.

Richtig: Eine Zuwendungsbestätigung (auch vom Sportverein ausgestellt) wäre nur dann zulässig, wenn der Bauunternehmer dem Verein seine Leistung in Rechnung stellt und auf der Rechnung den Verzicht der unmittelbaren Bezahlung gegen eine Zuwendungsbestätigung erklärt. Der Bauunternehmer verbucht gewinnerhöhend und mit Abführung der Mehrwertsteuer eine Betriebseinnahme, die dann im Rahmen des zulässig abzugsfähigen Spendenbetrags (20 % vom Gesamtbetrag der Einkünfte) sein zu versteuerndes Einkommen wiederum reduziert.

Spendenhöchstbetrag

Zuwendungen (Mitgliedsbeiträge und Spenden) sind nur im Jahr der Zahlung unter Vorlage einer amtlichen Zuwendungsbestätigung in der in § 10b EStG genannten Höhe abzugsfähig. Ausgaben zur Förderung mildtätiger, kirchlicher, religiöser, wissenschaftlicher und der als besonders förderungswürdig anerkannten gemeinnützigen Zwecke sind bis zur Höhe von insgesamt 20 % des Gesamtbetrags der Einkünfte oder 4 ‰ der Summe der gesamten Umsätze und der im Kalenderjahr aufgewendeten Löhne und Gehälter als Sonderausgaben abzugsfähig.

Abziehbar sind auch Mitgliedsbeiträge an Fördervereine, die Kunst und Kultur gem. § 52 Abs. 2 Satz 1 Nr. 5 AO fördern, soweit es sich nicht um Mitgliedsbeiträge an Vereine handelt, die kulturelle Betätigungen fördern, die in erster Linie der Freizeitgestaltung dienen.

Nicht abziehbar sind Mitgliedsbeiträge an Vereine, die

1. den Sport (§ 52 Abs. 2 Satz 1 Nr. 21 AO),
2. kulturelle Betätigungen (die in erster Linie der Freizeitgestaltung dienen),
3. die Heimatpflege und Heimatkunde (§ 52 Abs. 2 Satz 1 Nr. 22 AO),
4. Zwecke im Sinne des § 52 Abs. 2 Satz 1 Nr. 23 AO fördern.

Übersicht Zuwendungen an Vereine

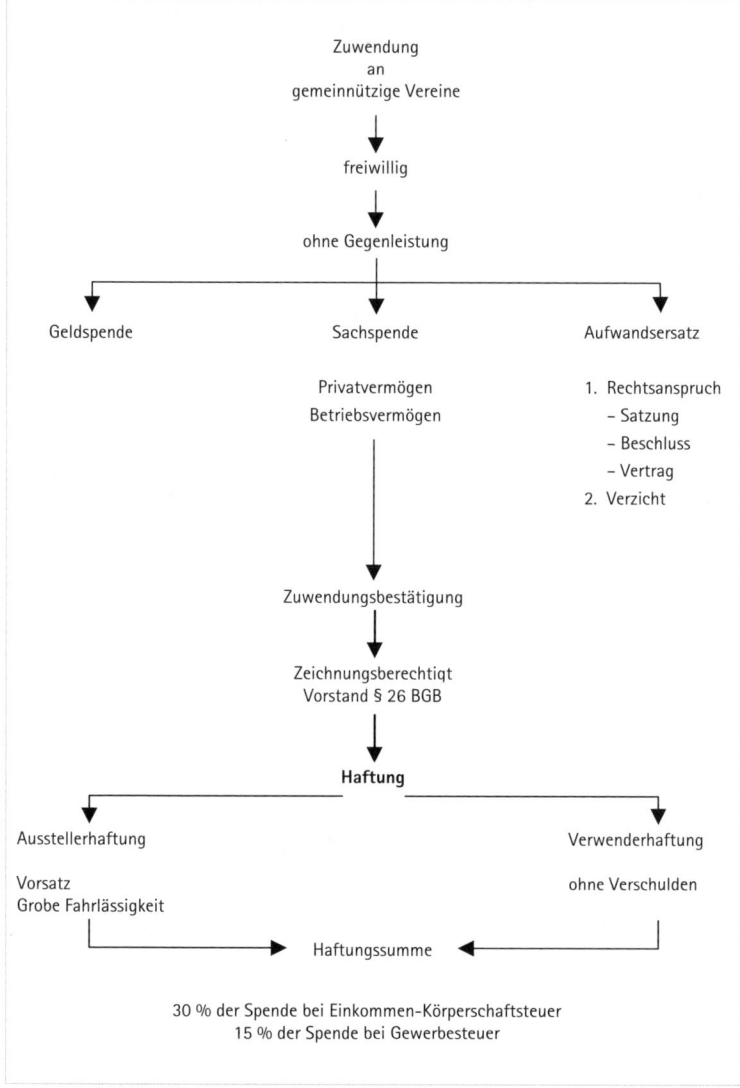

Sponsoringeinnahmen: Wie werden sie ertragsteuerlich behandelt?

Einführung

Am 9.7.1997 wurde die ertragsteuerliche Behandlung des Sponsorings in einem Erlass des Bundesministeriums der Finanzen neu geregelt. Aufgrund großer Aufregung bei den kulturellen Institutionen kam es am 18.2.1998 zu einer Klarstellung der steuerlichen Behandlung bei steuerbegünstigten Empfängern.

Begriff des Sponsorings

> **Achtung**
> Sponsoring beruht auf Leistung und Gegenleistung.

Unter Sponsoring wird üblicherweise die Gewährung von Geld oder geldwerten Vorteilen durch Unternehmen zur Förderung von Personen, Gruppen und/oder Organisationen in sportlichen, kulturellen, kirchlichen, wissenschaftlichen, sozialen, ökologischen oder ähnlich bedeutsamen gesellschaftspolitischen Bereichen verstanden, mit der regelmäßig auch eigene unternehmensbezogene Ziele der Werbung oder Öffentlichkeitsarbeit verfolgt werden. Leistungen eines Sponsors beruhen häufig auf einer vertraglichen Vereinbarung zwischen dem Sponsor und dem Empfänger der Leistungen (Sponsoring-Vertrag), in dem Art und Umfang der Leistungen des Sponsors und des Empfängers geregelt sind.

Steuerliche Behandlung beim Sponsor

Die im Zusammenhang mit dem Sponsoring gemachten Aufwendungen können folgende sein:

- Betriebsausgaben,
- Spenden,
- nicht abziehbare Kosten der Lebensführung.

Sponsoringeinnahmen: Wie werden sie ertragsteuerlich behandelt?

Durch das Sponsoring können einzelne Sportler, Sportveranstaltungen oder aber Vereine und Verbände gefördert werden. Sponsoring kann in den unterschiedlichsten Medien, wie z. B. Zeitung, Hörfunk, Fernsehen und Internet, vorkommen.

Nicht abzugsfähige Aufwendungen der Lebensführung

Der für einen Sponsor denkbar ungünstigste Fall ist, dass die Aufwendungen dem Bereich der privaten Lebensführung bzw. bei Kapitalgesellschaften den „verdeckten Gewinnausschüttungen" zuzurechnen sind. Eine steuerliche Vergünstigung ist dann nicht gegeben. Werden Aufwendungen in erster Linie aus privaten Gründen vorgenommen, dienen diese nicht der Einkunftserzielung. Die Aufwendungen können damit nicht gewinnmindernd als Betriebsausgaben abgezogen werden.

Spenden

Die steuerlich schon wesentlich interessantere Berücksichtigung finden die Aufwendungen beim Sponsoring als abzugsfähige Spenden.

Spenden sind Ausgaben, die freiwillig und unentgeltlich geleistet werden. Diese können neben Geld auch in Form von Wirtschaftsgütern (Sachspenden), nicht aber in Nutzungen und Leistungen bestehen.

Freiwillige Spende

Freiwillig ist eine Spende immer dann, wenn sie ohne rechtliche Verpflichtung geleistet wird. Mitgliedsbeiträge, Umlagen, Bausteine etc. werden dem Sportverein durch Satzung oder Mitgliederbeschluss unmittelbar geschuldet.

Unentgeltliche Spende

Unentgeltlich ist eine Spende, wenn ihr keine Gegenleistung gegenübersteht bzw. zwischen Leistung und Gegenleistung kein unmittelbarer wirtschaftlicher Zusammenhang besteht. Als Spende nicht abzugsfähig sind deshalb Zahlungen, die im Rahmen eines Strafverfahrens auferlegt oder zum Erwerb von Eintrittskarten oder Losen geleistet werden. Problematisch sind die Fälle, in denen die gewährte Leistung zum einen als Gegenleistung, zum anderen als Spende bestehen soll. Hier kann nur im Schätzungswege eine Aufteilung erfolgen. Die „Spende" von Trikots mit Werbeaufdruck an einen Sportverein, die von den Sportlern bei öffentlichen Auftritten getragen werden, stellen für den Zahlenden Betriebsausgaben und für den Verein Einnahmen im wirtschaftlichen Geschäftsbetrieb – Werbung – dar.

> **Achtung**
> Voraussetzung für Steuerbegünstigung: Zuwendungsbestätigung und Verwendungsbestätigung.

Steuerbegünstigte Zwecke

Damit beim Spendengeber eine Aufwendung steuerlich berücksichtigt werden kann, muss die Zuwendung beim Spendenempfänger für steuerbegünstigte Zwecke verwendet werden. Der Nachweis ist in einer Zuwendungsbestätigung zu führen, aus der folgende Angaben hervorgehen müssen: Name und Anschrift des Spendengebers, Name und Anschrift des Spendenempfängers, Zahlungsnachweis über die Höhe des Betrags und den Zeitpunkt der Zahlung, Nachweis, dass der Spendenempfänger zum begünstigten Personenkreis gehört, und schließlich die Verwendungsbestätigung des Empfängers. Dies gilt auch für Sachspenden.

Die Verwendung einer Sachspende eines gemeinnützigen Vereins im Rahmen einer Tombola, die ein Zweckbetrieb ist, gilt als für steuerbegünstigende Zwecke verwendet. Zuwendungsbestätigungen können selbst dann ausgestellt werden, wenn die Sachspende mit einem Werbeaufdruck versehen ist. Steht allerdings die Werbung bei einer Tombola im Vordergrund, so sind die Einnahmen als steuerpflichtiger wirtschaftlicher Geschäftsbetrieb zu erfassen (Werbeaufdruck auf den Losen).

Spendenabzug bei Tombola

Auch bei der Gewerbeertragsermittlung können alle Spenden gewerbesteuermindernd abgezogen werden, die bereits einkommen- oder körperschaftsteuerlich berücksichtigungsfähig sind.

Erweiterung des Spendenabzugs

> **Achtung**
> Spenden sind für den Spender nur in dem Kalenderjahr abzugsfähig, in dem sie geleistet werden.

Spenden sind nur in der vom Gesetzgeber vorgeschriebenen Höhe von 20 % vom Gesamtbetrag der Einkünfte oder 4 ‰ der Summe der gesamten Umsätze und der im Kalenderjahr aufgewendeten Löhne und Gehälter abzugsfähig.

Spendenhöchstbetrag

Haftung des Spendenempfängers

Der Haftungstatbestand des § 10b Abs. 4 EStG ist erfüllt, wenn

- die Zuwendungsbestätigung vorsätzlich oder grob fahrlässig falsch ausgestellt wurde, z. B. wenn bei Sachspenden ein überhöhter Wert festgelegt wird. Auch eine missbräuchliche Ausstellung von Spendenbestätigungen erfüllt in der Regel den Tatbestand der objektiven Steuerverkürzung und kann zur Aberkennung der Gemeinnützigkeit führen,

oder wenn

- die Zuwendungen nicht zu den in der Zuwendungsbestätigung angegebenen steuerbegünstigten Zwecken verwendet wurden. Jede steuerschädliche Verwendung der Zuwendungen führt grundsätzlich sofort zur Annahme der Haftung. Auf eine vorsätzlich oder grob fahrlässig falsche Verwendung kommt es nicht an. Auch in diesen Fällen kann die Aberkennung der Gemeinnützigkeit drohen.

Eine Spende, die vom Verein einem Zweckbetrieb zugeführt wird, ist als für steuerbegünstigte satzungsmäßige Zwecke verwendet anzusehen, weil ein Zweckbetrieb in seiner Gesamtrichtung dazu dienen muss, die steuerbegünstigten satzungsmäßigen Zwecke zu verwirklichen. Wird eine Spende mit der Bestimmung gegeben, sie in einem steuerschädlichen wirtschaftlichen Geschäftsbetrieb zu verwenden (wie z. B. Kuchen, Bier etc. für eine steuerpflichtige gesellige Veranstaltung), oder wird sie tatsächlich in dieser Weise verwendet (z. B. zur Ausstattung der Vereinsgaststätte oder zur Abdeckung des Verlustes aus steuerschädlichen wirtschaftlichen Geschäftsbetrieben), ist die notwendige Verwendung zu steuerbegünstigten Zwecken nicht gegeben.

Betriebsausgaben

Betriebsausgaben haben für Sponsoren allerdings den größeren Anreiz:

- Betriebsausgaben erfordern keinen gemeinnützigen Empfänger (Verein oder Verband),
- durch Betriebsausgaben können auch Einzelpersonen unterstützt werden,

- der Betriebsausgabenabzug ist der Höhe nach unbeschränkt und bei Verlust rück- oder vortragbar.

Betriebsausgaben sind Aufwendungen, die durch den Betrieb veranlasst sind. Dabei kann der Steuerpflichtige entscheiden, welche Aufwendungen er für sein Unternehmen machen will. Eine betriebliche Veranlassung liegt immer dann vor, wenn die Aufwendung in einem objektiven Zusammenhang mit dem Betrieb steht und subjektiv auch zur Förderung des Unternehmens beitragen kann.

Begriff der Betriebsausgaben

Achtung
Sponsoren erwarten eine Gegenleistung.

Beim Sponsoring werden mit dem Ziel eines Werbeeffektes Geld, Sachmittel, Know-how oder andere Organisationsleistungen an Sportler oder Sportorganisationen wie Vereine und Verbände bereitgestellt. Die Unternehmen erwarten neben den Steuervergünstigungen eine ganz konkrete Gegenleistung. Die Förderung des Sports steht dabei an zweiter Stelle.

Auf die Notwendigkeit, Üblichkeit oder Zweckmäßigkeit der Aufwendungen kommt es nicht an. Durch die Aufwendungen sollen günstige betriebliche Rahmenbedingungen geschaffen werden. Damit ist ein allgemeiner wirtschaftlicher Zusammenhang gegeben.

Gegenleistung für den Sponsor

Wirtschaftliche Vorteile erhält der Sponsor z. B. durch werbewirksame Hinweise des Gesponserten auf:

- Plakaten,
- Veranstaltungshinweisen,
- Ausstellungskatalogen,
- Fahrzeugen,
- anderen Gegenständen.

Im Sport sind z. B. folgende Formen der Werbung denkbar:

- Bandenwerbung,
- Inseratenwerbung,
- Trikotwerbung,
- Lautsprecherwerbung,
- Werbung auf Fahrzeugen,
- Werbung auf Sportgeräten,
- Werbung auf der Homepage des Vereins.

Öffentlichkeitsarbeit des Sponsors

Auch die Berichterstattung in Zeitungen, Rundfunk oder Fernsehen kann auf das Unternehmen oder auf Produkte des Sponsors aufmerksam machen. Die Teilnahme an Pressekonferenzen ermöglicht dem Sponsor ebenfalls, auf sein Unternehmen bzw. seine Produkte hinzuweisen.

Wirtschaftliche Vorteile für das Unternehmen des Sponsors können auch dadurch erreicht werden, dass der Sponsor durch Verwendung des Namens, von Emblemen oder Logos des Empfängers (Verein oder Verband) oder in anderer Weise öffentlichkeitswirksam auf seine Leistungen aufmerksam macht.

Höhe der Betriebsausgaben

Achtung
Leistung und Gegenleistung müssen in angemessenem Verhältnis stehen.

Die Aufwendungen dürfen auch dann als Betriebsausgaben abgezogen werden, wenn die Geld- oder Sachleistungen des Sponsors und die erstrebten Werbeziele für das Unternehmen nicht gleichwertig sind. Bei einem krassen Missverhältnis zwischen den Leistungen des Sponsors und dem Gegenwert durch den Gesponserten ist der Betriebsausgabenabzug allerdings zu versagen.

VIP-Maßnahmen

Im Zusammenhang mit dem Veranstaltungs-Sponsoring werden oftmals kostenlos Eintrittskarten und Bewirtungen an Geschäftsfreunde, einflussreiche Persönlichkeiten der Branche, der Medien und des öffentlichen Lebens ausgegeben (sog. VIP-Maßnahmen).

- Soweit die „very important persons" (VIPs) nicht als (potenzielle) Geschäftspartner oder Kontaktpersonen zur Pflege geschäftlicher Beziehungen eingeladen werden, kommt ein Betriebsausgabenabzug grundsätzlich nicht in Betracht. Dies ist z. B. der Fall, wenn Freunde und Bekannte des Sponsors eingeladen werden.
- Im Übrigen liegen Betriebsausgaben vor, deren Abzugsfähigkeit sich nach einkommensteuerrechtlichen Vorschriften richtet.

Werden VIP-Eintrittskarten zur privaten Verwendung unentgeltlich überlassen, liegen Geschenke vor, die nur beschränkt als Betriebsausgaben abzugsfähig sind. Je Kunde und Kalenderjahr dürfen insgesamt nur 35 Euro (ohne USt) berücksichtigt werden. Bei Überschreiten dieser Freigrenze wird der gesamte Betrag nicht zum Betriebsausgabenabzug zugelassen. Eintrittskarten

Aufwendungen für die unentgeltliche Bewirtung anlässlich der privaten Verwendung der VIP-Karten sind ebenfalls nur beschränkt abzugsfähig. Als Betriebsausgaben werden lediglich 70 % der Aufwendungen anerkannt. Bewirtung

Im Übrigen empfiehlt sich, im Zusammenhang mit Sponsoring die beiden BMF-Schreiben vom 22. August 2005, BStBl I S. 845 und vom 30. März 2006, BStBl I S. 307 heranzuziehen.

Besteuerung beim Empfänger

Der größte Teil des Erlasses befasst sich mit der Besteuerung des Sponsors. Lediglich zwei Ziffern sind der Besteuerung des Gesponserten gewidmet.

Die im Zusammenhang mit dem Sponsoring erhaltenen Leistungen können, wenn der Empfänger ein steuerbegünstigter Verein ist, steuerfreie Einnahmen im ideellen Bereich, im Bereich der Vermögensverwaltung oder aber steuerpflichtige Einnahmen eines wirtschaftlichen Geschäftsbetriebs sein.

Kein Korrespondenzprinzip	Neu ist dabei, dass es kein Korrespondenzprinzip gibt. Die steuerliche Behandlung der Leistungen beim Verein oder Verband hängt grundsätzlich nicht davon ab, wie die entsprechenden Aufwendungen beim leistenden Unternehmen behandelt werden.
Ideeller Bereich	Einnahmen im ideellen Bereich sind neben den Mitgliedsbeiträgen, Zuschüssen und Spenden künftig auch Leistungen der Sponsoren. Dem gesponserten Verein darf aber keine Gegenleistung abverlangt werden und er darf diese auch nicht von sich aus erbringen.

Praxis-Beispiel

Ein Sportverein erhält von einem Unternehmer einen Betrag in Höhe von 1.500 Euro. Eine Leistung seitens des Vereins ist damit nicht verbunden. Lediglich in der Vereinszeitschrift wird unter der Rubrik „Gönner und Förderer des Vereins" auf die Unterstützung hingewiesen.

Steuerliche Beurteilung:
- beim Unternehmer: Entnahme und Spende nach § 10b EStG
- beim Verein: ideeller Bereich; keine Umsatzsteuer.

Danach liegen Einnahmen aus dem begünstigten Bereich (Vermögensverwaltung = 7 % USt) vor, wenn der Verein dem Sponsor nur die Nutzung seines Namens zu Werbezwecken gestattet. Der Sponsor weist in diesen Fällen selbst zu Werbezwecken oder zur Imagepflege auf seine Unterstützung an den gemeinnützigen Verein hin.

Ein wirtschaftlicher Geschäftsbetrieb liegt auch dann nicht vor, wenn der Verein z. B. auf Plakaten, Veranstaltungshinweisen, in Ausstellungskatalogen oder in anderer Weise auf die Unterstützung durch den Sponsor hinweist. Dieser Hinweis kann unter Verwendung des Namens, Emblems oder Logos des Sponsors, jedoch ohne besondere Hervorhebung, erfolgen.

Vermögensverwaltung

Einnahmen aus der Vermögensverwaltung sind z. B. Zinseinnahmen, Miet- und Pachteinnahmen aus langfristiger Vermietung eigener oder gemieteter Grundstücke und Gebäude sowie Pachteinnahmen aus zeitlich begrenzter Überlassung von Rechten.

Praxis-Beispiel
Fall 1:
Ein Fußballverein erhält von verschiedenen Unternehmen jeweils Beträge zwischen 1.000 Euro und 5.000 Euro für die Durchführung eines Fußballturniers. Entsprechend den Vereinbarungen druckt der Verein in der unteren Zeile seiner Plakate für das Fußballturnier die Namen der Firmen mit dem jeweiligen Firmenlogo ab mit dem Hinweis „Wir danken den Sponsoren, die uns das Fußballturnier ermöglicht haben".

Steuerliche Beurteilung:
- bei den Unternehmen: Betriebsausgaben
- beim Verein: steuerfreie Vermögensverwaltung; Umsatzsteuer 7 %

Fall 2:
Eine Bank gibt einem kulturellen Verein einen Betrag von 50.000 Euro. In ihren Werbeanzeigen weist sie auf die Unterstützung des Vereins hin.

Steuerliche Beurteilung:
- bei der Bank: Betriebsausgaben
- beim Verein: steuerfreie Vermögensverwaltung; (nur Duldung der Nutzung des Namens zu Werbezwecken); Umsatzsteuer 7 %

Die entgeltliche Übertragung von Werberechten, z. B. Bandenwerbung, Inseratenwerbung, Lautsprecherwerbung an Werbeunternehmer, fällt unter die ertragsteuerfreie Vermögensverwaltung. Voraussetzung dabei ist, dass: *Verpachtung von Werberechten*
- personelle Trennung zwischen Verein und Werbepächter besteht,
- dem Werbepächter ein angemessener Restgewinn verbleibt,
- der Verein an der Werbung nicht aktiv mitwirkt.

Die entgeltliche Übertragung der Werberechte auf Sportkleidung und Sportgeräten ist keine ertragsteuerfreie Vermögensverwaltung. Der Verein wirkt hier aktiv an der Werbung mit. Damit ist ein steuerpflichtiger wirtschaftlicher Geschäftsbetrieb gegeben.

Keine Leistung des Sponsorempfängers

Lt. einem BMF-Schreiben vom 13.11.2012 liegt keine Leistung durch aktives Tun, Dulden oder Unterlassen des Sponsorempfängers vor, wenn der Sponsor – ohne besondere Hervorhebung – namentlich nur erwähnt wird. Hierzu gilt ab 01.01.2013 Folgendes:

Weist der Empfänger von Zuwendungen aus einem Sponsoringvertrag
- auf Plakaten,
- in Veranstaltungshinweisen,
- in Ausstellungskatalogen,
- auf seiner Internetseite

oder in anderer Weise auf die Unterstützung durch den Sponsor lediglich hin, erbringt er insoweit keine Leistung im Rahmen eines Leistungsaustauschs.

Dieser Hinweis kann unter Verwendung
- des Namens oder
- Logos des Sponsors,

jedoch **ohne besondere Hervorhebung oder Verlinkung** zu dessen Internetseiten erfolgen.

Ergebnis: Die Einnahmen sind ab dem 01.01.2013 dem ideellen Bereich zuzuordnen und nach Abschnitt 1.1 Abs. 23 UStAE umsatzsteuerfrei.

Wirtschaftlicher Geschäftsbetrieb

Steuerpflichtiger wirtschaftlicher Geschäftsbetrieb

Ein wirtschaftlicher Geschäftsbetrieb ist eine selbstständige nachhaltige Tätigkeit, durch die Einnahmen oder andere wirtschaftliche Vorteile erzielt werden und die über den Rahmen einer Vermögensverwaltung hinausgeht. Die Absicht, Gewinn zu erzielen, ist nicht erforderlich. Eine Vermögensverwaltung liegt in der Regel vor, wenn Vermögen genutzt, zum Beispiel Kapitalvermögen verzinslich angelegt oder unbewegliches Vermögen vermietet oder verpachtet wird.

Für die Besteuerung des wirtschaftlichen Geschäftsbetriebs gibt es zwei Gründe:
- Wirtschaftliche Geschäftsbetriebe tragen nicht unmittelbar zur Verwirklichung der gemeinnützigen Zwecke bei, für die der Verein steuerbegünstigt ist, und
- sie treten in Wettbewerb zu anderen nicht steuerbegünstigten Gewerbetreibenden und müssen aus Gründen der Gleichbehandlung wie diese besteuert werden.

Praxis-Beispiel
Fall 1:
Die Getränkefirma X zahlt einem gemeinnützigen Sportverein einen Betrag in Höhe von 20.000 Euro. Dafür verpflichtet sich der Verein, mehrmals ganzseitige Werbeanzeigen der Getränkefirma in seinem Stadionblatt aufzunehmen und zusätzlich auf Plakaten (zusammen mit dem Markenzeichen der Firma X) den Hinweis zu drucken: „Diese Veranstaltung wurde gefördert von der Getränkefirma X."
Steuerliche Beurteilung:
- bei der Getränkefirma: Betriebsausgaben.
- beim Verein: steuerpflichtiger wirtschaftlicher Geschäftsbetrieb „Werbung" (aufgrund Anzeigengeschäft wird unschädlicher Rahmen überschritten, da in diesen Fällen i. d. R. eine einheitliche Werbeleistung vorliegt, die nicht aufgeteilt werden kann). Unmittelbare Betriebsausgaben nur noch in tatsächlicher Höhe abzugsfähig, Umsatzsteuer Regelsteuersatz.

Fall 2:
Ein Bauunternehmen „spendet" an einen Sportverein Trainingsanzüge und Trikots mit Werbeaufdruck (z. B. auch Firmenlogo) für alle aktiven Vereinsmitglieder. Der Verein verpflichtet sich, dass diese Sportkleidung von den Spielern anlässlich ihrer öffentlichen Auftritte getragen werden muss.
Steuerliche Beurteilung:
- beim Bauunternehmen: Betriebsausgaben.
- beim Verein: steuerpflichtiger wirtschaftlicher Geschäftsbetrieb „Werbung", Einbeziehung des Werts der Trikots in Besteuerungsgrenze von 35.000 Euro, tatsächlicher Betriebsausgabenabzug, Umsatzsteuer Regelsteuersatz.

Werbung auf der Homepage des Vereins

Bei der Werbung im Internet kommt es darauf an, ob das Logo des Sponsors auf der Homepage des Vereins verlinkt ist oder nicht.
- ohne Link = Vermögensverwaltung mit 7 % USt,
- mit Link = wirtschaftlicher Geschäftsbetrieb mit 19 % USt.

Trikotwerbung im Jugendbereich

Ein gemeinnütziger Sportverein, der unentgeltlich Trikots für seine Bambini und D- bis F-Jugendmannschaften von einem Unternehmen mit dessen Werbeaufdruck erhält und sich nicht verpflichtet, die Trikots bei den Spielen zu nutzen, erbringt nach einem Urteil des FG Köln v. 17.02.2006 keine steuerbare Werbeleistung, wenn allenfalls eine geringe Werbewirksamkeit beim Tragen der Trikots zu erwarten ist.

Aus Sicht des Sponsors dürfte bei vergleichbarem Sachverhalt eine unentgeltliche Wertabgabe gem. § 3 Abs. 1b Satz 1 Nr. 3 UStG vorliegen. Es liegen Sachspenden an Vereine vor (Abschn. 24b Abs. 8 Satz 8 UStR). Ob das so im Sinne des Sponsors ist, sei dahingestellt!

Die steuerliche Behandlung von sportlichen Veranstaltungen

Einführung

Für sportliche Veranstaltungen besteht in der Regel Steuerpflicht, die abhängig vom Veranstaltungsrahmen, vom Geschäftsbetrieb und den teilnehmenden Sportlern ist.

Allgemeines § 51 AO

Gewährt das Gesetz eine Steuervergünstigung, weil eine Körperschaft ausschließlich und unmittelbar gemeinnützige, mildtätige oder kirchliche Zwecke (steuerbegünstigte Zwecke) verfolgt, so gelten die folgenden Vorschriften. Unter Körperschaften sind die Körperschaften, Personenvereinigungen und Vermögensmassen im Sinne des Körperschaftsteuergesetzes zu verstehen. Funktionale Untergliederungen (Abteilungen) von Vereinen gelten nicht als selbstständige Steuersubjekte.

Selbstlosigkeit § 55 AO

Eine Förderung oder Unterstützung geschieht selbstlos, wenn dadurch nicht in erster Linie eigenwirtschaftliche Zwecke – zum Beispiel gewerbliche Zwecke oder sonstige Erwerbszwecke – verfolgt werden und wenn die folgenden Voraussetzungen gegeben sind:

Begriff: selbstlose Förderung

- Mittel des Vereins dürfen nur für die satzungsmäßigen Zwecke verwendet werden.
- Die Mitglieder dürfen keine Gewinnanteile und in ihrer Eigenschaft als Mitglieder auch keine sonstigen Zuwendungen aus Mitteln des Vereins erhalten.

Steuerlich unschädliche Betätigungen § 58 AO

Die Steuervergünstigung wird nicht dadurch ausgeschlossen, dass ein Sportverein neben dem unbezahlten auch den bezahlten Sport fördert.

Förderung des bezahlten Sports

Die Förderung des bezahlten Sports ist nur neben dem im Vordergrund stehenden Amateursport gemeinnützigkeitsunschädlich. Bei Unterschreiten der Zweckbetriebsgrenze dürfen bezahlte Sportler auch aus ideellen Mitteln steuerunschädlich bezahlt werden. Wird die Zweckbetriebsgrenze allerdings überschritten, ist die Gemeinnützigkeit nur dann nicht gefährdet, wenn die Vergütungen oder anderen Vorteile an bezahlte Sportler aus den steuerpflichtigen wirtschaftlichen Geschäftsbetrieben oder von Dritten geleistet werden. Ein Sportverein darf keine dem Sport nahestehende Tätigkeit fördern, die nicht selbst als gemeinnützig anerkannt ist.

Anforderungen an die tatsächliche Geschäftsführung § 63 AO

Der Verein hat den Nachweis, dass seine tatsächliche Geschäftsführung den notwendigen Erfordernissen entspricht, durch ordnungsgemäße Aufzeichnungen über seine Einnahmen und Ausgaben zu führen.

> **Achtung**
> Missbrauch der steuervergünstigenden Regelung führt zum Verlust der Gemeinnützigkeit.

Verfolgt ein Verein einen steuerbegünstigten Zweck, der nicht mit den in der Satzung festgelegten Satzungszwecken übereinstimmt, und gibt der Verein diesen Zweck nicht auf oder ändert seine Satzung nicht, können die Steuervergünstigungen nicht gewährt werden. Die tatsächliche Geschäftsführung umfasst auch die Ausstellung steuerlicher Zuwendungsbestätigungen; Missbräuche auf diesem Gebiet wie das Ausstellen von Gefälligkeitsbescheinigungen bedeuten den Verlust der Gemeinnützigkeit. Den Nachweis der tatsächlichen Geschäftsführung muss ein Verein sowohl nach bürgerlichrechtlichen als auch nach steuerrechtlichen Bestimmungen durch ordnungsgemäße Aufzeichnungen über Einnahmen und Ausgaben erbringen. Unter bestimmten Umständen besteht steuerrechtlich sogar Buchführungspflicht. Die Aufzeichnungen sollten für die Einnahmen-Überschuss-Rechnung die einzelnen Tätigkeitsbereiche darlegen. Meldepflichtige Ereignisse, wie z. B. Erwerb der Rechtsfähigkeit, Änderung der Rechtsform, Verlegung der Geschäftsleitung oder des Sitzes, Beschlüsse, durch die für steuerliche Vergünstigungen wesentliche Satzungsbestimmungen geändert werden sollen, und die Auflösung sind innerhalb eines Monats dem Finanzamt zu melden.

Zweckbetrieb § 65 AO

Ein Zweckbetrieb ist gegeben, wenn

- der wirtschaftliche Geschäftsbetrieb in seiner Gesamtrichtung dazu dient, die steuerbegünstigten satzungsmäßigen Zwecke des Vereins zu verwirklichen,
- die Zwecke nur durch einen solchen Geschäftsbetrieb erreicht werden können und
- der wirtschaftliche Geschäftsbetrieb zu nicht begünstigten Betrieben derselben oder ähnlicher Art nicht in größerem Umfang in Wettbewerb tritt, als es bei Erfüllung der steuerbegünstigten Zwecke unvermeidbar ist.

Wirtschaftlicher Geschäftsbetrieb § 14 AO

Ein wirtschaftlicher Geschäftsbetrieb ist eine selbstständige nachhaltige Tätigkeit, durch die Einnahmen oder andere wirtschaftliche Vorteile erzielt werden und die über den Rahmen einer Vermögensverwaltung hinausgeht. Die Absicht, Gewinn zu erzielen, ist nicht erforderlich. Eine Vermögensverwaltung liegt in der Regel vor, wenn Vermögen genutzt wird. Zum Beispiel, wenn Kapitalvermögen verzinslich angelegt oder unbewegliches Vermögen vermietet oder verpachtet wird.

Für die Annahme eines wirtschaftlichen Geschäftsbetriebs müssen sämtliche in § 14 AO aufgeführten Merkmale erfüllt sein. Selbstständigkeit bedeutet die sachliche Selbstständigkeit, d. h., die Betätigung hebt sich von der Gesamtbetätigung des Vereins ab und bildet keine Einheit. Nachhaltigkeit ist bereits dann gegeben, wenn eine Tätigkeit auf Wiederholung angelegt ist. Tritt ein Verein mit seiner Tätigkeit in Konkurrenz zu anderen nicht steuerbegünstigten Unternehmen, nimmt er am wirtschaftlichen Verkehr teil. Weitere Voraussetzung ist, dass der Verein Einnahmen oder sonstige wirtschaftliche Vorteile (= ersparte Aufwendungen) erzielt. Nicht erforderlich ist aber eine Gewinnerzielung. Wird Vereinsvermögen durch Dritte gegen Entgelt genutzt, z. B. Verzinsung von Kapitalvermögen, Vermietung von unbeweglichem Vermögen, bewegt sich der Verein im Bereich der ertragsteuerfreien Vermögensverwaltung.

> **Hinweis**
> Für wirtschaftliche Geschäftsbetriebe, die keine Zweckbetriebe sind, kommen Steuervergünstigungen nicht infrage.

Vermietung von Sportanlagen

Nicht zu den sportlichen Veranstaltungen zählt die Überlassung von Sportanlagen, da hier nur die Möglichkeit zur Ausübung des Sports geschaffen wird.

Einnahmen aus der Vermietung von Sportanlagen

Einnahmen aus der Vermietung von Sportanlagen auf längere Dauer von mindestens sechs Monaten gehören zum steuerfreien Bereich der Vermögensverwaltung.

Bei der Vermietung auf kurze Dauer (z. B. stundenweise Vermietung, auch wenn diese für einen längeren Zeitraum im Voraus festgelegt wird) an Mitglieder liegen Einnahmen im Zweckbetrieb nach § 65 AO vor. Eine Berücksichtigung bei Berechnung der Zweckbetriebsgrenze entfällt deshalb. Die kurzfristige Vermietung an Nichtmitglieder stellt einen wirtschaftlichen Geschäftsbetrieb dar.

Sportliche Veranstaltungen § 67a AO

1. Sportliche Veranstaltungen eines Sportvereins sind ein Zweckbetrieb, wenn die Einnahmen einschließlich Umsatzsteuer insgesamt 45.000 Euro (ab 2013) im Jahr nicht übersteigen. Der Verkauf von Speisen und Getränken sowie die Werbung gehören nicht zu den sportlichen Veranstaltungen.
2. Der Sportverein kann dem Finanzamt bis zur Unanfechtbarkeit des Körperschaftsteuerbescheids erklären, dass er auf die Anwendung des § 67a Absatzes 1 Satz 1 verzichtet. Die Erklärung bindet den Sportverein für mindestens fünf Veranlagungszeiträume.
3. Wird auf die Anwendung des Absatzes 1 Satz 1 AO verzichtet, sind sportliche Veranstaltungen eines Sportvereins ein Zweckbetrieb, wenn
   - kein Sportler des Vereins teilnimmt, der für seine sportliche Betätigung oder für die Benutzung seiner Person, seines Namens, seines Bildes oder seiner sportlichen Betätigung zu Werbezwecken von dem Verein oder einem Dritten über eine Aufwandsentschädigung hinaus Vergütungen oder andere Vorteile erhält und
   - kein anderer Sportler teilnimmt, der für die Teilnahme an der Veranstaltung von dem Verein oder einem Dritten im Zusammenwirken mit dem Verein über eine Aufwandsentschädigung hinaus Vergütungen oder andere Vorteile erhält.

Andere sportliche Veranstaltungen sind ein steuerpflichtiger wirtschaftlicher Geschäftsbetrieb. Dieser schließt die Steuervergünstigung nicht aus, wenn die Vergütungen oder anderen Vorteile ausschließlich aus wirtschaftlichen Geschäftsbetrieben, die nicht Zweckbetrieb sind, oder von Dritten geleistet werden.

Einnahmen

Sportliche Veranstaltungen sind solche, bei denen – neben den Beiträgen – zusätzliche Einnahmen erzielt werden; z. B. durch:
- Ablösezahlungen,
- anteilige Einnahmen aus Pokalspielen,
- Einnahmen aus Fernsehübertragungsrechten,

- Einnahmen aus Rundfunkübertragungsrechten,
- Eintrittsgelder,
- Kursgebühren,
- Einnahmen aus Sportreisen,
- Teilnehmergebühren, Startgelder, Meldegelder,
- Verkauf von Programmheften.

Zu den sportlichen Veranstaltungen zählen auch Sportreisen und die Erteilung von Sportunterricht an Mitglieder und Nichtmitglieder. Eine Sportreise ist nur dann eine sportliche Veranstaltung, wenn aktive Sportler teilnehmen und die sportliche Betätigung wesentlicher und notwendiger Bestandteil der Reise ist. Das Betreiben von Vereinsheimen oder Vereinsgaststätten ist keine „sportliche Veranstaltung", auch wenn sich das Angebot nur an Mitglieder richtet.

Sportliche oder gesellige Veranstaltungen

Häufig werden bei sportlichen Veranstaltungen gesellige/gewerbliche Show-Einlagen oder umgekehrt geboten. Bei diesen sportlich-geselligen Veranstaltungen kann es deshalb zweifelhaft sein, ob eine steuerbegünstigte sportliche Veranstaltung oder eine steuerpflichtige gesellige Veranstaltung gegeben ist.

Praxis-Beispiel
Fall 1:
Ein Tanzsportclub veranstaltet alljährlich einen Ball. Beginn des Balls ist um 20.00 Uhr. Nach der Begrüßung des 1. Vorsitzenden findet ein Tanzturnier statt. In den Pausen und nach Ende des Turniers ab 23.00 Uhr ist für das Publikum (überwiegend aktive Tänzer/-innen des veranstaltenden und anderer Clubs) Tanz angesagt. Ende des Balls ist um 1.00 Uhr. Es wird ein einheitlicher Eintrittspreis, der auch die Bewirtung einschließt, erhoben.

Die Zusammensetzung des Publikums spielt für die Frage einer sportlichen Veranstaltung keine Rolle. Der zeitliche Rahmen qualifiziert den Ball aber zur steuerbegünstigten sportlichen Veranstaltung. Der einheitliche Eintrittspreis ist gegebenenfalls im Wege der Schätzung in einen Entgeltsanteil für die sportliche Veranstaltung und in einen Entgeltsanteil für die Bewirtung aufzuteilen.

Praxis-Beispiel
Fall 2:

Nach § 2 der Satzung bestand der Zweck eines Tanzsportclubs im Betreiben von Leistungstanzsport und der Nachwuchsförderung, insbesondere für den Formationstanz. Der Verein nahm an Regional- und Bundesligaturnieren teil. Er beteiligte sich an nationalen und internationalen Meisterschaften. Er führte außerdem gegen Entgelt Schauauftritte durch. Das Finanzamt beurteilte die Schauauftritte als steuerpflichtigen wirtschaftlichen Geschäftsbetrieb und unterwarf die entsprechenden Einnahmen mit dem Regelsteuersatz der Umsatzsteuer.

Das Finanzgericht (FG) und der Bundesfinanzhof (BFH) zählen zu den sportlichen Veranstaltungen alle Veranstaltungen, bei denen aktive Sportler Sport treiben. Es ist nicht erforderlich, dass der Sportverein selbst Organisator ist und es sich um eine eigene Veranstaltung des Vereins handelt. Eine sportliche Veranstaltung kann daher auch dann vorliegen, wenn ein Sportverein im Rahmen einer anderen Veranstaltung eine sportliche Darbietung präsentiert. Die andere Veranstaltung braucht nicht notwendigerweise die sportliche Veranstaltung eines Sportvereins zu sein. Die Einnahmen aus Showauftritten sind mit 7 % umsatzsteuerpflichtig.

Praxis-Beispiel
Fall 3:

Ein steuerbegünstigter gemeinnütziger Sportkreis führt einen Sportlerball durch. Eintrittsgelder werden erhoben. Die Bewirtung wird von einem selbstständigen Gastronomen durchgeführt. Von 20.00 bis 21.00 Uhr werden nach der Eröffnung und Begrüßung die erfolgreichsten Sportler geehrt. Anschließend erfreuen sportliche Darbietungen der Mitgliedsvereine bis 22.30 Uhr die Anwesenden. Ab 23.00 Uhr ist dann die Arena frei für die zahlenden Zuschauer. Um 24.00 Uhr wird der Sportlerball offiziell beendet, wobei die Band bis ca. 1.00 Uhr weiterspielt.

Für die Frage, ob der sportliche oder der gesellige Teil der Veranstaltung überwiegt, können die Ehrung der Sportler (eigentlicher ideeller Bereich) und die sportlichen Einlagen zusammengerechnet werden. Auch in diesem Fall wird man insgesamt noch eine sportliche Veranstaltung annehmen können.

> **Hinweis**
> Der Charakter der Veranstaltung (steuerbegünstigt oder steuerpflichtig) richtet sich nach der zeitlichen Ausgestaltung der einzelnen Veranstaltung.

Zweckbetriebsgrenze

Die sportlichen Veranstaltungen sind ein Zweckbetrieb, wenn die Bruttoeinnahmen (inkl. Umsatzsteuer) aus allen sportlichen Veranstaltungen eines Kalenderjahrs 45.000 Euro (ab 2013) nicht übersteigen. Es ist dabei unerheblich, ob bezahlte oder unbezahlte Sportler daran teilgenommen haben, mit welchen Mitteln sie bezahlt wurden und ob Verluste mit ideellen Mitteln abgedeckt wurden.

Praxis-Beispiele

Bruttoeinnahmen aus sportlichen Veranstaltungen (keine Teilnahme von bezahlten Sportlern) = steuerbegünstigter Zweckbetrieb = keine Optionsmöglichkeit	28.000 EUR
Bruttoeinnahmen aus sportlichen Veranstaltungen (Teilnahme nur bezahlte Sportler) = steuerbegünstigter Zweckbetrieb = Optionsmöglichkeit gegeben	45.000 EUR
Bruttoeinnahmen aus sportlichen Veranstaltungen (Teilnahme bezahlter Sportler = Einnahmen 25.000 EUR; Teilnahme unbezahlter Sportler = Einnahmen 5.000 EUR) = steuerbegünstigter Zweckbetrieb = Optionsmöglichkeit bezüglich Veranstaltungen mit bezahlten Sportlern	30.000 EUR

Übersteigen die Einnahmen die Zweckbetriebsgrenze, sind alle sportlichen Veranstaltungen einschließlich der mit unbezahlten Sportlern steuerpflichtige wirtschaftliche Geschäftsbetriebe. Schließen

Sportliche Veranstaltungen § 67a AO

diese Veranstaltungen mit einem Verlust ab, kann dieser gemeinnützigkeitsunschädlich nur mit Überschüssen aus anderen steuerpflichtigen wirtschaftlichen Geschäftsbetrieben und nicht mehr mit ideellen Mitteln ausgeglichen werden.

Praxis-Beispiel

Eintrittsgelder sportliche Veranstaltungen (Einsatz eines bezahlten Sportlers)	5.000 EUR
Kursgebühren Sportunterricht (keine Teilnahme von bezahlten Sportlern, Bezahlung von Trainern, Übungsleitern unerheblich)	70.000 EUR
Gesamteinnahmen	75.000 EUR

Steuerpflichtiger wirtschaftlicher Geschäftsbetrieb, da Zweckbetriebsgrenze überschritten = Optionsmöglichkeit bezüglich Veranstaltungen mit bezahlten Sportlern.

Steuerliche Auswirkungen:

Eintrittsgelder sportliche Veranstaltungen (Einsatz eines bezahlten Sportlers)	5.000 EUR	
– Ausgaben bezahlter Sportler	– 25.000 EUR	
		– 20.000 EUR
Kursgebühren Sportunterricht (keine Teilnahme von bezahlten Sportlern)	70.000 EUR	
– Ausgaben Sportunterricht	– 20.000 EUR	
		50.000 EUR
Gesamtüberschuss		30.000 EUR

Steuerbelastung:

Überschuss sportliche Veranstaltungen	30.000 EUR
– Freibetrag	– 5.000 Euro
zu versteuerndes Einkommen	25.000 EUR
Ertragsteuer:	
Körperschaftsteuer 15 %	3.750 EUR
Solidaritätszuschlag 5,5 %	206 EUR
Gewerbesteuer ca. 12 %	3.000 EUR

Die steuerliche Behandlung von sportlichen Veranstaltungen

Wahlrecht

Verzichtet ein Sportverein auf die Anwendung des § 67a Abs. 1 AO, ist jede sportliche Veranstaltung für sich zu prüfen, ob ein Zweckbetrieb oder ein steuerpflichtiger wirtschaftlicher Geschäftsbetrieb anzunehmen ist. Sind die einzelnen sportlichen Veranstaltungen als Zweckbetrieb zu beurteilen, kommt es auf die Einnahmehöhe nicht an. Ob eine steuerpflichtige oder steuerfreie sportliche Veranstaltung gegeben ist, richtet sich nach dem Einsatz von bezahlten oder unbezahlten Sportlern. Sportliche Veranstaltungen, an denen kein bezahlter Sportler teilnimmt, sind stets ein Zweckbetrieb. Sportliche Veranstaltungen, an denen ein bezahlter Sportler teilnimmt, sind stets steuerpflichtiger wirtschaftlicher Geschäftsbetrieb.

Praxis-Beispiel (Fortführung)

Steuerliche Auswirkungen bei Option:

Eintrittsgelder sportliche Veranstaltungen (Einsatz von einem bezahlten Sportler)	5.000 EUR
– Ausgaben bezahlter Sportler	– 25.000 EUR
Verlust wirtschaftlicher Geschäftsbetrieb	– 20.000 EUR

Der Verlust aus bezahlten sportlichen Veranstaltungen muss aus anderen wirtschaftlichen Geschäftsbetrieben ausgeglichen werden.

Kursgebühren Sportunterricht (keine Teilnahme von bezahlten Sportlern)	70.000 EUR
– Ausgaben Sportunterricht	– 20.000 EUR
Überschuss sportliche Veranstaltungen unbezahlter Sport	50.000 EUR

Es fällt keine Körperschaft- und Gewerbesteuer an, da es sich um einen steuerbegünstigten Zweckbetrieb handelt.

Ablösezahlungen

Erhaltene Ablösezahlungen gehören zu den Einnahmen aus sportlichen Veranstaltungen; sie sind deshalb mit in die Zweckbetriebsgrenze einzubeziehen. Erhaltene Ablösesummen sind immer dann unproblematisch, wenn die Zweckbetriebsgrenze nicht überschritten ist.

Haben die Einnahmen aber 45.000 Euro überschritten oder ist aufgrund der Option ein steuerpflichtiger wirtschaftlicher Geschäftsbetrieb gegeben, gehören die erhaltenen Ablösesummen zum wirtschaftlichen Geschäftsbetrieb, wenn der Sportler in den letzten zwölf Monaten vor der Freigabe bezahlter Sportler war.

> **Achtung**
> Die Zahlung von Ablösesummen ist uneingeschränkt zulässig, soweit es sich um einen steuerbegünstigten Zweckbetrieb handelt.

Transferentschädigungen sind Anschaffungskosten einer Spielerlaubnis. Diese Spielerlaubnis ist als immaterielles Wirtschaftsgut verkehrsfähig und demzufolge auf die Laufzeit des Arbeitsvertrags abzuschreiben. Diese Regelung wird auf vergleichbare Ablöseregelungen bei anderen Sportarten ebenso anzuwenden sein. Dies gilt insbesondere in den Fällen, in denen arbeitsvertragliche Regelungen vorliegen.

Wird die Zweckbetriebsgrenze überschritten oder per Option darauf verzichtet, können vom zahlenden Verein gemeinnützigkeitsunschädlich lediglich die Ausbildungskosten des abgebenden Vereins erstattet werden. Dies sind beim aufnehmenden Verein pauschal 2.557 Euro oder nachgewiesene höhere Ausbildungskosten, soweit es sich in den ersten zwölf Monaten um einen unbezahlten Sportler handelt. Für bezahlte Sportler gibt es keine Begrenzung der Ablösesumme. Allerdings muss die gezahlte Ablösesumme aus dem Einkommen der Gesamtheit der steuerpflichtigen wirtschaftlichen Geschäftsbetriebe geleistet werden.

Bei Spielgemeinschaften von Sportvereinen ist bei der Körperschaftsteuerveranlagung der einzelnen beteiligten Sportvereine zu entscheiden, ob ein Zweckbetrieb oder ein wirtschaftlicher Geschäftsbetrieb vorliegt. Auf die Qualifizierung der Einkünfte im Feststellungsbescheid für die Gemeinschaft kommt es dabei nicht an. Maßgebend für die Beurteilung, ob die Zweckbetriebsgrenze überschritten wird, sind die anteiligen Einnahmen und nicht der anteilige Überschuss. Gewerbesteuerpflichtig ist aber die BGB-Gesellschaft.

Spielgemeinschaften

Praxis-Beispiel

Der Turnverein (TV) hat seine besten Basketballspieler aufgrund eines Vertrags dem bekannten Basketballverein (TSG) für eine Spielgemeinschaft (TSG/TV GbR) überlassen. Die Beteiligung an der GbR besteht je zur Hälfte. Die GbR spielt in der Bundesliga und erzielt im Kalenderjahr aus entgeltlichen sportlichen Veranstaltungen Bruttoeinnahmen (inkl. Umsatzsteuer) von 60.000 Euro und einen Überschuss von 10.000 Euro. Der Turnverein hat aus eigenen entgeltlichen sportlichen Veranstaltungen im Jahr Einnahmen in Höhe von 12.000 Euro.

Steuerliche Beurteilung bei der TSG/TV GbR

Die GbR ist selbstständige Unternehmerin, erhält eine eigene Steuernummer und muss ihren steuerlichen Verpflichtungen eigenständig nachkommen. Umsatzsteuerlich sind die Einnahmen in Höhe von 60.000 Euro der Umsatzsteuer zu unterwerfen.

Der Gewinn der Gesellschaft wird in einer einheitlichen und gesonderten Gewinnfeststellung festgestellt und jedem Gesellschafter in Höhe von je 5.000 Euro zugewiesen. Dies hat Bedeutung für eine etwaige Körperschaftsteuerpflicht.

Die GbR ist auch selbst gewerbesteuerpflichtig; sie hat allerdings einen jährlichen Freibetrag von 24.500 Euro beim Gewerbeertrag. Der Gewinn von 10.000 Euro führt somit zu keiner Gewerbesteuerbelastung.

Steuerliche Beurteilung beim Turnverein (TV)

Eigene Einnahmen aus sportlichen Veranstaltungen	22.000 EUR
anteilige Einnahmen TSG/TV GbR	30.000 EUR
Gesamteinnahmen aus sportlichen Veranstaltungen	52.000 EUR

Die Zweckbetriebsgrenze ist damit überschritten. Alle sportlichen Veranstaltungen werden dadurch automatisch zu einem wirtschaftlichen Geschäftsbetrieb; es sei denn, es werden keine bezahlten Sportler bei den eigenen als auch bei den der GbR zuzurechnenden sportlichen Veranstaltungen eingesetzt (Optionsmöglichkeit). Werden dagegen in der GbR bezahlte Spieler in den Spielbetrieb eingebunden, handelt es sich bei den sportlichen Veranstaltungen der GbR um einen wirtschaftlichen Geschäftsbetrieb. Der TV kann dann für diese Einnahmen nicht optieren; er hätte damit auch einen wirtschaftlichen Geschäftsbetrieb, da die Besteuerungsgrenze von 45.000 Euro in jedem Fall überschritten ist. Die GbR wäre mit den Einnahmen dann mit 19 % umsatzsteuerpflichtig.

Bezahlte/unbezahlte Sportler

Bezahlter Sportler ist, wer für seine sportliche Betätigung oder für die Benutzung seiner Person, seines Namens, seines Bildes oder seiner sportlichen Betätigung zu Werbezwecken bezahlt wird. Es ist dabei zwischen Sportlern des Vereins und anderen – vereinsfremden – Sportlern zu unterscheiden.

Als Sportler des Vereins gelten alle, die für den Verein auftreten. Bezahlter Sportler ist danach, wer vom Verein oder einem Dritten über eine Aufwandsentschädigung hinaus (unschädlich 400 Euro durchschnittlich pro Monat) Vergütungen erhält. Ist ein Sportler ab einem bestimmten Zeitpunkt im Kalenderjahr als bezahlter Sportler anzusehen, sind alle von seinem Verein in dem Kalenderjahr durchgeführten sportlichen Veranstaltungen, an denen der Sportler teilnimmt, ein steuerpflichtiger wirtschaftlicher Geschäftsbetrieb.

Nehmen vereinsfremde Sportler teil, gelten diese Sportler für den veranstaltenden Verein nur dann als bezahlte Sportler, wenn der Verein oder ein Dritter im Zusammenwirken mit dem Verein dem Sportler mehr als die tatsächlich dem Sportler entstandenen Kosten (Pauschale mit 400 Euro gilt nicht) vergütet.

Sportler, die einem bestimmten Verein, nicht aber selbst unmittelbar als Mitglied einem Sportverband angehören, sind bei Veranstaltungen des Verbands als vereinsfremde Sportler zu beurteilen. Aus Mitteln einer sportlichen Veranstaltung als Zweckbetrieb können für einen Amateursportler bis zu 2.556 Euro Ablösezahlungen geleistet werden. Höhere Beträge sind nachzuweisen.

Wer?	Sportler des Vereins	anderer Sportler
Von wem?	Verein oder Drittem (Sponsor)	Verein oder Drittem (Sponsor)
Wofür?	sportliche Betätigung oder als Werbeträger	sportliche Betätigung oder als Werbeträger
Was?	Vergütungen wie z. B. Preis-, Startgelder; Punkte-, Aufstiegs-, Torprämien; „pro-forma-Arbeitsverhältnis"	Vergütungen wie z. B. Preis-, Startgelder; Punkte-, Aufstiegs-, Torprämien; „pro-forma-Arbeitsverhältnis"
Was noch?	andere Vorteile, wie z. B. unentgeltliche/verbilligte Pkw- oder Wohnungsüberlassung, Verköstigung etc.	andere Vorteile wie z. B. unentgeltliche/verbilligte Pkw- oder Wohnungsüberlassung, Verköstigung etc.
Wann?	laufende Zahlung oder am Ende der Saison	laufende Zahlung oder am Ende der Saison
Was nicht?	pauschale Zahlungen bis zu 400 Euro im Monat; Zuwendungen der Deutschen Sporthilfe; tatsächlicher Nachweis höherer Kosten	tatsächlicher Nachweis höherer Kosten; Teilnahme bezahlter, nicht dem Verein angehörender Sportler, wenn Zahlung weder unmittelbar noch mittelbar durch veranstaltenden Verein erfolgt; Zahlung erfolgt an anderen Verein

Die organisatorische Regelung bietet sich mit dem Muster einer Bescheinigung bezahlter Sportler an:

Bescheinigung

Bestätigung über Leistungen (Vergütungen) Dritter (Sponsoren, Fördervereine, Gönner etc.) anlässlich sportlicher Veranstaltungen i. S. von § 67a AO

Hiermit erkläre ich, (<Name, Vorname>)

...., dass ich,

wohnhaft in ....,

vom veranstaltenden Verein oder Dritten (Sponsoren, Fördervereine, Förderkreise, Vorsitzende) Geld- oder Sachleistungen (s. Aufstellung)

[ ] nicht
[ ] in Höhe von .... Euro
erhalten habe.

Über die Erstattung verauslagter Kosten füge ich beiliegende Belege bei (Einzelnachweis ist immer erforderlich).

....
Ort, Datum   Unterschrift des Sportlers

Unbezahlte Sportler werden durch die Mitwirkung von bezahlten Sportlern nicht selbst zu bezahlten Sportlern.

Anteilige Kosten bezahlte und unbezahlte Sportler

Praxis-Beispiel

Die 1. Fußballmannschaft hat einen Spielerkader von 21 Spielern (sieben bezahlte und 14 unbezahlte). Bei den Einnahmen aus sportlichen Veranstaltungen handelt es sich damit um solche aus wirtschaftlichem Geschäftsbetrieb.

Aufwendungen werden im Kalenderjahr folgende getätigt:	
Aufwandsentschädigungen an unbezahlte Spieler	
(14 Spieler × 300 EUR monatlich = 3.600 EUR jährlich)	50.400 EUR
Vergütungen an bezahlte Spieler	
(7 × Spieler 500 EUR monatlich = 6.000 EUR jährlich)	42.000 EUR
Trainer- und Trainingskosten	30.000 EUR
Gesamtaufwendungen	**122.400 EUR**

Der Sportverein kann die gesamten Aufwendungen von 122.400 Euro als Betriebsausgaben behandeln. Das bedeutet aber, dass diese Aufwendungen ausschließlich aus Einkünften der wirtschaftlichen Geschäftsbetriebe finanziert werden müssen.

Der Verein kann aber auch lediglich die Vergütungen an die bezahlten Spieler und die anteiligen Trainer- und Trainingskosten (1/3 = 10.000 Euro) als Betriebsausgaben behandeln. Die Aufwendungen an die unbezahlten Spieler könnten dann auch aus ideellen Mitteln bestritten werden, da die Aufwandspauschale von 400 Euro nicht überschritten wird.

Bei bestimmten, in § 50a EStG aufgeführten inländischen Einkünften beschränkt Steuerpflichtiger (= Personen ohne Wohnsitz oder gewöhnlichen Aufenthalt in Deutschland, auf die Staatsangehörigkeit kommt es nicht an), z. B. Sportler, wird die Einkommensteuer im Wege des Steuerabzugs an der Einkunftsquelle erhoben. Das bedeutet, dass der Auftraggeber (= Verein) i. d. R. zum Abzug von 15 % verpflichtet ist.

Ausländische Sportler

Praxis-Beispiel

Ein schwedischer Tischtennisspieler, der in Schweden seinen Wohnsitz hat, soll für einzelne Spiele verpflichtet werden. Es ist dabei von einer Jahresvergütung von 40.000 Euro auszugehen. Der Spieler kommt nur zu den Spielen nach Deutschland. Er ist nicht verpflichtet, an Trainingsmaßnahmen teilzunehmen. Auch das Doppelbesteuerungsabkommen zwischen Deutschland und Schweden besagt nichts anderes. Nach Art. 4i DBA Schweden kann der Quellenstaat (im vorliegenden Fall: Deutschland) die Einkünfte von Künstlern und Sportlern besteuern, soweit sie aus einer dort ausgeübten und auftrittsbezogenen Tätigkeit erzielt werden. Im vorliegenden Fall kann dem Sportler nur ausbezahlt werden:

Jahresvergütung	40.000,00 EUR
– Abzugsteuer § 50a EStG 15 %	– 6.000,00 EUR
– Solidaritätszuschlag 5,5 %	– 330,00 EUR
– Umsatzsteuer 19 %	– 6.387,00 EUR
Auszahlungsbetrag	**27.283,00 EUR**

Bei Nichtabführung (= Vollauszahlung an Sportler) der Abgaben an das Finanzamt ist von folgender Berechnung auszugehen:

Jahresvergütung	40.000,00 EUR
+ 21,99 % Abzugsteuer nach § 50a Abs. 4 EStG	8.796,00 EUR
	48.796,00 EUR
+ 1,21 % nach § 3 Abs. 1 SolZG	484,00 EUR
	49.280,00 EUR
+ 23,41 % nach § 12 UStG	9.364,00 EUR
Brutto-Vergütung	**58.644,00 EUR**

Kontrollrechnung:

Bruttovergütung	58.644,00 EUR
– 15 % Abzugsteuer	– 8.796,00 EUR
– 5,5 % Solidaritätszuschlag	– 483,00 EUR
– 19 % Umsatzsteuer	– 9.364,00 EUR

Weitere – vom Verein oder einem Dritten – übernommene Kosten, wie z. B. Reisekosten, Unterbringung etc., sind in die Bemessungsgrundlage einzubeziehen und erhöhen die Abgaben.

Die Steuer entsteht in dem Zeitpunkt, in dem die Vergütungen zufließen. Der Verein hat die innerhalb eines Kalendervierteljahrs einbehaltene Steuer jeweils bis zum 10. des dem Kalendervierteljahr folgenden Monats an das für ihn zuständige Finanzamt abzuführen.

Reingewinnschätzung – Sonderregelung für Werbeeinnahmen

Einführung

Ab dem Jahr 2000 wurde rückwirkend durch das Gesetz zur Änderung des InvZulG vom 20.12.2000 eine Sonderregelung für bestimmte Werbemaßnahmen durch eine Reingewinnschätzung eingeführt. Dies soll Anlass dafür sein, auf die Möglichkeiten der Reingewinnschätzung im Vereinssteuerrecht hinzuweisen. Bei Überschreiten der Besteuerungsgrenze von 35.000 Euro der Bruttoeinnahmen und des Gewinnfreibetrags von 5.000 Euro gewinnt die Anwendung der Reingewinnschätzung an Bedeutung. Sehr häufig sind die unmittelbar abzugsfähigen Ausgaben minimal oder aber es gibt gar keine, da es sich um gespendete Sachen handelt. Ohne die Möglichkeit der Reingewinnschätzung wäre der steuerpflichtige Gewinn mit der Höhe der Einnahmen identisch.

Wann lässt der Gesetzgeber eine Reingewinnschätzung zu?

§ 64 Abs. 5 AO Reingewinnschätzung bei Verkauf von Altmaterial

§ 64 Abs. 5 AO: Überschüsse aus der Verwertung unentgeltlich erworbenen Altmaterials außerhalb einer ständig dafür vorgehaltenen Verkaufsstelle, die der Körperschaft- und der Gewerbesteuer unterliegen, können in Höhe des branchenüblichen Reingewinns geschätzt werden.

Einnahmen aus Altmaterialsammlungen müssen bei der Besteuerungsgrenze berücksichtigt werden. Aufgrund der gesetzlichen Sonderregelung hat der Verein ein Wahlrecht zur Ermittlung der Überschüsse aus diesen Altmaterialsammlungen. Neben der Ermittlung nach allgemeinen Grundsätzen kann der Überschuss auch in Höhe des branchenüblichen Reingewinns geschätzt werden. Der branchenübliche Reingewinn beträgt bei der Verwertung von Altpapier 5 % und bei der Verwertung von anderem Altmaterial 20 % der Einnahmen ohne Umsatzsteuer. Die Einnahmen gehören auch bei Schätzung zu den Einnahmen i. S. von § 64 Abs. 3, tatsächliche Aufwendungen können nicht noch zusätzlich abgezogen werden; eine gesonderte Aufzeichnung der Einnahmen und Ausgaben ist deshalb erforderlich. Nicht anwendbar ist diese Sonderregelung bei Verwertung durch einen Secondhandshop, bei Einzelverkauf gebrauchter Sachen, wie z. B. durch Weihnachts- und Wohltätigkeitsbasare, und bei Altkleidersammlungen mittels Containern.

Praxis-Beispiel
Ein gemeinnütziger Sportverein hat folgende Einnahmen aus eigener Tätigkeit erzielt:

	Fall 1	Fall 2
Kegelbahn	4.000 EUR	4.000 EUR
Straßenfest	0 EUR	7.000 EUR
Bewirtung Turnier	3.000 EUR	3.000 EUR
Altmaterialsammlung	10.000 EUR	10.000 EUR
Werbung	12.000 EUR	12.000 EUR
Gesamt	**29.000 EUR**	**36.000 EUR**

Die Altmaterialsammlung wird von ehrenamtlichen Helfern ohne Entgelt durchgeführt.
Lösung:
Im Fall 1 wird die Besteuerungsgrenze von 35.000 Euro nicht überschritten. Die Sonderregelung für Altmaterialsammlungen ist ohne Bedeutung.
Im Fall 2 soll der Gesamtüberschuss des Vereins einschließlich der Altpapierverwertung 20.000 Euro betragen.

Reingewinnschätzung – Sonderregelung für Werbeeinnahmen

	mit Reingewinnschätzung	ohne Reingewinnschätzung
Überschuss	20.000 EUR	20.000 EUR
− Überschuss Altpapierverwertung	10.000 EUR	
	10.000 EUR	
+ pauschalierter Überschuss Altpapierverwertung 5 % aus 10.000 EUR	500 EUR	
berichtigter Überschuss	10.500 EUR	
− Freibetrag	− 5.000 EUR	− 5.000 EUR
Bemessungsgrundlage für die Ertragsbesteuerung	5.500 EUR	15.000 EUR
− Körperschaftsteuer 15 %	− 825 EUR	− 2.250 EUR
− Solidaritätszuschlag 5,5 %	− 45 EUR	− 123 EUR
− Gewerbesteuer ca. 12 %	− 660 EUR	− 1.800 EUR
Gesamt	**1.530 EUR**	**4.173 EUR**

§ 64 Abs. 6 AO Reingewinnschätzung bei bestimmten Werbemaßnahmen

§ 64 Abs. 6 AO: Bei den steuerpflichtigen wirtschaftlichen Geschäftsbetrieben „Werbung für Unternehmen", die im Zusammenhang mit der steuerbegünstigten Tätigkeit einschließlich Zweckbetriebe stattfinden, kann der Besteuerung ein Gewinn von 15 % der Einnahmen zugrunde gelegt werden.

Praxis-Beispiel

Ein gemeinnütziger Sportverein finanziert sein Jugend-Pfingstturnier dank Sponsoren, die für Banden- und Trikotwerbung 23.800 Euro brutto an den Verein bezahlen. Mit anderen wirtschaftlichen Geschäftsbetrieben (z. B. Verkauf von Speisen und Getränken etc.) ist die Besteuerungsgrenze von 35.000 Euro überschritten. Lösung: Auch im Jugendbereich zählt die Werbung grundsätzlich zum steuerpflichtigen wirtschaftlichen Geschäftsbetrieb; d. h., die Kosten der sportlichen Veranstaltung dürfen nicht mit den Werbeeinnahmen verrechnet werden. Da es sich bei dem Jugend-Pfingstturnier aber um eine steuerbegünstigte sportliche Veranstaltung handelt, kann der Verein die Neuregelung der Reingewinnschätzung anwenden.

Einnahmen aus Banden- und Trikotwerbung	20.000 EUR
+ 19 % Mehrwertsteuer	3.800 EUR
Bruttoeinnahmen	**23.800 EUR**
Der Reingewinn beträgt 15 % von 20.000 EUR	**3.000 EUR**

Auch für sportliche Veranstaltungen im aktiven Bereich gilt diese Regelung, soweit keine „bezahlten Sportler" eingesetzt werden. Bezahlter Sportler ist, wer monatlich mehr als 400 Euro vom Verein oder einem Dritten in Geld oder als Sachbezüge (Pkw, Wohnung etc.) für die Ausübung des Sports erhält.

Praxis-Beispiel
Ein gemeinnütziger Sportverein erhält wiederum von Sponsoren für Banden- und Trikotwerbung 23.200 Euro brutto. Mit anderen wirtschaftlichen Geschäftsbetrieben (z. B. Verkauf von Speisen und Getränken etc.) ist die Besteuerungsgrenze von 35.000 Euro überschritten. Die Werbeeinnahmen wurden im Zusammenhang mit einer sportlichen Veranstaltung gewährt, bei der bezahlte Sportler (einer genügt) eingesetzt wurden.

Lösung:
Die Sonderregelung der Reingewinnschätzung kommt hier nicht in Betracht, da die Werbung im Zusammenhang mit einem steuerpflichtigen wirtschaftlichen Geschäftsbetrieb steht und nicht mit einem steuerbegünstigten Zweckbetrieb.

Einnahmen aus Banden- und Trikotwerbung	20.000 EUR
+ 19 % Mehrwertsteuer	3.800 EUR
Bruttoeinnahmen	**23.800 EUR**

Der Verein kann die Werbeeinnahmen nur noch mit den tatsächlichen Kosten der Mannschaft „bezahlter Sport" verrechnen.

Auch bei Überschreiten der Zweckbetriebsgrenze § 67a AO entfällt die Reingewinnschätzung, soweit der Verein nicht von der Optionsmöglichkeit gem. § 67a AO Gebrauch macht.

Werden **Werbemaßnahmen bei gemischten sportlichen Veranstaltungen** durchgeführt, sind die Einnahmen aufzuteilen, da für die sportlichen Veranstaltungen mit bezahlten Sportlern die Reingewinnschätzung nicht möglich ist.

Praxis-Beispiel

Ein gemeinnütziger Sportverein erzielt im Kalenderjahr bei zehn sportlichen Veranstaltungen (fünf mit bezahlten und fünf mit unbezahlten Sportlern) Einnahmen aus Bandenwerbung und Trikotwerbung in Höhe von 20.000 Euro netto.

Lösung:

Der Gewinn aus dem wirtschaftlichen Geschäftsbetrieb „Werbung" kann wie folgt ermittelt werden:

1/2 (5 Veranstaltungen) Zweckbetrieb	
Einnahmen	10.000 EUR
− 85 % Ausgaben =	8.500 EUR
Gewinn (15 %) =	1.500 EUR
1/2 (5 Veranstaltungen) wirtschaftl. Geschäftsbetrieb	
Einnahmen	10.000 EUR
− tatsächliche Ausgaben =	2.000 EUR
Gewinn =	8.000 EUR
steuerpflichtiger Gewinn =	**9.500 EUR**

Nach § 64 Abs. 6 Nr. 1 AO kann der Gewinn aus Werbemaßnahmen also pauschal ermittelt werden, wenn die Werbemaßnahmen im Zusammenhang mit der steuerbegünstigten Tätigkeit einschließlich Zweckbetrieben stattfinden. Beispiele für derartige Werbemaßnahmen sind die Trikot- oder Bandenwerbung bei Sportveranstaltungen, die ein Zweckbetrieb sind, oder die aktive Werbung in Programmheften oder auf Plakaten bei kulturellen Veranstaltungen.

Grundwissen Rechnungswesen – von Aufzeichnungspflichten, Kontenrahmen und Buchungssätzen

Einführung

Für gemeinnützige Sportvereine gibt es in der Rechnungslegung keine speziellen Sondervorschriften, wenn man einmal absieht von der getrennten Aufschlüsselung der Einnahmen nach den vier Teilbereichen eines Vereins: ideeller Bereich, Vermögensverwaltung, steuerbegünstigter Zweckbetrieb und steuerpflichtiger wirtschaftlicher Geschäftsbetrieb.

Schlussbilanzkonto

Sportvereine unterliegen bereits nach § 666 BGB einer Auskunfts- und Rechenschaftspflicht gegenüber ihren Mitgliedern. Diese außersteuerlichen Buchführungs- und Aufzeichnungspflichten werden nach der AO auch für steuerliche Zwecke herangezogen.

Weitere Aufzeichnungspflichten ergeben sich z. B. nach

§ 63 Abs. 3 AO	„Ordnungsgemäße Aufzeichnungen von Einnahmen und Ausgaben"
§ 15 UStG	„Vorsteuerabzug"
§ 22 UStG	„Aufzeichnungspflichten zur Feststellung der Steuer"
§ 41 EStG	„Führung von Lohnkonten"

Die Form der Aufzeichnungen (Journal-, Durchschreibe-, EDV-Buchführung) bleibt den Vereinen überlassen. Die EDV-Buchführung bietet die größten Möglichkeiten einer Gliederung nach dem Vereinssteuerrecht. Es sollte folgende Grundeinteilung der Buchungskreise bereits zu Beginn eines Jahres angestrebt werden:
- ideeller Bereich
- Vermögensverwaltung

Form der Aufzeichnungen

- Zweckbetriebe eigener Art
- Überlassung Sportanlagen an Mitglieder
- sportliche Veranstaltungen **ohne** bezahlte Sportler
- sportliche Veranstaltungen **mit** bezahlten Sportlern
- steuerpflichtige wirtschaftliche Geschäftsbetriebe.

Diese Einteilung erleichtert z. B. dem Sportverein am Jahresende die Ausübung von Wahlrechten ohne eine nachträgliche aufwendige Trennung einzelner Bereiche.

Einnahme-Überschuss-Rechnung

Die meisten Sportvereine werden steuerrechtlich nicht verpflichtet sein, Bücher zu führen, und dieses nur in den seltensten Fällen freiwillig tun. Es genügt deshalb eine Einnahmen-Überschuss-Rechnung. Hierbei werden alle Einnahmen und Ausgaben berücksichtigt, die auf den Finanzkonten ein- bzw. ausgehen. Es gilt das Zufluss- und Abflussprinzip. Nicht bezahlte Rechnungen oder noch nicht beim Sportverein eingegangene Forderungen bleiben unberücksichtigt. Gewinnermittlungszeitraum ist grundsätzlich das Kalenderjahr.

Mit Wirkung für das Steuerjahr 2005 gab es erstmals ein amtliches Formular für eine Einnahme-Überschuss-Rechnung. Das Formular wurde zwar ursprünglich für unternehmerisch tätige Steuerpflichtige konzipiert, doch über eine Änderung von § 60 Abs. 4 der EStDV mussten sich auch die Vereine verbindlich mit Wirkung ab 2005 darauf einstellen.

Bilanzierung

Sportvereine, die bilanzieren, müssen dagegen ihre Forderungen und Verbindlichkeiten ebenfalls erfassen, um ein periodengerechtes Ergebnis zu ermitteln. Bei Bilanzierung kann es auch ein vom Kalenderjahr abweichendes Wirtschaftsjahr geben. Der Jahresabschluss umfasst die Bilanz und die Gewinn- und Verlust-Rechnung. Das zuständige Finanzamt hat Sportvereine zur Führung von Büchern und damit zur Bilanzierung aufzufordern, wenn eine der nachstehenden Grenzen im steuerpflichtigen wirtschaftlichen Geschäftsbetrieb überschritten wird:

Jahresumsatz (einschl. steuerfreier Umsätze)	500.000 EUR
oder	
Jahresgewinn	50.000 EUR

Achtung — Beleganforderung
Unabhängig von der Gewinnermittlungsform gilt als oberster Grundsatz: Keine Buchung ohne Beleg!

Sollte ein Beleg ausnahmsweise einmal verloren gehen, ist ein Ersatz- oder Eigenbeleg auszustellen. Die Verbuchung der Belege ist durch einen Buchungs- bzw. Kontierungsvermerk kenntlich zu machen. Belege bzw. Rechnungen müssen zur Glaubhaftmachung unterschiedlichste Bestimmungen aus steuerlicher Sicht erfüllen.

Jeder Beleg hat eine Dokumentations- und Nachweisfunktion. Er muss folgende Bestandteile enthalten:

1. Belegtext, d. h. die Erläuterung des Geschäftsvorfalls;
2. zu buchenden Betrag;
3. Ausstellungsdatum;
4. Firma oder Name des Belegausstellers. Bei Eigenbelegen ist die Unterschrift oder das Handzeichen des Verantwortlichen erforderlich;
5. Kontierung, meistens in Form eines Stempelaufdrucks
6. Belegnummer oder ein anderes Ordnungsmerkmal für die Ablage und Aufbewahrung;
7. Buchungsdatum.

Nur durch die Verbindung von Buchung und Beleg ist die Ordnungsmäßigkeit und damit die Beweiskraft der Aufzeichnungen erfüllt.

Für die Ablage der Belege kann die alphabetische, die numerische (z. B. nach Fibu-Konten), die chronologische oder eine sonstige leicht nachvollziehbare und nachprüfbare Reihenfolge gewählt werden.

Die Ordnungsmäßigkeit der Buchführung ist nicht zu beanstanden, wenn formelle Mängel so gering sind, dass die sachliche Richtigkeit — Mängel der Aufzeichnungen nicht beeinträchtigt wird. Bei nur unwesentlichen materiellen Mängeln können diese Fehler – eventuell durch eine Zuschätzung – berichtigt werden. Schwere und gewichtige formelle Mängel können zur Verwerfung der Buchführung, d. h. zu einer Vollschätzung der Besteuerungsgrundlagen, führen.

Abgabefristen

Bis zum 31. Mai des Folgejahrs müssen vom Vorstand unterzeichnete Steuererklärungen dem Finanzamt vorgelegt werden. Den Steuererklärungen sind Ergebnisaufstellungen, Protokolle und andere für die Besteuerung notwendige Unterlagen ggf. beizufügen. Gibt der Verein allerdings pflichtwidrig keine oder aber verspätete Steuererklärungen ab, können Zwangsgelder, Verspätungs- und Säumniszuschläge erhoben werden.

- Umsatzsteuer-Voranmeldungen sind vierteljährlich oder monatlich abzugeben und zu bezahlen. Soweit keine einmonatige Fristverlängerung beantragt wurde, ist Abgabetermin der 10. des Folgemonats bzw. des Kalendervierteljahrs.

> **Achtung**
> Bitte beachten Sie, dass seit dem 1.1.2005 Umsatzsteuervoranmeldungen und Lohnsteueranmeldungen elektronisch mit ELSTER abgegeben werden müssen.

- Lohnsteueranmeldungen sind zum 10. des Folgemonats bzw. des Kalendervierteljahrs abzugeben. Die fällige Lohnsteuer ist allerdings bis zum drittletzten Bankbearbeitungstag des Monats zu bezahlen.
- Körperschaftsteuervorauszahlungen sind jeweils am 10.3., 10.6., 10.9. und 10.12.,
- Gewerbesteuervorauszahlungen jeweils am 15.2. , 15.5. , 15.8. und 10.11. zu leisten.

Aufbewahrungsfristen

Auch wenn es für Lohnunterlagen und Zuwendungsbestätigungen kürzere Fristen (sechs Jahre) gibt, empfiehlt es sich, Belege, Kontoauszüge, Buchungsunterlagen, Lohnunterlagen, Zuwendungsbestätigungen, Abschlüsse und Steuererklärungen einheitlich zehn Jahre aufzubewahren.

Prüfung durch Finanzbehörden

Zur Ermittlung der Besteuerungsgrundlagen können Finanzämter Lohnsteuerprüfungen, Umsatzsteuer-Sonderprüfungen oder aber auch umfassende Betriebsprüfungen vornehmen.
Lohnsteuerprüfungen können für die zurückliegenden drei bis vier Jahre durchgeführt werden. Umsatzsteuer-Sonderprüfungen werden in der Regel bei größeren gemischt genutzten Bauvorhaben angesetzt. Bei Betriebsprüfungen umfasst der Prüfungszeitraum die letzten drei Veranlagungsjahre, zu denen dem Finanzamt Steuererklärungen vorliegen.
Bei diesen Prüfungen sind die tatsächlichen und rechtlichen Verhältnisse, die für die Steuerpflicht und für die Bemessung der Steuer maßgebend sind, zu ermitteln. Die Prüfung soll dazu beitragen, dass die Steuergesetze gerecht und gleichmäßig angewendet werden. Es ist deshalb auch zugunsten des Vereins zu prüfen.

Rechtsbehelfsverfahren

Ein Rechtsbehelf dient dem Verein zur Gewährung von Rechtsschutz im Besteuerungsverfahren.
Möchte ein Verein z. B. einen Steuerbescheid überprüfen lassen, kann er dieses mittels außergerichtlichem Rechtsbehelf (Einspruch) oder gerichtlichem Rechtsbehelf (Klage beim Finanzgericht bzw. Revision beim Bundesfinanzhof) erreichen.
Ein Einspruch ist innerhalb eines Monats nach Bekanntgabe des Verwaltungsaktes bei der zuständigen Behörde einzulegen. Die gleiche Frist gilt für die Klage und die Revision.

> **Hinweis**
> Rechtsbehelfsfristen sind Ausschlussfristen. Sie können nicht verlängert werden.

Zur Wahrung der Einspruchsfrist kann der Einspruch zunächst ohne Begründung eingelegt werden. Die Begründung muss dann innerhalb einer angemessenen Frist nachgereicht werden.

Haftung des Vorstands

Wer als Vorstand eines gemeinnützigen Vereins schuldhaft steuerliche Pflichten verletzt, kann u. U. persönlich als Haftender für Steuerverbindlichkeiten in Anspruch genommen werden.
In jedem Fall stellt sich die Frage der Gemeinnützigkeit. Der Bundesfinanzhof hat in einem Urteil vom 27.9.2001 einem gemeinnützigen Amateurfußballverein die Gemeinnützigkeit aberkannt, weil er gegen Rechtsordnungen (im konkreten Fall wurde keine Lohnsteuer aus Zahlungen von Sponsoren an Sportler an das Finanzamt bezahlt) verstoßen hatte.

Grundwissen Rechnungswesen

Konto

Ein Konto ist eine Abrechnung über Bestände und/oder Erfolgsvorgänge durch Gegenüberstellung in T-Form oder Staffelform. Wie die Bilanz oder die Einnahme-Überschuss-Rechnung hat auch ein Konto zwei Seiten:

- linke Kontoseite = Sollseite, Aufwand, Ausgabe
- rechte Kontoseite = Habenseite, Ertrag, Einnahme

Kontenarten

Nach der doppelten Buchführung werden die Sachkonten unterschieden in

- Bestandskonten (Aktiv- und Passivkonten)
- gemischte Konten (Erfolgs- und Bestandskonten)
- Personenkonten (Kunden und Lieferanten)

Die Sachkonten (Bestands-, Unter – und gemischte Konten) sind vierstellig; die Personenkonten fünfstellig.

> **Praxis-Beispiele**
> - Beispiel für Sachkonten:
>   Kasse = 0920 (nach dem überarbeiteten Vereinskontenrahmen der DATEV, SKR 49),
>   Sportkleidung = 5605 bzw. 7416

- Beispiel für Personenkonten:
  Kunde Maier = 11000,
  Lieferant Müller = 77000

Personenkonten kommen, wenn überhaupt, nur bei Vereinen vor, die einen Jahresabschluss (Bilanz und Gewinn- und Verlustrechnung) aufstellen.

Für die einzelnen Steuersätze gibt es je ein Sachkonto. Beim Buchen ist darauf zu achten, dass Einnahmekonten nicht mit unterschiedlichen Steuersätzen bebucht werden. Für jeden Steuersatz ist ein Konto einzurichten, damit am Jahresende eine Umsatzverprobung (= Überprüfung der zu zahlenden Umsatzsteuer) allein aus den Salden der Konten möglich ist.

Umsatzsteuerkonten

Praxis-Beispiel
- Sonstige Einnahmen 0 % wirtschaftliche Geschäftsbetriebe = 8100
- Sonstige Einnahmen 7 % wirtschaftliche Geschäftsbetriebe = 8101 (muss eingerichtet werden)
- Sonstige Einnahmen 19 % wirtschaftliche Geschäftsbetriebe = 8102 (muss eingerichtet werden)

Bei den Aufwandskonten ist eine Trennung der Konten für den Vorsteuerabzug nicht unbedingt erforderlich bzw. üblich. Dennoch gibt es für einzelne Aufwandskonten getrennte Konten, insbesondere dann, wenn es sich um sog. Automatikkonten (automatische Berechnung der Umsatzsteuer) handelt.

Praxis-Beispiel
- Wareneinkauf 0 % wirtschaftlicher Geschäftsbetrieb = 8150
- Wareneinkauf 7 % wirtschaftlicher Geschäftsbetrieb = 8152
- Wareneinkauf 19 % wirtschaftlicher Geschäftsbetrieb = 8154

Die Einrichtung von Automatikkonten (ein bestimmter Mehrwert- oder Vorsteuerschlüssel ist hinterlegt) ist allerdings nur dann zu empfehlen, wenn sichergestellt ist, dass

- alle Einnahmekonten ausschließlich Einnahmen mit ein und demselben MwSt-Satz (0 %, 7 % oder 19 %) enthalten,
- alle gebuchten Ausgaben auch tatsächlich vorsteuerabzugsfähig sind; d. h. den gleichen MwSt-Satz in der Rechnung ausweisen, der auf dem jeweiligen Ausgabekonto hinterlegt ist.

Da immer ein Steuerschlüssel hinterlegt werden kann, besteht leicht die Gefahr, dass Steuerbeträge automatisch herausgerechnet werden, für die es z. B. lt. vorliegender Rechnung keinerlei Grundlage gibt.

Im Übrigen ist eine ordnungsgemäße Umsatzsteuerverprobung nicht möglich, wenn auf einem Einnahmekonto gleichzeitig Umsätze mit 0 %, 7 % und 19 % enthalten sind. Eine Trennung dieser Konten nach dem jeweiligen Steuersatz ist unerlässlich.

Umsatzsteuerschlüssel

Hinter den Konten Wareneinkauf kann ein Automatik-Steuerschlüssel im EDV-Programm hinterlegt werden. Das bedeutet, dass aus jeder Buchung die Umsatzsteuer des hinterlegten Steuerschlüssels aus dem Bruttobetrag herausgerechnet wird. In diesen Fällen bleibt es bei einem vierstelligen Sachkonto. Im Vereinskontenrahmen sind keine Automatikkonten vorgesehen. Je nach EDV-Programm ist aber die Einrichtung solcher Konten möglich.

Alternativ muss dem Sachkonto zu jeder Buchung mit Umsatzsteuer ein Steuerschlüssel vorangestellt werden. Es gibt folgende Steuerschlüssel:

- Mehrwertsteuer 7 % = 2
- Mehrwertsteuer 19 % = 3
- Vorsteuer 7 % = 8
- Vorsteuer 19 % = 9.

Bei Aufwendungen, die einem besonderen Steuersatz unterliegen (Einkauf landwirtschaftlicher Erzeugnisse, z. B. Blumen), ist die Vorsteuer immer individuell zu berücksichtigen.

Die Steuerschlüssel stehen an sechster Stelle und müssen ggf. mit einer „Null" aufgefüllt werden.

Praxis-Beispiele

- Eintrittsgelder Sportveranstaltung unbezahlter Sport 7 % = 205020;
- Eintrittsgelder gesellige Veranstaltungen 19 % = 308002;
- Einkauf Lebensmittel wirtschaftlicher Geschäftsbetrieb 7 % = 808152;
- Ausgabe für Werbekosten wirtschaftlicher Geschäftsbetrieb (19 % USt) = 908330.

Im Rechnungswesen ist der Kontenrahmen ein wichtiges Organisationsmittel. Alle Konten sind einheitlich gegliedert und bezeichnet. Dadurch wird ein genauer Überblick über die in einem Verein geführten Konten ermöglicht. Der Buchungstext kann durch Verwendung von Kontennummern vereinfacht und vereinheitlicht werden. *Kontenrahmen*

Durch die Verwendung von Kontenrahmen kann ein

- Zeitvergleich: Vergleich von Aufwendungen und Erträgen desselben Vereins in verschiedenen Rechnungsperioden (interner Vergleich)

oder

- Vereinsvergleich: Vergleich einzelner Aufwands- und Ertragsarten eines Vereins mit denen eines anderen Vereins derselben Art (äußerer Vergleich)

ermöglicht werden.

Der äußere Vergleich ist allerdings insoweit problematisch, da nicht alle Vereine nach dem Vereinskontenrahmen buchen. Selbst bei Verwendung des Vereinskontenrahmens werden einzelne Buchungen sehr unterschiedlich verbucht und einzelne Konten unterschiedlich beschriftet.

Grundwissen Rechnungswesen

Aufbau des Vereinskontenrahmens

Die Konten sind in folgende neun Kontenklassen eingeteilt:

Kontenklasse 0	Bestandskonten Aktiva
Kontenklasse 1	Bestandskonten Passiva
Kontenklasse 2	Erfolgskonten für ideellen Bereich
Kontenklasse 3	Erfolgskonten für ertragsneutrale Posten
Kontenklasse 4	Erfolgskonten für Vermögensverwaltung
Kontenklasse 5	Erfolgskonten für ertragssteuerfreie Zweckbetriebe „Sport"
Kontenklasse 6	Erfolgskonten für andere ertragsteuerfreie Zweckbetriebe
Kontenklasse 7	Erfolgskonten für ertragsteuerpflichtige Geschäftsbetriebe „Sport"
Kontenklasse 8	Erfolgskonten für andere ertragsteuerpflichtige Geschäftsbetriebe

Die Konten sind wiederum innerhalb der Kontenklassen in Kontengruppen und Kontenarten unterteilt.

Erstellung eines Kontenplans

Aus dem Vereinskontenrahmen entwickelt der Verein seinen Kontenplan. Dieser enthält nur die für den betreffenden Verein notwendigen Konten.

Bei einem Mehrspartenverein empfiehlt sich folgende Vorgehensweise, um einen Kontenrahmen zu erstellen:

1. Der „Hauptverein" erstellt anhand des Vereinskontenrahmens einen ersten Entwurf des Vereinskontenplans.
2. Der Entwurf geht an alle Abteilungen zur Ergänzung abteilungs- oder aber sportartspezifischer Konten (z. B. Strafen, Schiedsrichtergebühren, gezahlte Startgelder etc.).
3. Die einzelnen Kontenpläne der Abteilungen werden mit dem des Hauptvereins verknüpft.
4. Es wird ein Probelauf gestartet, um die möglichen Auswertungen zu prüfen.
5. Es werden ggf. Korrekturen und Ergänzungen vorgenommen.
6. Der Musterkontenplan wird als verbindlich in allen Abteilungen installiert.

Doppelte Buchführung

Gegenüber der einfachen Buchführung (keine sachliche Gliederung im Hauptbuch) unterscheidet sich die doppelte Buchführung wie folgt:

- Alle Geschäftsvorfälle werden doppelt erfasst, zeitlich geordnet im Grundbuch (chronologische Aufzeichnung aller Geschäfts-

vorfälle), sachlich und zeitlich geordnet im Hauptbuch (systematische Gliederung auf Bestands- und Erfolgskonten). Zu den Grundbüchern zählen die Primanota und das Journal.
- Alle Geschäftsvorfälle werden im Hauptbuch einmal im Soll und einmal im Haben gebucht. Im Hauptbuch findet sich eine systematische Gliederung des Buchführungsstoffes, dargestellt auf Bestands- und Erfolgskonten. Es sind dabei vom Eröffnungsbilanzkonto bis zum Schlussbilanzkonto alle Sachkonten zusammengefasst.
- Die Geschäftsvorfälle werden auf Bestands- und Erfolgskonten gebucht.
- Der Gewinn bzw. Verlust wird auf zwei Arten ermittelt: zum einen durch Betriebsvermögensvergleich, zum andern durch Gegenüberstellung von Aufwendungen und Erträgen.

Jeder Geschäftsvorfall betrifft mindestens zwei Konten und wird daher zweimal erfasst. Es wird einmal die Sollseite eines Kontos und einmal die Habenseite eines anderen Kontos (Gegenkonto) angesprochen. Bei Buchungen mit Umsatzsteuer, Skonto, Wareneinkauf mit unterschiedlichen Steuersätzen werden mehr als zwei Konten bebucht. *Buchungssatz*

Ein Buchungssatz enthält eine Arbeitsanweisung an den Buchhalter, Schatzmeister oder denjenigen, der sonst mit diesen Arbeiten betraut ist. Der Buchungssatz gibt an, auf welches Konto ein Geschäftsvorfall zu buchen ist. Er nennt zuerst das Sollkonto und dann das Habenkonto. Die beiden Kontobezeichnungen werden durch das Wort „an" zu einem Buchungssatz ergänzt. Die Angabe des Buchungsbetrags und des Buchungstags gehört ebenfalls zu jedem Buchungssatz.

Praxis-Beispiel
Auf dem Bankkonto des Vereins gehen per Einzugsermächtigung die Jahresmitgliedsbeiträge in Höhe von 30.000 Euro ein.
Buchungssatz:

0950 Bank

an 2110 Mitgliedsbeiträge

Der Verein kauft Getränke für 1.190 Euro brutto (inkl. 19 % MwSt) zum Weiterverkauf bar ein.

Buchungssatz:

8154 Wareneinkauf 19 % USt (= 1.000 EUR)
0780 Abziehbare Vorsteuer 19 % (= 190 EUR)
an 0920 Kasse (=1.190 EUR)

Inventar

Auch ein gemeinnütziger Verein hat ein Inventar aufzustellen. Das ist ein Verzeichnis aller Vermögenswerte und Schulden. Bei einem Verein wird vielleicht weniger das Vorratsvermögen (bei Bilanzierung: z. B. Warenbestand einer selbst bewirtschafteten Vereinsgaststätte) von Bedeutung sein als vielmehr das Anlagevermögen.

Anlagevermögen

Darunter versteht man Wirtschaftsgüter, die dem Verein dauernd zu dienen bestimmt sind; d. h. die nicht zum alsbaldigen Verkauf angeschafft wurden. Beispiele sind Vereinsheime, Fahrzeuge, Sportgeräte, geringwertige Wirtschaftsgüter (GwG) etc.

Abnutzbares Anlagevermögen

Die Nutzung bestimmter Vermögensgegenstände ist auch bei einem Verein zeitlich begrenzt. Zu den abnutzbaren Wirtschaftsgütern, die der Abschreibung unterliegen, gehören:

1. bewegliche Wirtschaftsgüter (Sportgeräte),
2. immaterielle Wirtschaftsgüter (Vereinssoftware),
3. unbewegliche Wirtschaftsgüter, die keine Gebäude oder Gebäudeteile sind (Zuschauertribünen, Flutlicht),
4. Gebäude und Gebäudeteile (Stadion, Vereinsheim).

Diese Wirtschaftsgüter sind mit den Anschaffungs- oder Herstellungskosten abzüglich der jährlichen Abschreibung zu buchen.

AfA-Arten

Das Steuerrecht lässt folgende Abschreibungen (AfA = Absetzung für Abnutzung)(AfA) zu:

- lineare AfA (in gleichen Jahresbeträgen)
- degressive AfA (in fallenden Jahresbeträgen vom jeweiligen Restbuchwert)
- Leistungs-AfA (nach Maßgabe der Leistung)

- außerordentliche AfA (außergewöhnlicher technischer oder wirtschaftlicher Verbrauch)
- Teilwert-AfA (niedrigerer Wiederbeschaffungswert als Anschaffungs- oder Herstellungskosten).

Im Lauf des Jahres angeschaffte oder hergestellte Wirtschaftsgüter sind grundsätzlich zeitanteilig abzuschreiben. Angefangene Monate werden dabei als volle berücksichtigt. Beim Ausscheiden von Wirtschaftsgütern im Lauf eines Wirtschaftsjahrs wird die Abschreibung nur für volle Monate der Nutzung berechnet. Pro-rata-temporis-Regel

Bei Wirtschaftsgütern, deren Verwendung oder Nutzung sich durch den Verein erfahrungsgemäß auf einen Zeitraum von mehr als einem Jahr erstreckt, ist jeweils für ein Jahr der Teil der Anschaffungs- oder Herstellungskosten abzusetzen, der bei gleichmäßiger Verteilung dieser Kosten auf die Gesamtdauer der Verwendung oder Nutzung auf ein Jahr entfällt (AfA in gleichen Jahresbeträgen = lineare AfA). Absetzung für Abnutzung

Die Anschaffungs- oder Herstellungskosten eines beweglichen Wirtschaftsguts des Anlagevermögens, die zu einer selbstständigen Nutzung fähig sind, können im Wirtschaftsjahr der Anschaffung oder Herstellung in voller Höhe abgeschrieben werden, wenn die Anschaffungs- oder Herstellungskosten vermindert um einen darin enthaltenen Vorsteuerbetrag für das einzelne Wirtschaftsgut 410 Euro nicht übersteigen (geringwertige Wirtschaftsgüter). Geringwertige Wirtschaftsgüter

Eine selbstständige Nutzung ist nicht gegeben bei EDV-Teilen wie z. B. Monitor, Tastatur, Drucker etc. Diese Wirtschaftsgüter müssen mit dem dazugehörenden PC aktiviert und innerhalb der betriebsgewöhnlichen Nutzungsdauer abgeschrieben werden.

Auch Wirtschaftsgüter mit Anschaffungs- oder Herstellungskosten über 410 Euro sind ebenfalls unter Berücksichtigung der betriebsgewöhnlichen Nutzungsdauer jährlich abzuschreiben.

Um die AfA richtig zu berechnen, ist neben dem Abschreibungssatz auch die sog. betriebsgewöhnliche Nutzungsdauer erforderlich. Diese bestimmt sich nach der voraussichtlichen oder aber aus der Betriebsgewöhnliche Nutzungsdauer

Erfahrung früherer Anschaffungen heraus bestehenden Nutzungsdauer eines Wirtschaftsguts.

Verbindliche Nutzungsdauer

Für eine Vielzahl von Wirtschaftsgütern – allerdings im Vereinsbereich weniger – gibt es verbindliche Nutzungsdauern lt. einer amtlichen AfA-Tabelle. Gebäude werden in der Regel auf 50 Jahre abgeschrieben; Büromöbel auf zehn Jahre; EDV-Geräte auf drei Jahre etc.

Da die AfA sich steuerwirksam lediglich im steuerpflichtigen wirtschaftlichen Geschäftsbetrieb auswirkt, ist eine eventuell längere Nutzungsdauer und damit eine geringere jährliche Abschreibung im ideellen Bereich, in der Vermögensverwaltung und im steuerbegünstigten Zweckbetrieb ertragsteuerlich unerheblich.

Geringwertige Wirtschaftsgüter und Poolabschreibung

Bisher waren die Anschaffungs- oder Herstellungskosten für bewegliche Wirtschaftsgüter des Anlagevermögens sofort in voller Höhe als Betriebsausgaben abziehbar, wenn die Kosten (ohne abziehbare Vorsteuer) nicht mehr als **410 Euro** betrugen.

Wirtschaftsgüter bis 150 Euro

Für Wirtschaftsgüter, die **nach dem 31.12.2007 angeschafft oder hergestellt** werden, gilt jetzt Folgendes: Die kompletten Anschaffungs- oder Herstellungskosten des einzelnen Wirtschaftsguts sind nur noch sofort abziehbar, wenn sie, vermindert um einen darin enthaltenen Vorsteuerbetrag, **150 Euro** nicht übersteigen. Besondere **Aufzeichnungspflichten** (Erstellung und fortlaufende Führung eines besonderen Verzeichnisses) bestehen hierfür nicht mehr.

Wirtschaftsgüter von mehr als 150 Euro bis 1.000 Euro

Für Wirtschaftsgüter, deren Anschaffungskosten oder Herstellungskosten, vermindert um einen darin enthaltenen Vorsteuerbetrag, **mehr als 150 Euro**, aber **nicht mehr als 1.000 Euro** betragen, gilt zwingend eine sog. Poolbewertung. Das bedeutet: Für die in einem Wirtschaftsjahr angeschafften oder hergestellten Wirtschaftsgüter, die unter diese Betragsgrenzen fallen, müssen Sie einen Sammelposten bilden. Dieser Posten ist **auf fünf Jahre abzuschreiben**, auch wenn die darin aufgenommenen Wirtschaftsgüter eine geringere Nutzungsdauer haben. Der **Abschreibungssatz** von **20 % im Erstjahr** gilt unabhängig davon, wann das einzelne Wirtschaftsgut angeschafft wird. Der Sammelposten ist jahrgangsbezogen zu bilden und abzuschreiben. Die Einbeziehung der betreffenden Wirtschaftsgüter in einen Sammelposten bedingt eine zusammenfassende Behandlung dieser Wirtschaftsgüter. Demzufolge wirken sich Vorgänge nicht aus, die sich nur auf das einzelne Wirtschaftsgut beziehen. Durch Verkäufe, Entnahmen oder außerplanmäßige Wertminderungen wird daher der Wert des Sammelpostens nicht beeinflusst.

Wahlrecht

Diese Regelung der Poolabschreibung betrifft Steuerpflichtige mit Gewinneinkünften. Im Verein gilt das für steuerpflichtige wirtschaftliche Geschäftsbetriebe.

Seit 2010 gibt es für die Absetzung geringwertiger Wirtschaftsgüter ein Wahlrecht. Geringwertige Wirtschaftsgüter mit Anschaffungskosten netto zwischen 151 EUR und 410 EUR können entweder sofort in voller Höhe abgeschrieben oder in den Sammelposten eingestellt werden und dann über 5 Jahre linear abgeschrieben werden.

Bei Sofortabschreibung müssen die GWG in einem besonderen Anlagenverzeichnis (Vereinskontenrahmen SKR 49 = Konto 0340 oder 0475) aufgeführt werden. Wirtschaftsgüter über 410 EUR müssen nach den allgemeinen Regeln abgeschrieben werden (§ 6 Abs. 2 und 2a EStG 2010).

Das Wahlrecht zwischen Sofortabschreibung und Poolabschreibung kann für alle in einem Wirtschaftsjahr angeschafften oder hergestellten Wirtschaftsgüter nur einheitlich ausgeübt werden.

SEPA-Lastschriftverfahren – ein Überblick

Allgemeines

SEPA verändert den bargeldlosen Zahlungsverkehr ab dem 01.02.2014 nachhaltig. Dadurch kommen einschneidende Änderungen auf die Vereine zu.

Einheitlicher Zahlungsverkehr

Die Europäische Union hat sich zum Ziel gesetzt, den Umstand, dass jedes europäische Land sein eigenes nationales Zahlverfahren hat, zu ändern und einen einheitlichen Euro-Zahlungsverkehr, auf Englisch „Single Euro Payments Area" (SEPA), einzuführen. Dadurch soll erreicht werden, dass innerhalb der Teilnehmerländer Euro-Zahlungen einheitlich und auf die gleiche effiziente Art und Weise abgewickelt werden können. An der Single Euro Payments Area nehmen insgesamt 32 Länder teil. Diese 32 Länder setzen sich aus den 27 EU-Staaten, den drei Ländern des übrigen Europäischen Wirtschaftsraumes (EWR) sowie der Schweiz und Monaco zusammen.

Bereits seit Januar 2008 ist es möglich, SEPA-Überweisungen im Anwendungsgebiet einzusetzen, seit November 2009 können auch SEPA-Lastschriften verwendet werden.

Stichtag 01. Februar 2014

Der europäische Gesetzgeber hat durch die „SEPA-Migrationsverordnung" Anfang 2012 unter anderem festgelegt, dass zum 01. Februar 2014 für Unternehmen, hierzu zählen auch Vereine, die nationalen Zahlungsverfahren in Form von Überweisungen und Lastschriften zugunsten der europaweit einheitlichen SEPA-Zahlverfahren abgeschaltet werden.

Übergangsfrist bis zum 01. Februar 2016

Im Rahmen einer Übergangsfrist bis zum 01. Februar 2016 besteht für Privatkunden die Möglichkeit, die nationalen Zahlungen mittels des nationalen Zahlungsverfahrens vorzunehmen.

Für die Vereine bedeutet dies konkret, dass ab dem 01. Februar 2014 u. a. der Einzug von Mitgliedsbeiträgen zwingend nach dem europaweit einheitlichen Verfahren vorzunehmen ist.

Was ändert sich?

Ab dem 01. Februar 2014 wird das herkömmliche nationale Zahlverfahren für Überweisungen und Lastschriften abgelöst. Überweisungen und Lastschriften werden dann nur noch mittels SEPA anhand der IBAN (International Bank Account Number) und dem BIC (Business Identifier Code) durchgeführt und identifiziert.

IBAN und BIC

Für Vereine ist im Hinblick auf den Einzug ihrer Mitgliedsbeiträge und Gebühren in erster Linie das SEPA-Lastschriftverfahren von Bedeutung.

Das SEPA-Lastschriftverfahren sieht zwei unterschiedliche Arten von Lastschriften vor. Zum einen gibt es die SEPA-Basislastschrift und die SEPA-Firmenlastschrift. Aufgrund der Tatsache, dass die SEPA-Firmenlastschrift für den Zahlungsverkehr mit Geschäftskunden zu verwenden ist, ist für Vereine für den Einzug der Mitgliedsbeiträge lediglich die SEPA-Basislastschrift von Bedeutung.

Zwei Arten von Lastschriften

Welche Maßnahmen muss der Verein konkret vornehmen?

Damit der Verein an den SEPA-Zahlverfahren teilnehmen kann, muss dieser folgende Vorkehrungen und Maßnahmen einleiten:

Gläubiger-ID (Gläubiger-Identifikationsnummer)

Für das zukünftige Verfahren muss der Verein zwingend eine Gläubiger-ID beantragen. Diese wird zentral durch die Deutsche Bundesbank vergeben und kann nur via Internet bei der Deutschen Bundesbank unter www.glaeubiger-id.bundesbank.de beantragt werden.

Gläubiger-ID ist zwingen vorgeschrieben

Auskunfts-person für den Beantragungs-prozess

Für die Beantragung benötigt der Beantragende lediglich die Anschrift des Vereins und die Vereinsregisternummer. Ferner wird verlangt, dass eine Auskunftsperson für den Beantragungsprozess benannt wird – hier kann entweder ein Vorstandsmitglied oder ein vom Vorstand beauftragter SEPA-Koordinator angegeben werden.

Eine Gläubiger-ID wird immer nur an eine juristische Person vergeben, deshalb können unselbstständige Abteilungen, auch wenn sie Konten bei anderen Bankinstituten als der Gesamtverein haben, keine eigene Gläubiger-ID beantragen. Für die Abteilungen gilt somit immer die von der Bundesbank zugeteilte Gläubiger-ID des Gesamtvereins.

Geschäftsbereichskennung

Für den Fall, dass der Verein eine interne Kennzeichnung für die unterschiedlichen Abteilungen einführen möchte, besteht die Möglichkeit, die Stellen 5 bis 7 der Gläubiger-Identifikationsnummer, die bei der Vergabe der Gläubiger-ID standardmäßig mit „ZZZ" (Geschäftsbereichskennung) belegt sind, für eine Kennzeichnung einzelner Abteilungen festzusetzen. Diese drei Stellen können beliebig mit alphanumerischen Zeichen versehen werden, zum Beispiel FUB für Fußballabteilung, HAB für Handballabteilung etc.

Es gilt jedoch zu beachten, dass das einem Lastschrifteinzug zugrunde liegende Mandat anhand der Gläubiger-ID, ohne die darin enthaltene Geschäftsbereichskennung, identifiziert werden muss. Folglich dient die Belegung der Geschäftsbereichskennung ausschließlich vereinsinternen Zwecken und es steht im Ermessen des Vereins, ob eine solche Kennzeichnung erfolgt oder nicht.

Inkassovereinbarung

Neue Inkassovereinbarung ist notwendig

Der Verein muss mit seiner Bank eine neue Inkassovereinbarung, die die Konditionen des neuen Zahlungsverfahrens wiedergibt, abschließen. Aufgrund der Tatsache, dass dem jeweiligen Bankinstitut die Gläubiger-ID mitgeteilt werden muss, kann ein Abschluss erst dann vollzogen werden, wenn diese dem Verein vorliegt.

Hinweis

Eine neue Inkassovereinbarung muss auch für Abteilungskonten abgeschlossen werden.

Inkassovereinbarung auch für Abteilungskonten

Die neuen Inkassovereinbarungen werden grundsätzlich unaufgefordert von den jeweiligen Bankinstituten an die Vereine verschickt. Sollte eine Bank eine neue Inkassovereinbarung dem Verein nicht rechtzeitig übermitteln, sollte der Verein sich mit seinem Bankberater in Verbindung setzen.

Bei der Unterzeichnung der neuen Inkassovereinbarung ist darauf zu achten, dass die jeweils vertretungsberechtigten Personen in vertretungsberechtigter Anzahl (in der Regel der BGB-Vorstand im Sinne des § 26 BGB), diese unterschreiben.

Mandatsreferenz

Zweck der Mandatsreferenz ist, in Verbindung mit der Gläubiger-ID, die eindeutige Identifizierung des entsprechenden Mandates.

Eindeutige Identifizierung des Mandates

Eine Mandatsreferenz muss für jedes SEPA-Mandat vom Verein individuell vergeben werden. Jede Mandatsreferenz darf nur einmalig vergeben bzw. vorhanden sein. Für jede Mandatsreferenz stehen dem Verein bis zu 35 alphanumerische Stellen zur Verfügung.

Hinweis

Als Mandatsreferenz könnte ein Verein zum Beispiel die jeweilige Mitgliedsnummer verwenden.

Die Mandatsreferenz kann entweder im Mandat enthalten sein oder dem Zahler nachträglich bekannt gegeben werden.

SEPA-Lastschriftmandat

Die jetzigen Einzugsermächtigungen werden durch die neuen SEPA-Lastschriftmandate ersetzt. Was der Verein beachten muss bzw. wie er vorgehen muss, hängt davon ab, ob

Kriterien zu den SEPA-Lastschriftmandaten

- dem Verein bereits eine Einzugsermächtigung vorliegt (Altmitglied),

- dem Verein noch keine Einzugsermächtigung vorliegt (Neumitglied),
- mit dem Verein ein Abbuchungsauftrag besteht.

1. Dem Verein liegt eine Einzugsermächtigung vor

Umwidmung der bereits vorhandene Einzugsermächtigung

Sofern dem Verein eine gültige Einzugsermächtigung durch das Vereinsmitglied vorliegt, kann – aufgrund der Sonderbedingungen für den Lastschrifteinzug vom Juli 2012 – im Wege der Umwidmung die bereits vorhandene Einzugsermächtigung in ein SEPA-Lastschriftmandat umgewandelt werden.

Bei Online-Mitgliedschaft keine gültige SEPA-Lastschrift

Eine gültige Einzugsermächtigung liegt immer nur dann vor, wenn dem Verein eine unterschriebene Einzugsermächtigung im Original vorliegt. Nur solche Einzugsermächtigungen können umgewandelt werden, da dem Verein für die Anwendung von SEPA stets eine Unterschrift im Original vorliegen muss. Aufgrund dieser Tatsache kann bei einer reinen Online-Mitgliedschaft keine gültige SEPA-Lastschrift erteilt werden.

Neben der unterschriebenen Einzugsermächtigung muss für eine wirksame Umwidmung auch eine Mitteilung an die jeweiligen Vereinsmitglieder erfolgen, in welcher insbesondere den Vereinsmitgliedern der Zeitpunkt der Umstellung auf das SEPA-Zahlverfahren, die Gläubiger-ID des Vereins sowie die Mandatsreferenz mitgeteilt werden. Ferner bietet es sich an, die vom Verein zukünftig verwendete IBAN und BIC des Vereinsmitglieds zur Prüfung auf Richtigkeit mit anzugeben.

Die Mitteilung muss in geeigneter Art und Weise erfolgen. Eine solche Mitteilung kann zum Beispiel per Brief an jedes Mitglied, per E-Mail an jedes Mitglied oder per Hinweis in der Vereinszeitschrift (sofern jedes Mitglied eine solche erhält) erfolgen.

> **Hinweis**
>
> Eine explizite Zustimmung des Vereinsmitglieds als Zahlungspflichtiger ist nicht erforderlich.

Eine solche Umwandlung könnte wie folgt lauten:

Was ändert sich?

Umstellung auf das SEPA-Basislastschriftverfahren

Wir *[Name des Vereins]* haben bisher die Vereinsbeiträge und Vereinsgebühren per Einzugsermächtigung eingezogen. Als Beitrag zur Schaffung des einheitlichen Euro-Zahlungsverkehrsraums (Single Euro Payments Area, SEPA) stellen wir ab dem *[TT.MM.JJJJ]* auf das europaweit einheitliche SEPA-Basis-Lastschriftverfahren um.
Die von Ihnen bereits erteilte Einzugsermächtigung wird dabei als SEPA-Lastschriftmandat weiter genutzt.

Die Abbuchung der jährlichen Beiträge erfolgt zukünftig nicht mehr mittels Angabe Ihrer Konto-Nr. bzw. Bankleitzahl, sondern über Ihre internationale Kontonummer (IBAN) und der internationalen Bankenkennung (BIC).

Wir haben hierfür folgende Daten für Sie angelegt:

IBAN: xxxxxxxxxxxxxx

BIC: xxxxxxxxxxxxxx

Ferner wird dieses Lastschriftmandat und auch zukünftige Lastschriften durch Ihre Mandatsreferenz und die Gläubiger-ID des Vereins gekennzeichnet.

Die Mandatsreferenz lautet: ....

Die Gläubiger-ID unseres Vereines lautet: **DE01ZZZ01234567890**

Für Beitragszahlungen werden wir erstmals ab dem *[TT.MM.JJJJ]* das neue SEPA-Basislastschriftverfahren nutzen. Der Beitragseinzug erfolgt jährlich am *[TT.MM.JJJJ]*. Sollte dieser auf einen Feiertag oder ein Wochenende fallen, erfolgt der Einzug am darauffolgenden Bankarbeitstag. (Alternativ: Der Beitragseinzug erfolgt zu den in unserer Satzung/Beitragsordnung definierten Terminen.)

Sollten die von uns ermittelten Angaben zu Ihrer IBAN und Ihrem BIC nicht korrekt sein, bitten wir Sie umgehend um Nachricht. Ihre IBAN und den BIC finden Sie z. B. auf Ihrem Kontoauszug.

Sofern Sie Fragen zu diesem Schreiben haben, können Sie sich gerne jederzeit bei uns melden.

_____   _____
(Ort/Datum)   (Unterschrift des Kontoinhabers)

2. Dem Verein liegt keine Einzugsermächtigung vor

Bei Neumitgliedern, von denen der Verein noch keine Einzugsermächtigung hat, muss unterschieden werden, ob das Neumitglied nach der Umstellung auf das SEPA-Zahlverfahren die Mitgliedschaft erwirbt oder noch vor dem Umstellungszeitpunkt.

a) Erwerb der Mitgliedschaft nach der Umstellung

SEPA-Lastschriftmandat ist zwingend

Von allen Mitgliedern, die nach der Umstellung die Vereinsmitgliedschaft erwerben, muss zwingend ein SEPA-Lastschriftmandat eingeholt werden.

Folglich muss der Verein seine bisherigen Aufnahmeformulare bzw. Beitrittserklärungen ändern, sodass auf diesen ein entsprechender Mandatstext vorhanden ist, welcher u. a. folgende Angaben beinhaltet, Angabe von Name, Adresse, Gläubiger-ID des Vereins, die Mandatsreferenz, die Angabe, ob es sich um eine einmalige Zahlung oder um eine wiederkehrende Zahlung handelt sowie der Name, die Anschrift, die IBAN, der BIC und die Unterschrift des Mitglieds mit Ort und Datum.

Eine Formulierung könnte wie folgt aussehen:

SEPA-Lastschriftmandat für wiederkehrende Zahlungen
(Alternativ: für einmalige Zahlung)

_____
(Name des Zahlungsempfängers (Vereins)

_____
(Straße, Hausnummer, PLZ, Ort)

_____
(Gläubiger-Identifikationsnummer)

_____
(Mandatsreferenz)

Ich ermächtige den [Name des Vereins] Zahlungen von meinem Konto mittels Lastschrift einzuziehen. Zugleich weise ich mein Kreditinstitut an, die vom [Name des Vereins] auf meinem Konto gezogenen Lastschriften einzulösen.

Hinweis: Ich kann innerhalb von acht Wochen, beginnend mit dem Belastungsdatum, die Erstattung des belasteten Betrags verlangen. Es gelten dabei die mit meinem Kreditinstitut vereinbarten Bedingungen.

Kontoinhaber/Bankverbindung:	
Name: _____	Vorname: _____
Straße: _____	
PLZ/Wohnort: _____	
IBAN: _____	BIC: _____
Bankname: _____	
_____ (Ort/Datum)	_____ (Unterschrift des Kontoinhabers)

b) Erwerb der Mitgliedschaft vor der Umstellung

Bei Mitgliedern, die die Mitgliedschaft noch vor der Umstellung erwerben, bietet es sich für den Verein an, ein sogenanntes „Kombimandat" abzuschließen. *Kombimandat*

Ein Kombimandat kennzeichnet sich dadurch aus, dass in einem Mandat das Mitglied dem Verein eine Einzugsermächtigung und gleichzeitig auch ein SEPA-Mandat erteilt. Das SEPA-Kombimandat kennzeichnet sich dadurch aus, dass es die bisher bekannte Einzugsermächtigung und das neue SEPA-Lastschriftmandat vereint.

Durch ein solches Mandat hat der Verein den Vorteil, dass der Verein bis zur Umstellung das alte Einzugsverfahren anwenden kann und gleichzeitig für die zukünftige Umstellung auf das SEPA-Lastschriftverfahren bereits die notwendigen Angaben vom Vereinsmitglied hat und die entsprechende Vereinbarung mit dem Vereinsmitglied abgeschlossen hat. So kann ein reibungsloser Übergang auf das SEPA-Lastschriftverfahren erreicht werden, ggf. muss lediglich dem Vereinsmitglied noch der Umstellungszeitpunkt mitgeteilt werden. *Reibungsloser Übergang*

Für ein solches Kombimandat muss der Verein seine bisherigen Aufnahmeformulare bzw. Beitrittserklärungen ändern.

Eine Formulierung könnte wie folgt lauten:

Erteilung einer Einzugsermächtigung und eines SEPA-Lastschriftmandates

(Name des Zahlungsempfängers (Vereins)

(Straße, Hausnummer, PLZ, Ort)

(Gläubiger-Identifikationsnummer)

(Mandatsreferenz)

1. Einzugsermächtigung

Ich ermächtige den *[Name des Vereins]* widerruflich, die von mir zu entrichtenden Vereinsbeiträge bei Fälligkeit durch Lastschrift von meinem unten angegebenen Konto einzuziehen.

Kontoinhaber/Bankverbindung:

Name: _____ Vorname: _____
Straße: _____
PLZ/Wohnort: _____

Kto.-Nr.: _____ BLZ: _____
Bankname: _____

2. SEPA-Lastschriftmandat

Ich ermächtige den *[Name des Vereins]* Zahlungen von meinem Konto mittels Lastschrift einzuziehen. Zugleich weise ich mein Kreditinstitut an, die vom *[Name des Vereins]* auf meinem Konto gezogenen Lastschriften einzulösen.
Hinweis: Ich kann innerhalb von acht Wochen, beginnend mit dem Belastungsdatum, die Erstattung des belasteten Betrags verlangen. Es gelten dabei die mit meinem Kreditinstitut vereinbarten Bedingungen.

Kontoinhaber/Bankverbindung:

Name: _____ Vorname: _____
Straße: _____
PLZ/Wohnort: _____

IBAN: _____ BIC: _____
Bankname: _____

(Ort/Datum)   (Unterschrift des Kontoinhabers)

3. Vorliegen eines Abbuchungsauftrages

Falls die Begleichung der Mitgliedsbeiträge bisher per Abbuchungsauftrag erfolgt, muss ein neues SEPA-Lastschriftmandat mit dem jeweiligen Vereinsmitglied abgeschlossen werden.
Eine Umwandlung, wie bei vorhandenen Einzugsermächtigungen, ist in diesem Fall nicht möglich.

Keine Umwandlung möglich

4. Kontoinhaber nicht identisch mit Vereinsmitglied

Für den Fall, dass der Kontoinhaber, also der Zahlungspflichtige, nicht mit dem Vereinsmitglied identisch ist, muss ein zusätzlicher Passus in das SEPA-Lastschriftmandat aufgenommen werden. Derartige Sachverhalte kommen u. a. bei Ehepartnern oder bei Eltern, die den Beitrag für ihre Kinder begleichen, vor.

Zusätzlicher Passus ist notwendig

Ein Zusatz könnte wie folgt formuliert werden:

SEPA-Lastschriftmandat

...

Dieses SEPA-Lastschriftmandat gilt für die Mitgliedschaft des Vereinsmitglieds

_____
(Vor- und Zuname des Vereinsmitglieds)

Anforderungen an SEPA-Lastschriften

Aufgrund der gesetzlichen Bestimmungen gibt es Neuerungen, die der Verein beachten und einhalten muss.

Pre-Notification (Vorabinformation)

Der Verein muss seine Mitglieder mindestens 14 Tage vor dem Fälligkeitstermin über die Belastung informieren. Diese Frist kann jedoch zwischen dem Verein und dem Vereinsmitglied abweichend vereinbart werden.

Fälligkeitstermin

einmalige Information bei periodischer Fälligkeit	An eine Pre-Notification sind bestimmte Anforderungen zu stellen. Es muss den Mitgliedern jeweils der Betrag, die Fälligkeit, die Gläubiger-ID sowie die Mandatsreferenz mitgeteilt werden. Bei wiederkehrenden Zahlungen, wie z. B. Mitgliedsbeiträgen, ist für den Fall, dass die Fälligkeit periodisch festgelegt und den Mitgliedern in einer Pre-Notification mitgeteilt wurde, eine einmalige Information ausreichend.
	Die Pre-Notification ist an keine bestimmte Form gebunden. Auch hier gilt, dass das jeweilige Vereinsmitglied in der geeigneten Art und Weise zu informieren ist. Eine Pre-Notification kann demnach u. a. per Brief, per E-Mail, per Vereinszeitschrift oder auf dem Aufnahmeantrag bzw. der Beitrittserklärung etc. erfolgen. Eine Pre-Notification kann ggf. auch aufgrund einer Satzungsgrundlage erfolgen, hier sollte jedoch Rücksprache mit dem jeweiligen Bankinstitut genommen werden.
Änderungen erfordern erneut eine Pre-Notification	Wichtig ist jedoch, dass für den Fall, dass sich aus irgendwelchen Gründen das Fälligkeitsdatum oder der Betrag ändert, eine erneute Pre-Notification an die entsprechenden Vereinsmitglieder notwendig ist. Selbiges gilt, wenn sich Gläubiger-ID, Mandatsreferenznummer oder Kontoverbindung ändern sollten.

Online-Verfahren

SEPA-Einzug ist ausschließlich online möglich	Sofern der Verein bisher den Einzug der Mitgliedsbeiträge beleghaft, per Diskette oder per USB-Stick bei der Bank eingereicht hat, muss der Verein seine Vorgehensweise neu organisieren, da der Einzug der Beiträge mittels SEPA ausschließlich online möglich ist.

SEPA-fähige Software

Anforderungen an Software	Die vom Verein eingesetzte Mitgliederverwaltungssoftware bzw. die Software, die der Verein für den Beitragseinzug verwendet, muss bestimmten Anforderungen entsprechen. Die Software muss für die Verarbeitung bzw. Bearbeitung Platzhalter für die Gläubiger-ID, die Mandatsreferenz, die IBAN, den BIC und das Mandatsdatum vorsehen. Bei vielen Programmen besteht die Möglichkeit die Kontodaten

auf die IBAN und den BIC automatisch, praktisch per „Knopfdruck", zu konvertieren.
Ferner sollte die Software eine SEPA-Mandatsverwaltung anbieten. Eine solche Mandatsverwaltung sollte die Möglichkeit einer Archivierung der Mandate, die Erkennung von Vorlauffristen für die Einreichung von Einmallastschriften und Folgelastschriften sowie die Anzeige des Status der Mandate respektive die Erkennung eines nicht mehr gültigen Mandats bieten und auch die Datumsangabe des SEPA-Mandats abbilden können. Ferner muss die eingesetzte Software die Unterstützung des SEPA-XML-Formats gewährleisten, da nur dieses Format das SEPA-Zahlungsverfahren unterstützt und online übermitteln kann.

SEPA-Mandatsverwaltung

Fristen

Durch die Einführung des SEPA-Zahlverfahren kommen auf den Verein neue Fristen zu, die es zu beachten gilt.

- **Gültigkeit der Lastschriftmandate**

    Ein Mandat muss immer innerhalb von 36 Monaten für den Einzug einer SEPA-Lastschrift verwendet werden. Sollte eine Verwendung in diesem Zeitraum unterbleiben, verfällt es und es muss erneut ein neues Mandat eingeholt werden.

- **Rückgabefrist**

    Erfolgt eine Belastung ohne ein gültiges SEPA-Lastschriftmandat, ergibt sich für den Zahlungspflichtigen ein Erstattungsanspruch von bis zu 13 Monaten nach der Belastungsabbuchung.

- **Widerruf**

    Die Vereinsmitglieder können von ihrem Widerrufsrecht innerhalb von bis zu acht Wochen nach dem Einzug Gebrauch machen.

- **Einreichungsfristen/Vorlauffrist**

    – SEPA-Lastschriften müssen mit einem bestimmten Fälligkeitsdatum und einer konkreten Vorlauffrist eingereicht werden.

- Die Vorlauffrist für einmalig eingereichte SEPA-Lastschriften bzw. für erstmalig eingereichte SEPA-Lastschriften beträgt sechs Bankarbeitstage.
- Für Folgelastschriften beträgt die Vorlauffrist lediglich drei Bankarbeitstage.
- Bei der Einreichung der Lastschriften für die Jahresbeiträge ist zu beachten, dass hierbei für die Mitglieder, bei denen bereits das SEPA-Zahlverfahren einmal angewendet wurde, die Frist von drei Bankarbeitstagen Anwendung findet und für Neumitglieder die Frist von sechs Bankarbeitstagen.

Aufgrund der unterschiedlichen Bedingungen und Konditionen der Bankinstitute kann es sein, dass auch andere Vorlauffristen zur Anwendung kommen.

Sonstiges

Aktualisierung der Forumlare

Nicht zuletzt muss der Verein seine im Geschäftsverkehr verwendeten Unterlagen aktualisieren – zum Beispiel müssen die Gläubiger-ID, die IBAN und der BIC auf den Vereinsbriefbögen aufgenommen werden.

3. Checkliste

Aufgabe	Zuständigkeit	Status
Auswahl eines SEPA-Beauftragten		
Beantragung Gläubiger-ID (Deutsche Bundesbank)		
Abschluss Inkassovereinbarung mit Bankinstitut		
Abschluss Inkassovereinbarung mit Bankinstitut		
Festlegung der Mandatsreferenz		
Festsetzung des Einzugstermins für Beiträge und Gebühren		
Ggf. Satzungsänderung, Änderung Beitragsordnung		
Änderung der bestehenden Beitrittserklärungen		
Änderung der bestehenden Aufnahmeanträge/Kursanmeldungen		
Überprüfung der Software auf „SEPA-Fähigkeit"		
Umwandlung der bereits vorhandenen Einzugsermächtigungen		
Pre-Notification (Vorabinformation)		
Änderung der bestehenden Briefbögen und sonstigen Unterlagen mit den entsprechenden Angaben des Vereins		
Beachtung von Vorlauffristen und Einreichungsfristen		

Buchführungs-Glossar – die wichtigsten Fachbegriffe

Abgrenzung

Dieser Begriff der doppelten Buchführung bezeichnet die periodengerechte oder sachliche Zuordnung von Geschäftsvorfällen. Die Buchung dieser Beträge erfolgt als Abgrenzungsposten auf Abgrenzungskonten. Das Abschlusssammelkonto fasst die Abgrenzungsposten zusammen und führt sie als neutrales Ergebnis dem Gewinn- und Verlust-Konto zu.

Abgrenzung, sachlich

Auch Aufwendungen und Erträge, die nicht in direktem Zusammenhang zur betrieblichen Leistungserstellung stehen, sind in der Finanzbuchhaltung (Bilanz bzw. GuV) zu erfassen. Dabei werden durch Abgrenzungsrechnungen die Zahlenwerte im Vereins-Controlling in betriebliche und außerbetriebliche (neutrale) Aufwendungen und Erträge gesplittet. Kalkulatorische Kosten werden auch ausgewiesen, müssen aber über „verrechnete kalkulatorische Kosten" aus dem Ergebnis wieder herausgerechnet werden.

Abgrenzung, zeitlich

Mit der Rechnungsabgrenzung werden periodenfremde Aufwendungen und Erträge entsprechend ihrer wirtschaftlichen und erfolgswirksamen Zugehörigkeit auf eine oder auch mehrere andere Abrechnungsperiode(n) verteilt und gebucht (z. B. Versicherungen, Mieten, Zinsen, Steuer). Zu differenzieren ist dabei zwischen transitorischen und antizipativen Rechnungsabgrenzungsposten (RAP). Bei transitorischen RAP betrifft die geleistete Zahlung eine zukünftige Abrechnungsperiode, ein antizipativer RAP betrifft die gegenwärtige Abrechnungsperiode bei späterer Zahlung. In der Bilanz werden die transitorischen RAP als aktive bzw. passive Rechnungsabgrenzungsposten ausgewiesen, die antizipativen RAP unter sonstigen Forderungen bzw. Verbindlichkeiten. In der Einnahmen-Überschuss-Rechnung eines Vereins wird grundsätzlich auf die Zahlungen abgestellt. Abgegrenzt werden lediglich regelmäßig wiederkehrende Einnahmen und Ausgaben in einem Zeitraum von bis zu zehn Tagen vor und nach dem Jahresende.

Abschreibung

Die Absetzung für Abnutzung (AfA) ist ein Teilbetrag der Anschaffungs- bzw. Herstellungskosten des Vereins-Inventars. Die durch Überalterung, Verschleiß oder technischen Fortschritt entstehende Wertminderung von abnutzbaren Wirtschaftsgütern wird durch den Ansatz von Abschreibungen ausgewiesen. Zunächst werden die Anschaffungs- bzw. Herstellungskosten des jeweiligen Wirtschaftgutes im Anschaffungsjahr aktiviert (im Anlagevermögen aufgeführt), dann werden diese Kosten auf die Dauer mehrerer Nutzungsjahre (lt. amtlicher AfA-Tabellen) verteilt. Zu unterscheiden ist dabei die planmäßige (auf die voraussichtliche Nutzungsdauer) oder außerplanmäßige (bei unvorhergesehenem Wertverlust) Abschreibung.

Abschreibung, lineare

Eine jährliche konstante Abschreibungsquote des Wirtschaftsgutes wird ermittelt durch die Anschaffungs- bzw. Herstellungskosten, dividiert durch die Anzahl der Jahre der geschätzten Nutzungsdauer (AfA-Tabellen). Dieser Betrag wird dann in jedem Nutzungsjahr als Betriebsausgabe abgesetzt.

Aktiva

Aktiva bezeichnet die Summe der Vermögenswerte, welche auf der linken Seite der Bilanz (Aktivseite) aufgeführt werden (siehe auch Passiva). Zu den Aktiva gehören das Anlagevermögen, das Umlaufvermögen und die aktiven Rechnungsabgrenzungsposten.

Anlagenbuchhaltung

Mit der Anlagenbuchhaltung werden alle Wirtschaftsgüter des Anlagevermögens ordnungsgemäß nachgewiesen. Art-, mengen- und wertmäßig detailliert bzw. in Zusammenfassung gleichartiger Vermögensgegenstände werden der Anfangsbestand, die Zu- und Abgänge, die Abschreibungen und der Schlussbestand des Anlagevermögens in einem Wirtschaftsjahr aufgeführt. Die schriftliche Niederlegung der Entwicklung des Anlagevermögens erfolgt im Anlagespiegel als Anhang der Bilanz.

Anschaffungswertprinzip

Das Anschaffungswertprinzip ist Bestandteil der handelsrechtlichen Grundsätze ordnungsmäßiger Buchführung im Hinblick auf das Vorsichtsprinzip und den Gläubigerschutz. Die zu bilanzierenden Wirtschaftsgüter des Anlagevermögens sind mit dem Wert aus Anschaffungs- bzw. Herstellungskosten abzüglich AfA, erhöhten Absetzungen, Sonderabschreibungen und sonstigen Abzügen anzusetzen.

Aufbewahrungspflicht

Auch jedem buchhaltungspflichtigen Verein sind per Gesetz Zeiträume zur Aufbewahrung seiner Buchhaltungsunterlagen auferlegt. Die Aufbewahrungspflicht endet mit der Aufbewahrungsfrist (zehn Jahre für Bücher und Belege, sechs Jahre für Korrespondenz). Bei Nichtbeachtung der Aufbewahrungsfristen kann es zu einer Schätzung der Besteuerungsunterlagen kommen.

Aufwandskonten

Sammelbezeichnung aller Konten, welche zur Erfassung und Verrechnung der Aufwendungen dienen. Dabei wird unterschieden in Konten des betrieblichen und des außerbetrieblichen Aufwands.

Ausgabe

Betriebsausgaben sind die Aufwendungen, die durch den Betrieb (Zweckbetrieb/Geschäftsbetrieb) veranlasst sind und in Geld oder Geldwert abfließen. Dazu gehört auch das Eingehen von Verbindlichkeiten und Vorauszahlungen. Nicht alle Betriebsausgaben sind abzugsfähig, teilweise überhaupt nicht oder nur beschränkt. In der Regel mindern Ausgaben in ihrer Gesamthöhe das Geldvermögen bzw. den Gewinn in dem Jahr, in welchem sie gemacht wurden. Ausnahme ist die Verteilung der Anschaffungs- bzw. Herstellungskosten von Wirtschaftsgütern des Anlagevermögens auf die Nutzungsjahre und somit ist nur die jährliche AfA bei der Gewinnermittlung abzuziehen.

Auszahlung

Eine Auszahlung ist ein Geschäftsvorfall, welcher zu einer Minderung des Zahlungsmittelbestands (Kasse, Bank) führt.

Beleg

Ob nun manuell oder computergestützt – jede doppelte Buchführung gründet auf Belegen. Jeder Geschäftsvorfall ist schriftlich mit seinen Merkmalen zu dokumentieren und muss anhand dieses Belegs nachprüfbar sein – keine Buchung darf ohne Beleg erfolgen! Man unterscheidet folgende Belege:
- Fremdbelege wie eingegangene Rechnungen, Quittungen, Überweisungsscheine usw.;
- Eigenbelege wie selbst erstellte Abrechnungen, Rechnungskopien, Quittungen usw. (als Eigenbelege zählen auch sog. Notbelege, d. h. Ersatzausfertigungen für verloren gegangene Fremdbelege und in Fällen, in denen üblicherweise keine anfallen, z. B. bei Parkuhr oder Trinkgeldern);
- interne Belege als Anweisungen über Umbuchungen oder Verrechnungen.

Bestandskonto

Auf Bestandskonten werden die Veränderungen der Bilanzpositionen, d. h. alle Zu- und Abgänge eines Bestands mit gleichem Wertansatz erfasst. Zu den Bestandskonten gehören das Kassen-, Bank- oder Postgirokonto, Besitz- und Schuldwechselkonto, Debitoren- und Kreditorenkonto. Vermögensgegenstände werden dabei auf den aktiven, Kapitalbestände auf den passiven Bestandskonten geführt.

Bestandskonto, aktiv

Aktive Bestandskonten weisen die Vermögensgegenstände eines Vereins aus. Auf der Aktivseite stehen das Anlagevermögen, das Umlaufvermögen und die aktiven Rechnungsabgrenzungsposten.

Die Endbestände aus der Schlussbilanz des vorangegangenen Wirtschaftsjahrs werden in der Eröffnungsbilanz des neuen Wirtschaftsjahrs auf die Sollseite gebucht. Die Zugänge auf einem Aktivkonto erhöhen dessen Bestand und werden auf der Sollseite erfasst, Abgänge auf der Habenseite, Saldo auf der Habenseite. Bei einem Aktivtausch nimmt ein Konto der Aktivseite ab und ein anderes der Aktivseite zu (z. B. Barkauf eines Fahrzeugs).

Bestandskonto, passiv

Passive Bestandskonten weisen die Kapitalbestände eines Vereins aus. Auf der Passivseite stehen das Eigenkapital, die Schulden und die passiven Rechnungsabgrenzungsposten. Die Endbestände aus der Schlussbilanz des vorangegangenen Wirtschaftsjahrs werden in der Eröffnungsbilanz des neuen Wirtschaftsjahrs auf die Habenseite gebucht. Die Zugänge auf einem Passivkonto erhöhen dessen Bestand und werden auf der Habenseite erfasst, Abgänge auf der Sollseite, Saldo auf der Sollseite. Bei einem Passivtausch nimmt ein Konto der Passivseite ab und ein anderes Konto der Passivseite zu (z. B. Rechnungsausgleich durch Inspruchnahme des Überziehungskredits).

Betriebsergebnis

Die (Teil-)Betriebsergebnisse der Zweckbetriebe und wirtschaftlichen Geschäftsbetriebe ergeben sich jeweils aus der Differenz zwischen den Erträgen und Aufwendungen in einer Abrechnungsperiode. Allerdings entsprechen diese Betriebsergebnisse nicht dem gesamten Vereinsergebnis. Zusätzlich sind hier die Ergebnisse aus dem ideellen Bereich, der ertragssteuerneutralen Posten und der steuerbegünstigten Vermögensverwaltung hinzuzurechnen.

Bilanz

Die Bilanz ist eine Gegenüberstellung von Vermögen und Kapital zum Abschluss des Wirtschaftsjahrs. Sie ist klar, übersichtlich und in Euro zu einem Bilanzstichtag aufzustellen. Anlage- und Umlaufvermögen, Eigenkapital, Schulden sowie Rechnungsabgrenzungsposten sind gesondert auszuweisen und aufzugliedern. Die Bilanz wird in Kontenform dargestellt. Die Aktivseite (Sollseite) weist das Vermögen, d. h. die Verwendung der finanziellen Mittel (z. B. für Gebäude, Maschinen, Vorräte) aus. Die Passivseite (Habenseite) zeigt das Kapital an, d. h. die Herkunft der finanziellen Mittel (z. B. aus Einlagen, Gewinne, Kredite). Es gilt das Prinzip der Bilanzgleichung: Aktiva = Passiva, d. h. beide Seiten der Bilanz müssen wertmäßig in der Bilanzsumme übereinstimmen und Aktivkonten dürfen nicht mit Passivkonten verrechnet werden. Für Vereine gibt es neben der Einnahmen-Überschuss-Rechnung zusätzlich eine Vermögensübersicht, die sich an den Bilanzpositionen orientiert.

Bilanz, Aktivseite

In der Finanzbuchhaltung wird in Bestands- und Erfolgskonten unterschieden, wobei die Bestandskonten wiederum in Aktiv- und Passivkonten aufgeteilt werden. Auf der Aktivseite (Sollseite) wird das Betriebsvermögen ausgewiesen, d. h. die Verwendung der finanziellen Mittel (z. B. Vereinsgebäude, Fahrzeuge, Büroausstattung). Der sich ergebende Saldo wird als positiver Bestand unter Aktiva in der Bilanz ausgewiesen.

Bilanz, Passivseite

In der Finanzbuchhaltung wird in Bestands- und Erfolgskonten unterschieden, wobei die Bestandskonten wiederum in Aktivkonten und Passivkonten aufgeteilt werden. Auf der Passivseite (Habenseite) werden die finanziellen Mittel ausgewiesen, d. h. deren Herkunft (Eigen- und Fremdkapital).

Bücher der doppelten Buchführung

Die Geschäftsbücher der kaufmännischen Buchführung sind:

- Grundbuch (Journal) = chronologische Erfassung aller Geschäftsvorfälle
- Hauptbuch = Übernahme aus dem Grundbuch und systematische Kontenzuordnung

- Nebenbücher = jene Bücher, die einzelne Bereiche des Hauptbuchs näher erläutern, z. B. Kassenbuch, Lohn- und Gehaltsbuch, Wareneinkaufsbuch
- Die Aufzeichnungen in den Geschäftsbüchern müssen den Grundsätzen ordnungsmäßiger Buchhaltung (GoB) entsprechen.

Buchführung

Mit der Buchführung werden alle Geschäftsvorfälle ordnungsgemäß und lückenlos unter Beachtung der Grundsätze ordnungsmäßiger Buchhaltung (GoB) aufgezeichnet. Hauptaufgabe der Buchführung ist die Ermittlung des Vereinsergebnisses und die Darstellung von Vermögenslage und Vermögensveränderungen. Die Daten und Zahlen dienen zur Kontrolle und einem wirksamen Controlling, als Grundlage der Besteuerung und als Dokumentations- und Beweismittel gegenüber Außenstehenden. Die Buchhaltung besteht aus zwei Bereichen:

- Die Finanzbuchhaltung, welche den äußeren (offiziellen) Geschäftskreis (Kunden, Lieferanten, sonstige finanzielle Beziehungen) erfasst und den Jahresabschluss aufstellt.
- Die Betriebsbuchführung für das Vereinscontrolling, welche den innerbetrieblichen Leistungsbereich in der Kostenrechnung darstellt (Gegenüberstellung von Leistung und Kosten).

Bei der einfachen Buchführung wird ein Geschäftsvorfall nur auf ein Konto, bei der doppelten Buchführung auf mindestens zwei Konten (Soll und Haben) verbucht.

Buchführung, doppelte

Bei der doppelten Buchführung wird der Geschäftsvorfall auf mindestens zwei Konten (Soll und Haben) verbucht, welche im Buchungssatz benannt werden. Die Ermittlung des Ergebnisses einer Abrechnungsperiode geschieht zweifach, d. h. einmal durch die Bilanz und dann auch durch die Gewinn- und Verlust-Rechnung bzw. beim Verein in der Vermögensübersicht und der Einnahmen-Überschuss-Rechnung.

Buchführung, einfache

Bei der einfachen Buchführung wird ein Geschäftsvorfall jeweils nur auf einem Konto verbucht. Der Erfolg wird nur durch eine Vergleichsrechnung, d. h. Endvermögen abzüglich Anfangsvermögen, festgestellt.

Buchführung, ordnungsmäßige Grundsätze (GoB)

Inhalt und Form der Buchführung werden durch die GoB geregelt. Außenstehende (Finanzamt, Banken, Gläubiger, Nachfolger, Wirtschaftsprüfer) sollen sich möglichst schnell und umfassend ein Bild über die Ertrags- und Vermögenslage des Vereins machen können. Die Buchführung hat in einer lebenden Sprache zu erfolgen bzw. unter Verwendung eindeutiger Ziffern, Buchstaben und Symbolen, ist in Deutschland aufzubewahren und der Jahresabschluss ist in deutscher Sprache und in Euro aufzustellen. Die Grundsätze beinhalten, dass alle Vermögensgegenstände und Schulden einzeln, wahrheitsgemäß, eindeutig, mit der korrekten Bezeichnung und dem richtigen Wert chronologisch und systematisch aufgezeichnet werden müssen.

Buchführungspflicht

Nach Handelsrecht ist nur der Kaufmann verpflichtet, Bücher zu führen und in diesen seine Handelsgeschäfte und die Lage seines Vermögens nach den Grundsätzen ordnungsmäßiger Buchführung (GoB) ersichtlich zu machen. Vereine werden aus steuerlichen Gründen nur dann buchführungspflichtig, wenn sie aus ihren Geschäftsbetrieben einen Gewinn über 50.000 Euro oder Umsätze über 500.000 Euro erzielen.

Buchung, automatische

In Buchhaltungsprogrammen können Konten mit Automatikfunktionen versehen werden, so z. B. Erlöskonten mit 19 % Umsatzsteuer. Eine Buchung auf einem solchen Konto löst eine automatische Verbuchung der Umsatzsteuer aus. Aus dem Bruttobetrag wird die Umsatzsteuer herausgerechnet und auf dem richtigen Konto automatisch erfasst.

Buchung, einfache

Bei der einfachen Buchung werden nur zwei Konten angesprochen (z. B. Gehaltskonto an Bankkonto).

Buchung ohne Beleg

Jeder Geschäftsvorfall ist schriftlich mit seinen Merkmalen zu dokumentieren und muss anhand eines Belegs nachprüfbar sein. Keine Buchung darf ohne Beleg erfolgen! Für verlorengegangene Fremdbelege und in Fällen, in denen üblicherweise keine Belege anfallen (z. B. Parkuhr, Trinkgelder), können sogenannte Notbelege, d. h. Eigenbelege, erstellt werden. Eigenbelege sind auch betriebsintern erstellte Abrechnungen, Rechnungskopien, Quittungen usw.

Buchung, zusammengesetzte

Eine zusammengesetzte Buchung verbucht einen Geschäftsvorfall auf mehreren Konten auf der Soll- oder Habenseite (Splittbuchung).

Buchungssatz

Mit dem Buchungssatz wird der Geschäftsvorfall auf mindestens zwei Konten genannt. Dabei wird immer das erste Konto belastet (Soll) und das zweite als Gegenkonto (Haben) angesprochen (z. B. Kasse an Warenverkauf). Das Prinzip Soll an Haben bleibt bei jeder Buchung, gleich wie viele Konten der Buchungssatz anspricht. Wenn die Summen der Soll- und Haben-Posten eines Buchungssatzes mit dem Buchungsbetrag identisch sind, wurde wertmäßig richtig verbucht.

Durchlaufende Posten

Durchlaufende Posten sind Beträge, welche zwar in den eigenen Vermögensbereich eingehen, jedoch in gleicher Höhe an Dritte wieder weitergegeben werden. Dabei muss es sich um tatsächliche Fremdgelder handeln, d. h. im Namen eines und für einen Dritten vereinnahmte und verausgabte Gelder (z. B. Sammlungen, Benefizveranstaltungen). Sie werden auf dem Bank- oder Kassenkonto erfasst, in der Betriebsbuchführung allerdings nicht berücksichtigt. Durchlaufende Posten gehören nicht zum umsatzsteuerpflichtigen

Entgelt des Vereins. Sie sind getrennt von den eigenen Vermögenswerten auf einem besonderen Verrechnungskonto erfolgsneutral zu erfassen.

E-Bilanz

Der neu eingeführte § 5b Einkommensteuergesetz bestimmt, dass der Inhalt der Bilanz sowie der Gewinn- und Verlustrechnung (GuV) nach amtlich vorgeschriebenem Datensatz durch Datenfernübertragung zu übermitteln ist. Diese Verpflichtung betrifft solche Vereine nicht, die nur eine Einnahmen-Überschussrechnung erstellen müssen. Allerdings sind diese Steuererklärungen wie die Anlage EÜR nach § 25 Abs. 4, § 5b Einkommensteuergesetz ab 2011 ohnehin in elektronischer Form abzugeben.

Ist jedoch der Verein für seine Geschäftsbetriebe verpflichtet, Bilanz und GuV aufzustellen, so sind sie auch nach § 5b Einkommensteuergesetz elektronisch zu übermitteln.

Steuerbefreite Körperschaften profitieren dabei von einer Übergangsregelung, die im Vergleich zu den steuerpflichtigen Unternehmen ein zusätzliches Jahr vorsieht: Erst für Wirtschaftsjahre ab 2015, also mit Abgabe in 2016 wird die neue Vorschrift verpflichtend.

Eigenkapital

Das Eigenkapital der Vereine wird als Vereinsvermögen bezeichnet. Es steht dem Verein unbefristet zur Verfügung und zeigt in der Bilanz/Vermögensübersicht den wirtschaftlichen Erfolg, die Finanzkraft und die Kreditwürdigkeit auf. Unterschieden werden Gewinnrücklagen und Ergebnisvorträge der einzelnen Vermögensbereiche. In der Bilanz/Vermögensübersicht stellt es die Differenz zwischen den Vermögenswerten (Aktiva) und den Verbindlichkeiten (Passiva) dar.

Eingangsrechnungen

In der Regel sind dies Lieferanten- oder Dienstleistungsrechnungen (Fremdbelege), welche unter Berücksichtigung des entsprechenden Vorsteuerabzuges (7 %/19 %) zu buchen sind.

Einnahmen

Einnahmen sind der Zufluss von Zahlungsmitteln in Geld oder Geldwert und/oder Erwerb von Forderungen, auch Dienstleistungen oder Nutzungsrechte. Sie sind nicht immer auch gleichzusetzen mit Einzahlungen, Erträgen oder Einlagen und somit davon abzugrenzen. Da Einnahmen das Vereinsvermögen erhöhen, wird bei dessen Verbuchung immer ein Aktivkonto auf der Sollseite und als Gegenkonto ein Bestands- oder Ertragskonto angesprochen.

Einnahmen-Überschuss-Rechnung

Im Regelfall besteht die Gewinnermittlung eines Vereins in Einnahmen-Überschuss-Rechnungen für die einzelnen Vereinsbereiche. Dabei handelt es sich jeweils um eine Gegenüberstellung von zahlungswirksamen Einnahmen und Ausgaben sowie Abschreibungen. Für die Vermögensverwaltung ist steuerlich eine Einnahmen-Überschuss-Rechnung sogar vorgeschrieben. In den wirtschaftlichen Geschäftsbetrieben führt erst die Buchführungspflicht und Aufforderung durch das Finanzamt zur Bilanzierung.

Einzahlung

Eine Einzahlung ist ein Geschäftsvorfall, dessen zufließender Zahlungsmittelbetrag den Zahlungsmittelbestand (Kasse, Bank) erhöht. Dazu gehören z. B. Eintrittsgelder in der Kasse oder der Eingang von Werbeeinnahmen auf dem Bankkonto. Einzahlungen sind von Einnahmen und Erträgen abzugrenzen.

Erfolgsrechnung

Der Vereinserfolg einer Abrechnungsperiode wird durch eine Erfolgsrechnung ermittelt. Dabei können verschiedene Arten der Erfolgsrechnung angewandt werden, die unterschiedliche Betrachtungsweisen ansetzen:

- Gewinn- und Verlust-Rechnung (GuV):
  Differenz zwischen Aufwendungen und Erträgen = Jahresüberschuss oder -fehlbetrag (externe Erfolgsrechnung, d. h. inklusiv des neutralen Ergebnisses) bei Buchführungspflicht der Geschäftsbetriebe;

- Betriebsergebnisrechnung (kurzfristige Erfolgsrechnung):
in der Kostenrechnung (Kosten, Leistungen) Ermittlung des betrieblichen Ergebnisses (interne Erfolgsrechnung, d. h. ohne das neutrale Ergebnis);
- Einnahmen-Ausgaben-Rechnung (Einnahmen-Überschuss-Rechnung):
Gegenüberstellung von zahlungswirksamen Einnahmen und Ausgaben. In der Regel die Erfolgsrechnung für Vereine, sofern keine Buchführungspflicht besteht. Für die Vermögensverwaltung ist eine Einnahmen-Überschuss-Rechnung in jedem Fall vorgesehen.

Ertragskonten

Sammelbezeichnung aller Konten, welche zur Erfassung und Verrechnung der Erträge dienen. Ertragskonten sind Unterkonten, auf denen eine Mehrung des Vereinsvermögens gebucht wird, d. h. Ertrag wird im Haben gebucht. Wie bei den Aufwandskonten wird unterschieden in Konten des betrieblichen Ertrags und des außerbetrieblichen Ertrags.

Fakturierung

Darunter versteht man die ordnungsgemäße Erstellung von Rechnungen und Gutschriften mit Umsatzsteuerausweis und deren Verbuchung. Dazu gehört neben der Soll-Erfassung der Forderungen auch die Berücksichtigung von Skonti, Boni und Rabatten.

Finanzbuchhaltung

Die Finanzbuchhaltung basiert auf dem Grundbuch mit der chronologischen Erfassung der Geschäftsvorfälle, dem Hauptbuch mit der systematischen Erfassung der Geschäftsvorfälle und den die Buchungen ergänzenden und vertiefenden Nebenbüchern. Die Finanzbuchhaltung liefert das Zahlenmaterial für die Bilanz/Vermögensübersicht und die Gewinn- und Verlust-Rechnung bzw. der Einnahmen-Überschuss-Rechnung nach vereins- und steuerrechtlichen Vorschriften.

Geldvermögen

Das Geldvermögen ist der Zahlungsmittelbestand (Kasse, Bank) zuzüglich der Forderungen aus Lieferungen und Leistungen. Durch Einnahmen wird das Geldvermögen erhöht, durch Ausgaben verringert.

Geschäftsvorfall

Unter Geschäftsvorfall versteht man jeglichen Transfer von Vermögenswerten innerhalb des Vereins oder seines wirtschaftlichen Umfelds. In der Buchhaltung sind sämtliche Geschäftsvorfälle zu erfassen, teilweise mit Auswirkungen auf mehrere Vermögenspositionen.

Beispiele für Geschäftsvorfälle:

- Ticketverkauf an der Kasse (Erhöhung des Kassenbestands, der Umsatzerlöse und der Umsatzsteuerschuld);
- Übernahme eines Lizenzspielers für eine sportliche Sonderveranstaltung (Erhöhung der Aufwendungen für Ablösezahlungen zu Lasten des Bankkontos).

Kein Geschäftsvorfall liegt vor,

- wenn das beantragte Darlehen jederzeit bereitgestellt werden kann;
- bei der Zusage, „die Lieferung, der Scheck, die Bestellung, der unterschriebene Vertrag ist unterwegs". „Schwebende Geschäfte" und „drohende Risiken" zu erfassen und zu bewerten ist Aufgabe des Jahresabschlusses;
- bei einer Bürgschaftserklärung für eine Investition; diese wird so lange nicht als Geschäftsvorfall erfasst, wie sie nicht in Anspruch genommen wird.

Man kann auch sagen, jeder Geschäftsvorfall verändert jeweils mindestens zwei Werte in der Bilanz bzw. der Vermögensübersicht.

Gewinn- und Verlust-Konto

Aufwendungen und Erträge werden im laufenden Wirtschaftsjahr auf Aufwands- bzw. Ertragskonten gebucht. Damit beim Jahresabschluss das Kapitalkonto nicht zu unübersichtlich wird, schaltet man bei der Gewinn- und Verlust-Rechnung das Gewinn- und Verlust-Konto vor. Auf dieses GuV-Konto werden die Salden der Aufwandskonten im Soll übernommen, die der Ertragskonten im Haben. Der Saldo (Differenz aller Aufwendungen und Erträge) des GuV-Kontos wird dann an das Kapitalkonto übergeben.

Grundbuch (Journal)

Das Grundbuch ist eines der Geschäftsbücher der doppelten Buchführung, in dem die Geschäftsvorfälle in chronologischer Reihenfolge erfasst und später auf die Konten des Hauptbuchs übertragen werden. Die Einträge müssen gemäß den Grundsätzen ordnungsmäßiger Buchführung (GoB) fortlaufend, vollständig und richtig sein.

Haben

In der Buchhaltung wird damit die rechte Seite eines Kontos bezeichnet:

- bei den Aktivkonten die Vermögensminderungen (Abgänge, Abschreibungen)
- bei den Passivkonten die Schuldenmehrungen
- bei den Eigenkapitalkonten die Kapitalzunahme (Gewinnrücklagen und -vorträge)
- bei den Erfolgskonten die Erträge
- bei den Aufwandskonten Kostenersatz und andere Aufwandsminderungen.

Auf dem Bankauszug bedeutet Haben die Sicht der Bank, nämlich deren Verbindlichkeiten gegenüber dem Verein.

Hauptbuch

Das Hauptbuch sammelt die bereits im Grundbuch aufgezeichneten Geschäftsvorfälle systematisch auf entsprechenden Sachkonten. Die daraus resultierenden Salden bilden die Grundlage für die Bilanz am

Ende einer Abrechnungsperiode. Die Sachkonten werden dann tabellenartig nebeneinander gesetzt.

Höchstwertprinzip

Das Höchstwertprinzip ist ein Bewertungsgrundsatz der Bilanz. Es bedeutet, dass bei der Bewertung von Verbindlichkeiten immer der höhere von zwei Wertansätzen gewählt werden muss.

Ideeller Bereich

Im ideellen Bereich sind die nicht steuerbaren Einnahmen und Ausgaben zugeordnet, die unmittelbar dem (ideellen) Vereinszweck dienen. Auf der Einnahmenseite sind dies Mitgliedsbeiträge, Aufnahmegebühren, Zuschüsse. Auf der Ausgabenseite stehen Abschreibungen, Personalkosten und Raumkosten, die nicht im Zusammenhang mit Geschäftsbetrieben stehen. Als steuerneutrale Einnahmen sind außerdem Schenkungen, Spenden, Erbschaften und Vermächtnisse dem ideellen Bereich zuzurechnen. Als nicht abziehbare Ausgaben kommen wiederum hingegebene Spenden in Betracht.

Imparitätsprinzip

Das Vorsichtsprinzip der ordnungsmäßigen Bilanzierung verlangt, dass alle erkennbaren Risiken und drohenden Verluste ausgewiesen werden müssen, auch wenn sie noch nicht realisiert wurden. Dies gilt jedoch nicht für noch nicht realisierte Gewinne. Diese dürfen nicht ausgewiesen werden.

Inventar

Unter dem Begriff „Inventar" versteht man zum einen die zu einem Verein gehörenden allgemeinen Vermögensgegenstände; zum anderen wird mit dem Begriff Inventar das Verzeichnis benannt, in welchem einzeln die Vermögensgegenstände (Grundstücke, Forderungen, Bargeld, sonstige Vermögensgegenstände) und Schulden (Verbindlichkeiten) mengenmäßig mit ihrem jeweiligen Wert zum Inventurstichtag dokumentiert sind. Ein Inventar ist mit der Geschäftseröffnung und dann als Grundlage für die Bilanz immer zum

Schluss eines Wirtschaftsjahrs aufzustellen. Das Inventar wird im Rahmen einer Inventur, d. h. den Aufnahmearbeiten, in Listen- oder Kastenform erstellt und dient der Korrektur der in der Buchführung ausgewiesenen Bestände (auch Warenlager).

Inventur, Stichproben

Die Inventur ist eine mengen- und wertmäßige Bestandsaufnahme des Vermögens und der Schulden eines Vereins zu einem Stichtag. Es gibt die körperliche Bestandsaufnahme durch Zählen, Messen und Wiegen sowie die Buchinventur durch Abstimmen der Forderungen und Verbindlichkeiten. Bei der Stichprobeninventur wird ein beliebig ausgewählter Teil einer zusammengehörenden Einheit geprüft (Auswahl durch Zufall).

Inventur, Stichtag

Bei der Stichtagsinventur werden an einem bestimmten Tag alle Bestände körperlich aufgenommen (Gegensatz: permanente oder zeitverschobene Inventur). Bestände, die z. B. durch Schwund, Verderb oder Diebstahlrisiko gefährdet sind, müssen durch eine Stichtagsinventur erfasst werden. Die Aufnahme muss innerhalb von zehn Tagen um den Bilanzstichtag erfolgen, wobei Bestandsveränderungen in dieser Zeit zu berücksichtigen sind.

Jahresabschluss

Mit dem Jahresabschluss wird die laufende Buchführung eines Wirtschaftsjahrs abgeschlossen. Er setzt sich zusammen aus der Bilanz als komprimierte Fassung des Inventars und der Gewinn- und Verlust-Rechnung. Die Salden der Bestandskonten werden in die Bilanz übernommen. Die Erfolgskonten werden über das GuV-Konto abgeschlossen und fließen über das Kapitalkonto in die GuV-Rechnung. Bei der für Vereine üblichen Gewinnermittlung durch Einnahmen-Überschuss-Rechnung werden lediglich die Einnahmen den Ausgaben gegenübergestellt. In der Vermögensübersicht sind die Vermögenswerte und Schulden für den ideellen Bereich und die wirtschaftlichen Geschäftsbetriebe getrennt dargestellt.

Kassenbericht

Der Kassenbericht als Tagesabschluss ist die Mindestbuchführung zum schriftlichen Nachweis der täglichen Ein- und Ausgänge des Bargelds. Damit wird der Tagesumsatz ermittelt, eine Kassenkontrolle durchgeführt und der Sammelbeleg für das Kassenbuch und dessen Buchungen erstellt.

Kassenbestand

Der tägliche Kassenbestand wird durch den Kassensturz ermittelt. Dabei wird durch Zählung das tatsächliche, sich in der Kasse befindende Bargeld festgestellt. Der Kassenbestand ergibt sich aus:

	Kassenbestand des Vortags
+	Geldeingänge (z. B. Barverkäufe, Abhebungen vom Bankkonto)
−	Ausgaben (Bezahlung von Rechnungen, Einzahlungen aufs Bankkonto)
=	Kassenbestand bei Kassenabschluss

Klarheit

Klarheit ist einer der Grundsätze ordnungsmäßiger Buchführung (GoB) und bedeutet die korrekte, eindeutige und verständliche Bezeichnung des Geschäftsvorfalls.

Kontenarten

Eine ordnungsmäßige doppelte Buchführung unterscheidet Sachkonten und Personenkonten. Die Sachkonten gliedern sich in die Bestands- und Erfolgskonten. Die Bestandskonten können sowohl jeweils Aktiv- oder Passivkonten sein. Die Erfolgskonten setzen sich zusammen aus den Aufwands- und Ertragskonten. Personenkonten sind die Konten der Kunden (Debitorenkonten) und der Lieferanten (Kreditorenkonten).

Kontenrahmen

Der Kontenrahmen ist eine systematisch gegliederte Richtlinie für die einheitliche Einrichtung der Konten in der doppelten Buchführung. Die Konten werden in Kontenklassen gegliedert, welche wiederum in Kontengruppen aufgeteilt sind. Die verschiedenen Kontenrahmen sind meist nach den Empfehlungen der Wirtschafts- und

Fachverbände sowie der DATEV eG aufgestellt. Für die Vereine ist das aktuell der SKR 49. Da in einem Verein kaum alle Konten eines Kontenrahmens für die Verbuchung der Geschäftsvorfälle benötigt werden, werden nur die tatsächlich erforderlichen Konten in einen individuellen Kontenplan zusammengefasst.

Konto

Neben dem Konto im Bankwesen (Bankkonto) gibt es in der doppelten Buchführung eine Verrechnungsstelle (Konto), auf der die Entstehung und Abwicklung eines Geschäftsvorfalls dargestellt wird. Die wertmäßige Erfassung von gleichartigen Geschäftsvorfällen erfolgt in Form einer zweiseitig geführten Rechnung (Verbuchung). Jedes Konto hat eine Sollseite (linke Seite) und eine Habenseite (rechte Seite), auf denen die Zu- und Abgänge entsprechend festgehalten werden. Die Differenz aus den Kontobewegungen ist der Saldo.

Konto, Buchung

Die Buchung auf einem Konto (Buchungsstelle) ist die Erfassung eines Geschäftsvorfalls aufgrund eines Belegs.

Kontoform

Die Kontoform ist neben der Staffelform eine Gliederungsmöglichkeit der Gewinn- und Verlust-Rechnung. Aus der Kontoform lassen sich vor allem Mittelherkunft und -verwendung gut ableiten.

Lohn- und Gehaltsbuchhaltung

Mit der Lohn- und Gehaltsabrechnung werden für jeden Mitarbeiter die Löhne und Gehälter ermittelt (Lohnkonto). Die Lohn- und Gehaltsbuchhaltung als ein Nebenbuch nimmt die Erfassung, Abrechnung und Auszahlung der Arbeitsentgelte (Löhne, Gehälter), Lohnsteuer und Sozialkassen usw. vor. Die somit vorbereiteten Daten werden anschließend in die Finanzbuchhaltung zur weiteren Abwicklung übernommen.

Nebenbücher

Die Nebenbücher sind die Hilfsbücher, welche die auf Sachkonten im Hauptbuch gebuchten Geschäftsvorfälle ergänzen bzw. näheren Aufschluss geben, z. B. Kassenbuch, Debitoren- und Kreditorenbuchhaltung, Anlagenbuchhaltung, Lohn- und Gehaltsbuchhaltung usw.

Nebenbuchhaltung

Nebenbuchhaltung ist die Führung von Nebenbüchern. Sehr umfangreiche Buchhaltungen werden nicht nur in Grund- und Hauptbuch gegliedert, sondern es sind weitere Unterteilungen in sogenannte Nebenbücher notwendig. Nebenbücher sind z. B. das Kassenbuch, die Anlagenbuchhaltung, das Wareneingangsbuch, die Lohn- und Gehaltsbuchhaltung, die Kontokorrentbücher (Geschäftspartner) und das Wechselbuch.

Nettovermögen

Das Vermögen eines Vereins setzt sich aus dem Anlage- und dem Umlaufvermögen (Aktiva) zusammen. Dieses Bruttovermögen abzüglich der Schulden ergibt das Nettovermögen, d. h. das Eigenkapital des Vereins (Vereinsvermögen).

Niederstwertprinzip

Das Niederstwertprinzip ist ein Bewertungsgrundsatz in der Bilanz/Vermögensübersicht. Es bedeutet, dass bei der Bewertung von Vermögensgegenständen immer der niedrigere von zwei Wertansätzen (Anschaffungs- bzw. Herstellungskosten und dem am Bilanzstichtag gültigen Zeit- bzw. Tageswert) gewählt werden muss. Mit der Anwendung des Niederstwertprinzips wird dem Gläubigerschutz und der Spekulationsbewertung Rechnung getragen. Jedoch kann die Anwendung des Niederstwertprinzips dazu führen, dass Verluste schon vor ihrer Realisierung in Erscheinung treten.

Niederstwertprinzip, gemildert

Das gemilderte Niederstwertprinzip erlaubt bei einer voraussichtlich nur vorübergehenden Wertminderung eines Anlageguts die Wahl, ob der niedrigere Zeitwert angesetzt wird.

Niederstwertprinzip, streng

Das strenge Niederstwertprinzip verpflichtet zur außerplanmäßigen Abschreibung, wenn der Zeitwert des Umlaufgegenstands niedriger ist als die ehemaligen Anschaffungs- bzw. Herstellungskosten (abzüglich AfA) und bei abnutzbaren Anlagegegenständen die Wertminderung voraussichtlich auch andauert. Damit soll dem Ansatz von überhöhten Werten in der Bilanz/Vermögensübersicht entgegengewirkt werden.

Passiva

Passiva bezeichnet die Summe der finanziellen Mittel eines Vereins, die auf der rechten Seite der Bilanz (Passivseite) aufgeführt werden (siehe auch Aktiva). Zu den Passiva gehören das Eigenkapital (Vereinsvermögen), das Fremdkapital und die passiven Rechnungsabgrenzungsposten.

Primanota

Die Primanota („Erstaufzeichnung") ist das Buchungsprotokoll, welches in der Reihenfolge der Erfassung jede einzelne Buchung auflistet.

Rechnungssysteme

Sie unterscheiden sich in externe und interne Rechnungssysteme. Unter dem externen Rechnungssystem versteht man die Finanzbuchführung. Interne Rechnungssysteme sind alle betriebsinternen Berechnungen wie z. B. die Kostenrechnung.

Rechnungswesen

Das Rechnungswesen ist die Gesamtheit aller Erfassungen und Auswertungen von Geschäftsvorfällen. Es führt nur die Kapitalrechnungen durch Fortrechnung der in der Eröffnungsbilanz aufgestellten Vermögens-, Schuld- und Eigenkapitalwerte und umfasst:

- die Finanzbuchhaltung
- die Betriebsbuchhaltung (Kosten- und Leistungsrechnung)
- die Bilanz (Vermögensübersicht)
- die Inventur und das Inventar
- die Gewinn- und Verlust-Rechnung bzw. Einnahmen-Überschuss-Rechnung
- die Investitions- und Finanzplanung
- die Vereinsstatistik.

Rechnungswesen, externes

Als externes Rechnungswesen ist die Finanzbuchhaltung zu bezeichnen. Auf ihren Konten werden alle finanziellen Vorgänge aufgezeichnet, die zur Erfüllung von gesetzlichen Verpflichtungen vorgeschrieben sind und für externe Stellen wie Eigen- und Fremdkapitalgeber, Lieferanten und andere Gläubiger sowie dem Finanzamt, Sozialversicherungsträger, Registergerichten usw. von Bedeutung sind. Dazu gehören auch Geschäftsvorfälle, welche nicht typischerweise mit dem eigentlichen Betriebszweck in Zusammenhang stehen.

Reinvermögen

Siehe Nettovermögen

Richtigkeit und Willkürfreiheit

Richtigkeit und Willkürfreiheit sind Grundsätze der ordnungsmäßigen Buchführung (GoB). Richtigkeit meint die wahrheitsgemäße Darstellung des Geschäftsvorfalls und seiner richtigen Betragsgröße. Geschätzte Werte müssen auf einer realen Basis angesetzt werden und der Vereinserfolg darf nicht durch Anwendung der Wahlfreiheit vorsätzlich beeinflusst werden.

Schlussbilanzkonto (SBK)

Das Schlussbilanzkonto nimmt zum Bilanzstichtag die Salden aller Konten auf:

- Abschluss der Aktivkonten: Schlussbilanzkonto an Aktivkonto
- Abschluss der Passivkonten: Passivkonto an Schlussbilanzkonto.

Sie werden dann in Bilanzposten zusammengefasst und entsprechend den Vorschriften der Bilanzgliederung angeordnet. Die Schlussbilanz weist den Vereinserfolg und die Vermögens- und Kapitalverhältnisse aus.

Schulden

Schulden bezeichnen allgemein Verbindlichkeiten. Dabei wird unterschieden in:

- Verpflichtungen eines Schuldners gegenüber einem Gläubiger, eine Geld-, Sach- oder Dienstleistung zu erbringen
- Verbindlichkeiten und Rückstellungen (Fremdkapital)
- tatsächliche Geldschulden (z. B. Bankdarlehen).

Langfristige Schulden sind z. B. Darlehen und Hypotheken, kurzfristige z. B. Schulden gegenüber Lieferanten.

SEPA

SEPA verändert den bargeldlosen Zahlungsverkehr innerhalb der EU, EWR-Staaten, der Schweiz und Monaco auch für Vereine. Überweisungen und Lastschriften werden nur noch anhand der IBAN (International Bank Account Number) und dem BIC (Business Identifier Code) durchgeführt und identifiziert.

Spendenkonten

Spenden an den Verein sind ertragssteuerneutrale Einnahmen, d. h. sie erhöhen nicht den steuerpflichtigen Gewinn. Die Zuwendungen werden als Geld- oder Sachspenden geleistet. Bei Aufwandsspenden verzichten in der Regel Mitglieder auf ihnen rechtlich zustehende Aushilfslöhne oder zahlen den ausgezahlten Lohn unmittelbar als Spende zurück.

Splittbuchungen

Gelegentlich wird bei der Buchung eines Geschäftsvorfalls nicht nur jeweils ein Konto auf der Soll- und der Habenseite angesprochen (abgesehen von der Umsatzsteuer), z. B. können Wareneinkaufsrechnungen unterschiedliche Umsatzsteuersätze betreffen. Die einheitliche Zahlung wird dann auf verschiedene Wareneinkaufskonten aufgeteilt (gesplittet).

Sportliche Veranstaltungen

Sportveranstaltungen gelten nur dann als steuerbegünstigte Zweckbetriebe wenn,

1. keine bezahlten Sportler teilnehmen (auf Antrag nach § 67a Abs. 2 AO) oder
2. die Bruttoeinnahmen 45.000 Euro aus sportlichen Veranstaltungen im Jahr nicht übersteigen (§ 67a Abs. 1 AO) oder
3. die Sportler aus wirtschaftlichen Geschäftsbetrieben oder von Dritten (Sponsoren) bezahlt werden (§ 67a Abs. 3 AO).

Staffelform

Die Staffelform ist die neben der Kontoform gebräuchlichere Gliederungsmöglichkeit der Gewinn- und Verlust-Rechnung. Dazu kann das Gesamtkostenverfahren oder Umsatzkostenverfahren angewendet werden. Der Vorteil der Staffelform ist die Bildung von Zwischensummen, d. h. für einen Vergleich von mehreren Abrechnungsperioden ist die Staffelform aussagekräftiger.

Stapelbuchungen

Stapelbuchungen sind eine Form der Buchungstechnik, wobei die Buchungssätze zunächst in einem Stapel erfasst werden. Die Verarbeitung erfolgt später, d. h. die Buchungen können bis dahin noch korrigiert werden (im Gegensatz zu Dialogbuchungen).

Stetigkeit

Stetigkeit ist einer der Grundsätze ordnungsmäßiger Buchführung (GoB) und besagt, dass einmal angewandte Bewertungsmethoden beibehalten werden müssen.

Stornobuchung

Eine Stornobuchung (Stornierung) ist die Rückbuchung einer falsch erfolgten Buchung, sodass diese unwirksam wird (Gegensatz: Umbuchung). Es dürfen allerdings keine Stornobuchungen durchgeführt werden, wenn sich die falsche Buchung bereits steuerlich ausgewirkt hat oder der Geschäftsvorfall an sich dadurch unwirksam wird. Eine Stornobuchung muss die ursprüngliche Buchung erkennbar lassen.

Trennungsprinzip

Vereine dürfen beim Erwerb oder der Anmietung von einheitlichen beweglichen Gegenständen und beim Erwerb oder der Herstellung von unbeweglichen Gegenständen diese nicht mehr ihrem unternehmerischen Bereich zuordnen und den vollen Vorsteuerabzug geltend machen. Erfolgt ein Eingangsumsatz sowohl für den ideellen (oder umsatzsteuerfreien) Bereich als auch für unternehmerischen Bereich ist von vornherein eine genaue Trennung auf den ideellen und/oder umsatzsteuerfreien Bereich und den unternehmerischen umsatzsteuerpflichtigen Bereich vorzunehmen.

Umlaufvermögen

Umlaufvermögen ist der Sammelbegriff für alle Vermögenswerte eines Vereins, welche nur für kurze Zeit im Verein verbleiben (Gegensatz: Anlagevermögen). Sie sind zum Verkauf oder Verbrauch bestimmt (z. B. Getränke). Das Umlaufvermögen setzt sich zusammen aus:

- Vorratsvermögen: Waren, Roh-, Hilfs- und Betriebsstoffe, halbfertige und fertige Erzeugnisse
- Forderungen
- geleisteten Anzahlungen
- Zahlungsmitteln: Bank- und Postgiroguthaben, Kassenbestände
- Besitzwechsel, Schecks
- kurzfristig gehaltenen Wertpapieren (zur Veräußerung oder Liquiditätsreserve).

In der Bilanz werden sie auf der Aktivseite ausgewiesen.

Umsatzsteuerkonto

Es gibt nach den gesetzlichen Steuersätzen Umsatzsteuerkonten für 7 % und 19 % Umsatzsteuer. Auf diesen Konten wird mit der Verbuchung von Forderungen (z. B. Ausgangsrechnungen an Werbekunden) oder Barverkäufen die Umsatzsteuer gesammelt (ggf. durch Automatikbuchung). Nach Abzug der Vorsteuerbeträge schuldet der Verein die gesamte Umsatzsteuer dem Finanzamt.

Verbindlichkeiten aus Lieferungen und Leistungen

Verbindlichkeiten aus Lieferungen und Leistungen sind kurzfristige Zahlungsverpflichtungen (Schulden) eines Vereins gegenüber Dritten (z. B. Stromrechnungen). Sie werden auf der Passivseite in der Bilanz ausgewiesen.

Verlust

Verlust entsteht, wenn der Aufwand eines Wirtschaftsjahrs größer als der erzielte Ertrag war. In der Gewinn- und Verlust-Rechnung und in der Einnahmen-Überschuss-Rechnung wird durch die Gegenüberstellung der Erträge und Aufwendungen Aufschluss über Höhe und Herkunft des Verlustes gegeben, der als Saldo auf der Habenseite ausgewiesen wird = Abnahme des Eigenkapitals. In der Bilanz bedeutet Verlust das Überwiegen der Passiva gegenüber den Aktiva nach Berücksichtigung der Abschreibungen, Wertberichtigungen, Rückstellungen und Rücklagen.

Vermögen

Das Vereinsvermögen besteht aus dem langfristigen Anlagevermögen (z. B. Gebäude, Maschinen) und dem kurzfristigen Umlaufvermögen (z. B. Lager- und Kassenbestand) und wird auf der Aktivseite der Bilanz ausgewiesen. Man unterscheidet zwischen

- nicht abnutzbarem Anlagevermögen (Grund und Boden, immaterielle Güter),
- abnutzbarem Anlagevermögen (Maschinen, technische Anlagen) und
- Umlaufvermögen (Vorratsgüter, Zahlungsmittel, Forderungen).

Vermögensübersicht
Siehe Bilanz

Vermögensverwaltung
Für gemeinnützige Vereine sind Einkünfte aus Vermögensverwaltung wie aus Vermietung und Verpachtung, aus Kapitalvermögen und sonstigen Einkünften körperschaftsteuer- und gewerbesteuerfrei.

Vollständigkeit
Vollständigkeit ist einer der Grundsätze ordnungsmäßiger Buchführung (GoB) und besagt, dass alle Vermögensgegenstände und Schulden einzeln aufzuzeichnen sind und nicht gegeneinander aufgerechnet werden dürfen.

Vorsichtsprinzip
Das Vorsichtsprinzip ist einer der Bewertungsgrundsätze und besagt, dass grundsätzlich eine eher zurückhaltende, also vorsichtige, Bewertung erfolgen muss. Es gliedert sich in:
- Imparitätsprinzip: Alle erkennbaren, drohenden Risiken und Verluste, die noch im alten Wirtschaftsjahr verursacht, aber noch nicht realisiert wurden, müssen berücksichtigt werden (ggf. als Rückstellungen).
- Realisationsprinzip: Gewinne dürfen nur ausgewiesen werden, wenn ihre Realisierung bis zum Bilanzstichtag stattfand.

Vorsteuer
Vorsteuer ist die einem Verein von Dritten (z. B. Lieferanten) bei Rechnungsstellung belastete Mehrwertsteuer. Dazu gehören auch die entrichtete Einfuhrumsatzsteuer und die Steuer für den innergemeinschaftlichen Erwerb. Die Vorsteuer ist eine Forderung des Vereins an das Finanzamt und kann mit der zu entrichtenden Umsatzsteuer verrechnet werden.

Vorsteuerkonto

Es gibt nach den gesetzlichen Steuersätzen Vorsteuerkonten für 7 % und 19 % Vorsteuer. Auf diesen Konten wird die mit der Verbuchung von Verbindlichkeiten (z. B. Lieferantenrechnungen) oder Barzahlungen an andere Unternehmer geleistete Umsatzsteuer gesammelt.

Vorsteuerpauschalierung

Gemeinnützige Vereine dürfen pauschal 7 % des Umsatzes als Vorsteuer ansetzen, wenn ihr Vorjahresumsatz 35.000 Euro nicht übersteigt (§ 23a Abs. 2 UStG).

Wareneinkaufskonto

Das Wareneinkaufskonto gehört zu den Aufwandskonten. Auf ihm werden der Warenanfangsbestand und Zugänge im Soll und die Retouren, Preisnachlässe und Skonti im Haben gebucht.

Warenverkaufskonto

Das Warenverkaufskonto gehört zu den Erlöskonten. Auf ihm werden die Warenverkäufe (Umsätze) im Haben erfasst. Warenrücksendungen von Kunden, Preisnachlässe und Skonti mindern den Erlös im Soll.

Werberechte

Werden sämtliche Werberechte en bloc an eine Verwertungsgesellschaft verpachtet und nicht einzeln, über Annoncen in der Vereinszeitung, Trikotwerbung, Bannerwerbung etc. vermarktet, so kann es sich hierbei um steuerbegünstigte Einnahmen aus Vermögensverwaltung handeln. Der Marketinggesellschaft muss allerdings ein angemessener Gewinn verbleiben.

Wirtschaftsjahr

Das Wirtschaftsjahr ist das Geschäftsjahr, also die Abrechnungsperiode eines Vereins. Es entspricht in der Regel mit maximal zwölf Kalendermonaten, d. h. Beginn am 1. Januar und Ende am 31. Dezember, einem Kalenderjahr. In Ausnahmefällen kann das Wirtschaftsjahr auch weniger als zwölf Kalendermonate umfassen (Rumpfwirtschaftsjahr), wenn z. B. im Laufe eines Kalenderjahrs ein Verein gegründet oder aufgelöst wurde. Bei Gründung eines Vereins kann auch ein vom Kalenderjahr abweichendes Wirtschaftsjahr gewählt werden, z. B. vom 1. Juli des laufenden Jahres bis 30. Juni des Folgejahrs.

Wirtschaftliche Geschäftsbetriebe

Gemeinnützige Vereine dürfen (steuerpflichtige) Überschüsse aus ihren wirtschaftlichen Geschäftsbetrieben zum Vermögensaufbau und zur Finanzierung ihres Vereinszwecks verwenden. Verluste der Geschäftsbetriebe dürfen aber umgekehrt nicht mit Mitteln aus den anderen Bereichen ausgeglichen werden, weil dies die Gemeinnützigkeit und damit die Steuerbegünstigungen des gesamten Vereins gefährden würde. Bleiben die Bruttoeinnahmen aus den wirtschaftlichen Geschäftsbetrieben unter 35.000 Euro, so ist ein Gewinn steuerfrei (§ 64 Abs. 3 AO).

Zahlungsmittelbestand

Der Zahlungsmittelbestand ist das Geldvermögen eines Vereins. Dazu gehören alle Formen von gesetzlichen Zahlungsmitteln, z. B.:
- Bargeld (Banknoten, Münzen in der Kasse),
- Buchgeld (Guthaben auf einem Bank- oder Postgirokonto) und
- Geldersatzmittel (Kreditkarten).

Zweckbetriebe

In diesen Geschäftsbetrieben betätigen sich ideelle Vereine wirtschaftlich zu ihrem steuerbegünstigten satzungsmäßigen Zweck. Wenn ihre Zwecke nur durch einen solchen Geschäftsbetrieb erreicht werden können und nicht in größerem Umfang im Wettbewerb zu anderen Unternehmen stehen, bleiben auch solche Betriebe steuerbegünstigt (§§ 65 AO ff.)

Die Rahmenbedingungen – der SKV Insolvenza stellt sich vor

Der Schatzmeister, Theo Eifrig-Ahnungslos, steht vor der alljährlich wiederkehrenden schwierigen Aufgabe, seinen Rechenschaftsbericht zur Mitgliederversammlung aufzustellen. Probleme bereiten ihm dabei einige Abteilungen, die mit ihren Zahlen wieder recht spät dran sind.

Theo bittet Sie um Ihre Mithilfe bei den nachfolgenden, noch zu klärenden Sachverhalten und gibt Ihnen hierzu zunächst einige allgemeine Ausführungen zum SKV Insolvenza, sowohl aus der Satzung als auch sonst.

Der SKV Insolvenza ist ein Mehrspartenverein mit rechtlich unselbstständigen Abteilungen, u. a.: Fußball, Handball, Reiten, Schießen, Tanzen, Tennis, Turnen und Musik.

Die Abteilungen haben eigene Kassen und Bankkonten.

Die Kernaussagen der Satzung

§ 2 Zweck

1. Der SKV Insolvenza verfolgt ausschließlich und unmittelbar gemeinnützige Zwecke im Sinne des Abschnitts „Steuerbegünstigte Zwecke" der Abgabenordnung.
2. Der Zweck des Vereins ist die Förderung
   - von Gesundheit,
   - des Sports sowie
   - der Kultur.
3. Die Satzungszwecke werden verwirklicht, insbesondere durch
   - Unterhaltung eines Freibades, welches auch Nichtmitgliedern offen steht,
   - Errichtung von Sportanlagen,
   - Förderung sportlicher Übungen und Leistungen und
   - Pflege der Musik.

4. Der Verein ist selbstlos tätig; er verfolgt nicht in erster Linie eigenwirtschaftliche Zwecke.
5. Mittel des Vereins dürfen nur für die satzungsmäßigen Zwecke verwendet werden. Die Mitglieder erhalten keine Zuwendungen aus Mitteln des Vereins.
6. Es darf keine Person durch Ausgaben, die dem Zweck des Vereins fremd sind, oder durch unverhältnismäßig hohe Vergütungen begünstigt werden.
7. Bei Auflösung des Vereins oder bei Wegfall steuerbegünstigter Zwecke ist das Vermögen zu steuerbegünstigten Zwecken zu verwenden.

Beschlüsse über die künftige Verwendung des Vermögens dürfen erst nach Einwilligung des Finanzamts ausgeführt werden.

| Hinweis
Für die Frage der Gemeinnützigkeit sind diese Bestimmungen unerlässlich, d. h. zwingend anzugeben. Die Satzung muss so präzise gefasst sein, dass aus ihr unmittelbar entnommen werden kann, ob die Voraussetzungen der Steuervergünstigung vorliegen (formelle Satzungsmäßigkeit).

| Hinweis
Mit dem Gesetz zur weiteren Stärkung des bürgerschaftlichen Engagements vom 15.10.2007 muss bereits bei Neugründung eine andere (gemeinnützige) Einrichtung benannt sein, die die verbleibenden Mittel für steuerbegünstigte Zwecke zu verwenden hat. Bei bereits bestehenden Vereinen muss mit der nächsten Satzungsänderung diese Bedingung erfüllt werden. **Der Zusatz in der Vermögensbindungsklausel „nach Einwilligung des Finanzamts" oder ähnlich ist nicht mehr zulässig.**
Der Verein muss sich für eine der beiden Alternativen entscheiden:
Bei Auflösung oder Aufhebung der Körperschaft oder bei Wegfall steuerbegünstigter Zwecke fällt das Vermögen der Körperschaft
1. an - den - die - das - ... (Bezeichnung einer juristischen Person des öffentlichen Rechts oder einer anderen steuerbegünstigten Körperschaft), - der - die - das - es unmittelbar und ausschließlich für

gemeinnützige, mildtätige oder kirchliche Zwecke zu verwenden hat. Oder

2. an eine juristische Person des öffentlichen Rechts oder eine andere steuerbegünstigte Körperschaft zwecks Verwendung für ... (Angabe eines bestimmten gemeinnützigen, mildtätigen oder kirchlichen Zwecks, z. B. Förderung von Wissenschaft und Forschung, Erziehung, Volks- und Berufsbildung, der Unterstützung von Personen, die im Sinne von § 53 der Abgabenordnung wegen ... bedürftig sind, Unterhaltung des Gotteshauses in ...).

Praxis-Tipp
Eine Satzung sollte alle fünf Jahre überprüft werden.

Daneben muss aber auch die tatsächliche Geschäftsführung (materielle Satzungsmäßigkeit) mit der Satzung übereinstimmen.

Die tatsächliche Geschäftsführung des Vereins muss auf die ausschließliche und unmittelbare Erfüllung der steuerbegünstigten Zwecke gerichtet sein.

Der Verein hat den Nachweis der tatsächlichen Geschäftsführung durch ordnungsmäßige Aufzeichnungen über seine gesamten Einnahmen und Ausgaben zu führen. Andere Nachweise, die Aufschluss über die tatsächliche Geschäftsführung geben (z. B. Protokolle, Tätigkeitsberichte etc.) sind dem Finanzamt vorzulegen.

Die tatsächliche Geschäftsführung umfasst auch die Ausstellung steuerlicher Zuwendungsbestätigungen (Spendenbescheinigungen). Bei Missbräuchen auf diesem Gebiet, z. B. durch die Ausstellung von Gefälligkeitsbestätigungen, ist die Steuerbegünstigung (Gemeinnützigkeit) zu versagen.

Die tatsächliche Geschäftsführung muss sich im Rahmen der verfassungsmäßigen Ordnung halten, da die Rechtsordnung als selbstverständlich das gesetzestreue Verhalten aller Rechtsunterworfenen voraussetzt. Als Verstoß gegen die Rechtsordnung, der die Gemeinnützigkeit ausschließt, kommt auch eine Steuerverkürzung (z. B. Nichtabführen von Lohnsteuerbeträgen) in Betracht.

Achtung

Etwas vereinfacht formuliert: Wer gemeinnützig sein will, muss sich an die gesetzlichen Bestimmungen halten. Dazu zählt u. a. auch, dass sämtliche Einnahmen und Ausgaben – einschl. aller Abteilungen und aller Kassen (Jugend-, Mannschafts- und sonstige Kassen) – erfasst werden.

§ 4 Mitgliedsbeiträge

Von den Mitgliedern werden Beiträge erhoben. Beiträge können in Geldzahlungen, in Sachleistungen oder in der Leistung von Diensten bestehen. Neben den jährlichen Beiträgen können auch Aufnahmegebühren, Umlagen und sonstige außerordentliche Beiträge festgesetzt werden. Die Höhe des Jahresbeitrags und dessen Fälligkeit sowie die Höhe der übrigen Beiträge werden von der Mitgliederversammlung bestimmt. Mitglieder, die den Vorstand ermächtigen, den Beitrag durch Abbuchung von ihrem Konto einzuziehen, erhalten einen Nachlass von 5 %.

Die Abteilungen sind berechtigt, mit Zustimmung des Vorstandes und durch Beschluss der jeweiligen Abteilungsversammlung, zusätzlich Abteilungsbeiträge zu erheben. Gleiches gilt für die Festsetzung von Kursgebühren bei Durchführung von Kursen.

Ehrenmitglieder sind von der Beitragspflicht befreit.

Praxis-Tipp

Die Satzung soll Bestimmungen enthalten, ob und welche Beiträge von den Mitgliedern (auch von Probe- oder Schnuppermitgliedern) zu leisten sind. Wenn die Satzung nur allgemein von Beiträgen spricht, sind in aller Regel Geldbeiträge zu verstehen. Der BGH hat mit Urteil v. 24.9.2007 auch eine nominelle Begrenzung von Umlagen in der Satzung gefordert.

Ist in der Satzung ursprünglich keine Beitragspflicht vorgesehen, so kann diese später nur durch eine Satzungsänderung nachgeholt werden. Auch sonstige bisher nicht in der Satzung vorgesehene Leistungen (Arbeitsstunden, Aufnahmegebühren, Umlagen etc.) bedürfen einer Satzungsänderung, die allerdings erst mit Eintragung in das Vereinsregister wirksam wird.

> **Achtung**
> Es empfiehlt sich, rechtzeitig den Rat eines Satzungsrechtlers einzuholen.

§ 9 Vorstand

Der Vorstand besteht aus folgenden Personen:
- dem 1. Vorsitzenden,
- dem 2. Vorsitzenden,
- dem 3. Vorsitzenden,
- dem Schatzmeister,
- dem Schriftführer,
- dem Jugendleiter,
- dem Baureferenten,
- dem Öffentlichkeitsreferenten,
- dem Marketingreferenten sowie
- dem Vergnügungswart.

Der Verein wird gerichtlich und außergerichtlich durch zwei Mitglieder des Vorstands, darunter der 1. Vorsitzende oder der 2. Vorsitzende, vertreten. Rechtsgeschäfte über 20.000 Euro sowie der Abschluss von Darlehensverträgen sind für den Verein nur verbindlich, wenn die Zustimmung des Beirats hierzu schriftlich erteilt ist.

> **Praxis-Tipp**
> Die Regelungen über das Recht der Vertretung des Vereins haben für alle Rechtsgeschäfte des Vereins Bedeutung, z. B.:
> - Konteneröffnung bei der Bank,
> - Abschluss von Arbeitsverträgen, Werbeverträgen, Darlehensverträgen etc.
> - Abschluss über Vereinbarung einer Spiel-, Sport- oder Festgemeinschaft,
> - Ausstellung von Spendenbescheinigungen und
> - Auslagerung von wirtschaftlichen Geschäftsbetrieben.

Für gewisse Geschäfte (Darlehensaufnahme, Kauf und Verkauf von Immobilien, größere Investitionen, Vollmachtserteilung etc.) sollte geprüft werden, ob die Zustimmung weiterer Gremien oder gar der Mitgliederversammlung vorbehalten bleiben soll. Auch eine betragsmäßige Begrenzung solcher Geschäfte kann vorgesehen werden.

Rechnungslegung

Der SKV Insolvenza ermittelt seinen Überschuss anhand einer Einnahme-Überschuss-Rechnung.

Der Verein wendet hierzu den DATEV-Kontenrahmen zur Branchenlösung für Vereine (SKR 49) an. Hierzu hat der Schatzmeister sich die Freiheit genommen, das eine oder andere Konto zusätzlich anzulegen; insbesondere wurden für die einzelnen Abteilungen – neben dem Hauptverein – einzelne Finanzkonten angelegt.

Umsatzsteuerlich ist auf die einzelnen Sachverhalte nicht einzugehen.

Bei der Zuordnung sollen in einem ersten Schritt keine Ausgabenpauschalen etc. berücksichtigt werden.

Fallbeispiele und Musterlösungen

Ansichtskartenverkauf

Der SKV Insolvenza ist stolz auf seine Vereinsanlagen. Er hat deshalb 1.000 Postkarten herstellen lassen und verkauft diese an Mitglieder und Nichtmitglieder für 1 Euro. Im laufenden Jahr wurden allerdings nur 200 Karten verkauft.

Lösung:

Die Einnahmen sind solche aus steuerpflichtigem wirtschaftlichem Geschäftsbetrieb und mit 19 % Mehrwertsteuer zu versteuern.

Buchung:

0920 Kasse

an 8004 Erlöse aus Handelswaren 19 % USt

Altherren-Turnier

Die Altherren der Fußballabteilung veranstalten ein Pfingstturnier, bei dem die neuen Trikots getragen werden. Von den teilnehmenden Mannschaften werden Startgelder in Höhe von insgesamt 1.500 Euro erhoben. Die Ehefrauen übernehmen den Verkauf von Speisen und Getränken anlässlich des Turniers. Einnahmen werden 500 Euro, Ausgaben 250 Euro (100 Euro Speisen, 150 Euro Getränke) verbucht. Die siegreiche Mannschaft erhält einen Pokal (Kosten 100 Euro). Die örtliche Volksbank hat gegen Aufstellung von Sponsorentafeln „Wir räumen das Feld" einen Betrag von 2.000 Euro zur Verfügung gestellt.

Lösung:

Bei dem Turnier handelt es sich um einen steuerbegünstigten Zweckbetrieb „sportliche Veranstaltung".

Der Verkauf von Speisen und Getränken – auch an Wettkampfteilnehmer, Schiedsrichter, Kampfrichter, Sanitäter etc. – und die Werbung gehören nicht zu den sportlichen Veranstaltungen. Diese Tätigkeiten sind gesonderte steuerpflichtige wirtschaftliche Geschäftsbetriebe.

Buchung:

Die Startgelder in Höhe von 1.500 Euro werden gebucht wie folgt:

0922 Kasse Fußballabteilung
an 5724 Startgelder 0 %

Die Ausgaben für den Pokal sind folgendermaßen zu buchen:

5574 Kosten des Sportbetriebs (Pokale etc.)
an 0922 Kasse Fußballabteilung

Die Einnahmen aus dem Verkauf von Speisen und Getränken

0922 Kasse Fußballabteilung
an 8034 Erlöse Speisen/Getränke außerhalb Gaststätte 19 % USt

Die Ausgaben für den Einkauf der Speisen

8152 Wareneingang 7 % Vorsteuer
an 0952 Bank Fußballabteilung

Für die Getränke

8154 Wareneingang 19 % Vorsteuer
an 0952 Bank Fußballabteilung

Die Unterstützung der örtlichen Volksbank in Höhe von 2.000 Euro.

0952 Bank Fußballabteilung
an 8012 Einnahmen aus Werbung Reklameflächen 19 % USt

Altmaterialsammlung

Die Fußballjugend sammelt zur Auffrischung der Jugendkasse Altpapier. Ein Vater stellt unentgeltlich ein Fahrzeug zur Verfügung, der Jugendleiter fährt von Haus zu Haus. Die eifrige Fußballjugend hat 1.500 Euro vereinnahmt.

Lösung:

Altmaterialsammlungen sind steuerpflichtige wirtschaftliche Geschäftsbetriebe; auch wenn sie von und für Jugendliche durchgeführt werden. Mangels unmittelbarer Ausgaben kann der Reingewinn geschätzt werden.

Der branchenübliche Reingewinn ist bei der Verwertung von Altpapier mit 5 % und bei der Verwertung von anderem Altmaterial mit 20 % anzusetzen.

Buchung:

0924 Kasse Fußballjugend
an 8108 Erlöse Abfallverwertung 19 % USt

Arbeitnehmerüberlassung

In der Tanzsportabteilung ist der hochkarätige Trainer, Paule Plattfuß, nicht voll ausgelastet. Der Abteilungsleiter kommt deshalb auf die Idee, den Trainer gegen monatliche Kostenbeteiligung von 500 Euro an einen anderen Club auszuleihen.

Lösung:

Es handelt sich hierbei um Personalgestellung. Die Einnahme ist im steuerpflichtigen wirtschaftlichen Geschäftsbetrieb zu verbuchen. Für den entleihenden Verein ist die Einnahme mit 19 % umsatzsteuerpflichtig. Der ausleihende Verein kann in aller Regel keinen Vorsteuerabzug geltend machen, da keine umsatzsteuerpflichtigen Einnahmen vorliegen.

Buchung:

0958 Bank Tanzen
an 8008 Erlöse aus Leihgebühren (hier: Personalgestellung) 19 % USt

> **Praxis-Tipp**
>
> Immer dann, wenn der Verein Vereinbarungen eingeht, die sich auf die Bereitstellung von Personal (z. B. bei einem Tag der offenen Tür, der Betreuung von Firmenkunden, das Betreiben einer städtischen Sportanlage etc.) beziehen, wird der Verein im Rahmen eines steuerpflichtigen wirtschaftlichen Geschäftsbetriebs tätig. Die Zurverfügungstellung von Personal bzw. Dienstleistung in diesem Bereich ist kein satzungsmäßiger steuerbegünstigter Zweck.

Aufnahmegebühr

Von den neuen Mitgliedern der Tennisabteilung wird eine Aufnahmegebühr in Höhe von 50 Euro erhoben. Am Jahresende hat der Verein 2.000 Euro gebucht.

Lösung:

Bei einem Verein, dessen Tätigkeit in erster Linie seinen Mitgliedern zugutekommt, ist eine Förderung der Allgemeinheit anzunehmen, wenn
- die Aufnahmegebühren für die im Jahr aufgenommenen Mitglieder im Durchschnitt 1.534 Euro nicht übersteigen.

Buchung:

0959 Bank Tennisabteilung
an 2150 Aufnahmegebühren bis 256 Euro

Aufwandsersatzspende von Übungsleitern

Die fünf Übungsleiter der Turnabteilung erhalten für die Durchführung der Kurse „Bauch, Beine, Po" und des übrigen Turnbetriebs alle 2.400 Euro (= 12.000 Euro). Sie verzichten auf die Auszahlung gegen Erhalt einer Zuwendungsbestätigung.

Lösung:

Die Übungsleitervergütungen sind Aufwendungen des steuerbegünstigten Zweckbetriebs „sportliche Veranstaltungen", da neben dem allgemeinen Vereinsbeitrag Kursgebühren erhoben werden (siehe Kursgebühren).

Buchung:

5310 Aufwandsentschädigung i. S. v. § 3 Nr. 26 EStG
an 3230 Aufwandsspende gegen Bescheinigung

> **Praxis-Tipp**
>
> Für die Anerkennung einer Aufwandsspende (statt Geld – Zuwendungsbestätigung) sind folgende Voraussetzungen zu erfüllen:
> 1. Vorheriger Rechtsanspruch durch
>   - Satzung (bei Ehrenamtspauschale an gewählte Funktionsträger zwingend)
>   - Vorstandsbeschluss
>   - Vertrag
> 2. Nachträglicher Verzicht
>   - Schriftform erforderlich
> 3. Ernsthaftigkeit
>   - finanzielle Mittel verfügbar, falls nicht verzichtet wird
>
> Die Ernsthaftigkeit eines solchen abgekürzten Zahlungsweges „Zuwendungsbestätigung statt Geld" verlangt im Zeitpunkt der Ausstellung von Zuwendungsbestätigungen, dass dem Verein finanzielle Mittel in Höhe der Verpflichtungen zur Verfügung stehen. Ist das nicht der Fall, geht das Finanzamt davon aus, dass bereits vor Ausübung der Tätigkeit ein Verzicht vorlag. Bei Fehlverhalten muss der Verein davon ausgehen, dass
> - die Gemeinnützigkeit aberkannt wird,
> - die Ausstellerhaftung greift; d. h. 30 % der erhaltenen Spenden sind an das Finanzamt zu bezahlen.

Aufwendungen, ersparte

Der Verein veranstaltet eine Tagung zum Thema „Gesundheitssport". Hierzu wird im First-Class-Hotel am Ort, des gehobenen Ambientes wegen, ein Saal für die ganztägigen Fachvorträge belegt. Kosten für den Verein (Saalmiete üblicherweise 2.000 Euro) gegenüber dem Hotel entstehen nicht. Der Verein hat sich erfolgreich um Aussteller bemüht. Diese stellen im Foyer themenbezogen ihre Waren und Dienstleistungen für die Teilnehmer der Tagung aus. Die Saalmiete wird von den Ausstellern übernommen und unmittelbar mit dem Hotel abgerechnet.
Die Veranstaltung war recht erfolgreich. Während der Tagung haben sich spontan 30 Teilnehmer bereit erklärt, in die noch zu grün-

dende Abteilung „Fit und Gesund" einzutreten. Aufnahmegebühren konnte der Schatzmeister in Höhe von 3.000 Euro bar kassieren.

Lösung:

- Da die Aufnahmegebühren der neu aufgenommenen Mitglieder die 1.534 Euro nicht überschreiten, sind die Einnahmen im ideellen Bereich zu verbuchen.

- Zu den ersparten Aufwendungen „Saalmiete" hat der Bundesfinanzhof in einem Urteil einmal mehr auf die Definition des steuerpflichtigen wirtschaftlichen Geschäftsbetriebs hingewiesen:

„Ein wirtschaftlicher Geschäftsbetrieb ist eine selbstständige nachhaltige Tätigkeit, durch die Einnahmen oder andere wirtschaftliche Vorteile erzielt werden und die über den Rahmen einer Vermögensverwaltung hinausgeht. Die Absicht Gewinn zu erzielen ist nicht erforderlich." Damit ist auch ein abgekürzter Zahlungsweg (nicht der Verein erhält das Geld unmittelbar von den Ausstellern zur Begleichung der Hotelrechnung), der zugunsten eines gemeinnützigen Vereins vorgenommen wird, dem steuerpflichtigen wirtschaftlichen Geschäftsbetrieb zuzurechnen. Dies gilt immer dann, wenn der Verein dadurch eine Leistung anbietet oder ein Tun duldet und dadurch einen Vorteil erhält.

Buchung:

0920 Kasse
an 2150 Aufnahmegebühren bis 256 Euro

2660 Anteilige Raumkosten
an 8016 Sonstige Werbeeinnahmen 19 % USt

Ausbildungsentschädigung

Der „Star"-Kicker, Kurti Kommichnurbeikohle, wechselt zum Nachbarverein. Der abgebende Verein erhält eine Ausbildungsentschädigung von 2.500 Euro.

Lösung:

Je nachdem, ob es sich um einen bezahlten oder unbezahlten Sportler handelt, ist die Einnahme im steuerbegünstigten Zweckbetrieb oder im steuerpflichtigen wirtschaftlichen Geschäftsbetrieb mit 7 % oder 19 % Umsatzsteuer zu buchen.

Im vorliegenden Fall war der Sportler als bezahlter Sportler beim abgebenden Verein tätig. Die Einnahme ist im steuerpflichtigen wirtschaftlichen Geschäftsbetrieb mit 19 % der Umsatzsteuer zu unterwerfen.

Buchung:

0952 Bank Fußballabteilung

an 7150 Einnahmen aus Ablöse bezahlter Sportler 19 % USt

Ausgaben, diverse

Der Verein zahlt an seinen Landessportbund einen Jahresbeitrag von 3.000 Euro sowie an die einzelnen Fachverbände nochmals 1.500 Euro.

Die Geschäftsstelle befindet sich in gemieteten Räumen. Für Miete sind im Jahr 4.800 Euro und für Energiekosten 1.200 Euro zu bezahlen.

Weiterhin fallen Kosten für Lore Griffel, die Buchhalterin des Vereins an. Auch Herta Zähler, zuständig für die Mitgliederverwaltung, ist im Rahmen einer geringfügig entlohnten Beschäftigung (Minijob) tätig. Die Damen erhalten monatlich je 200 Euro (= 2.400 Euro). Die Abgaben an die Minijob-Zentrale betragen 1.440 Euro.

Für die Teilnahme an diversen Fortbildungsmaßnahmen zahlt der Verein im laufenden Jahr 620 Euro an Gebühren.

Der neu gewählte Vorstand hat sich im Vereinsregister eintragen lassen. Dafür fallen Notar- und Gerichtsgebühren in Höhe von 30 Euro an.

Lösung:
Bei allen Ausgaben handelt es sich um solche des ideellen Bereichs.

Buchung:

2751 Abgaben Landesverband
an 0950 Bank

2752 Abgaben Fachverbände
an 0950 Bank

2661 Miete und Pacht, ideeller Bereich (Geschäftsstelle)
an 0950 Bank

2662 Energiekosten, ideeller Bereich (Geschäftsstelle)
an 0950 Bank

2556 Aushilfslöhne, ideeller Bereich
an 0950 Bank

2558 Abgaben ideeller Bereich (Minijob-Zentrale)
an 0950 Bank

2803 Ausbildungskosten
an 0950 Bank

2900 Sonstige Kosten, ideeller Bereich (Notar- und Gerichtsgebühren)
an 0920 Kasse

Praxis-Tipp
Abgaben an die Minijob-Zentrale mit 30 % werden fällig, wenn
- es sich nur um geringfügige Beschäftigungen von insgesamt 450 Euro monatlich oder
- wenn es sich neben einer sozialversicherungspflichtigen Hauptbeschäftigung um die erste geringfügige Nebenbeschäftigung bis maximal 450 Euro monatlich handelt.
- Soweit es sich um nebenberufliche ehrenamtliche Tätigkeiten handelt, sind nach § 3 Nr. 26a EStG 720 Euro jährlich abgabefrei.

Bei Aufstellung der Einnahme-Überschuss-Rechnung sollte geprüft werden, ob eine anteilige Zurechnung von Kosten auf andere Bereiche möglich ist. Eine Aufteilung wird man in jedem Fall für die Kosten der Finanzbuchhaltung vornehmen müssen.

Auslagenersatz

Der ehrenamtlich tätige Platzwart (Kunstrasenplatz von der 1. Mannschaft genutzt) bekommt nach Vorlage von Belegen (Benzin für Rasenmäher, Kleinwerkzeug, Schrauben, Nägel etc.) 284 Euro ausbezahlt.

Lösung:

Es handelt sich um einen reinen Auslagenersatz, da einzelne Belege vorgelegt werden und damit nicht – wie bei einem pauschalen Auslagenersatz üblich – Arbeitszeit (= abgabepflichtiger Lohn) vergütet wird.
Da der Platzwart den Sportplatz der 1. Mannschaft betreut, liegt ein steuerpflichtiger wirtschaftlicher Geschäftsbetrieb „bezahlter Sport" vor.

Buchung:

7318 Aufwandsersatz
an 0922 Kasse Fußballabteilung

Ausländische Künstler

Die Musikabteilung engagiert zum Jubiläums-Zeltfest eine österreichische Musikkapelle. Es wurde eine Gage von 5.000 Euro vereinbart.

Lösung:

Die Honorare an ausländische Künstler und Sportler zzgl. übernommener Kosten unterliegen mit 15 % der Abzugssteuer zzgl. 5,5 % Solidaritätszuschlag. Die Ausgabe ist dem steuerpflichtigen wirtschaftlichen Geschäftsbetrieb zuzurechnen.
Bei Sportlern oder Künstlern mit Wohnsitz in der EU dürfen Betriebsausgaben oder Werbungskosten abgezogen werden. Bei einem

Ausländische Künstler

entsprechenden prüffähigen Nachweis beträgt die Steuerschuld vom verbleibenden Saldo 30 %.
Der Betrag ist der Musikkapelle lediglich in Höhe von 4.209 Euro auszuzahlen. 750 Euro Einkommensteuer und 42 Euro Solidaritätszuschlag sind an das zuständige Finanzamt des Vereins abzuführen.

Buchung:

8205 Honorare Musiker
an 0961 Bank Musikabteilung

und

8209 Abzugssteuer
an 0961 Bank Musikabteilung

8209 Abzugssteuer (Solidaritätszuschlag)
an 0961 Bank Musikabteilung

Praxis-Tipp

Treten ausländische Künstler oder Sportler in Deutschland auf, wird die Einkommensteuer zzgl. des Solidaritätszuschlags über das sog. Abzugsverfahren eingezogen. Das bedeutet, dass der inländische Schuldner der Vergütung die Steuer darauf einbehalten (also entsprechend weniger an den ausländischen Künstler zahlt) und an das Finanzamt abführen muss. Übersteigen die Einnahmen je Auftritt nicht 250 Euro, fällt keine Abzugssteuer an.

Die Vergütungsgrenzen gelten für jeden einzelnen Auftritt eines ausländischen Künstlers oder Sportlers, sie sind tages- und veranstalterbezogen. Das bedeutet: Tritt ein Künstler oder Sportler mehrmals am Tag für denselben Veranstalter auf, gelten die genannten Grenzen für das gesamte Honorar. Sofern der Verein einem Künstler oder Sportler an einem Tag mehrere Auftrittsmöglichkeiten bei unterschiedlichen Veranstaltern verschafft, gilt die Regelung für jede einzelne Vergütung getrennt. Durch diese Regelung sollen Künstler oder Sportler mit kleinen Honoraren entlastet und der internationale Künstleraustausch gefördert werden. Zahlt der verpflichtende Verein das Honorar ungeschmälert aus, wird hochgerechnet; d. h. der Verein zahlt wesentlich mehr. Doppelbesteuerungsabkommen (DBA) und die einschlägige Rechtssprechung des BFH und EuGH (Europäischen Gerichtshof) sind ggf. zu prüfen.

Bandenwerbung

Bei Heimspielen der 1. Fußballmannschaft ist die Sportplatzumrandung mit Bandenwerbung bzw. Plakatwerbung versehen. Die Einnahmen vom 1.1. bis 30.6. betragen 15.000 Euro. Ab 1.7. werden die Werberechte für den Rest des Jahres an einen Förderverein für 5.000 Euro verpachtet.

Lösung:

Die selbst betriebene Bandenwerbung ist Einnahme im steuerpflichtigen wirtschaftlichen Geschäftsbetrieb (19 % USt).

Buchung:

0952 Bank Fußballabteilung

an 8012 Einnahmen aus Werbung Reklameflächen 19 % USt

Bei Verpachtung der Werberechte en bloc sind diese der Vermögensverwaltung zuzurechnen (7 % USt).

0952 Bank Fußballabteilung

an 4201 Erlöse Werbeunternehmen 7 % USt

Praxis-Tipp

Mit Urteil vom 2.7.1997 hat der Bundesfinanzhof die verpachtete Bandenwerbung wegen des engen Zusammenhangs mit den Sportveranstaltungen der Trikotwerbung gleichgestellt; d. h. auch die Verpachtung führt demzufolge zu einem steuerpflichtigen wirtschaftlichen Geschäftsbetrieb. Diese Grundsätze sollen jedoch vorerst nicht angewandt werden. Gleichwohl hat der Gesetzgeber reagiert und ab dem Jahr 2000 eine Reingewinnschätzung von 15 % der Nettowerbeeinnahmen zugelassen, soweit die Werbemaßnahmen mit Aktivitäten im ideellen Bereich oder dem steuerbegünstigten Zweckbetrieb zusammenhängen. Eine Verpachtung der Werberechte für Inseratenwerbung, Lautsprecherwerbung etc. in die ertragsteuerfreie Vermögensverwaltung ist aber unter Beachtung der erforderlichen Voraussetzungen nach wie vor denkbar.

Merke: Es empfiehlt sich, für die selbst betriebene Bandenwerbung ein eigenes Konto im Bereich „bezahlter Sport" anzulegen, um die Reingewinnschätzung Werbung allein aus den Kontobewegungen Werbung im steuerpflichtigen wirtschaftlichen Geschäftsbetrieb (Konto 80...) zu ermöglichen.

Achtung
Vorsicht bei der Auslagerung von wirtschaftlichen Geschäftsbetrieben in die Vermögensverwaltung im Falle des bezahlten Sports. Die Verwendung von Mitteln aus der Vermögensverwaltung mit dem bezahlten Sport führt zur Aberkennung der Gemeinnützigkeit wegen zweckwidriger Mittelverwendung.

Basarveranstaltung

Die Fußballabteilung lädt auf Vereinspapier zu einem am nächsten Wochenende in der Gymnastikhalle stattfindenden Basar ein. Verkauft werden von Mitgliedern und Nichtmitgliedern gebrauchte Sportartikel. Die Fußballabteilung erhält vereinbarungsgemäß von den Anbietern 10 % des Umsatzes. Der Fußballabteilungsleiter kann sich über 1.190 Euro freuen.

Lösung:
Ob der Abteilungsleiter sich lange über die 1.190 Euro freuen kann, ist mehr als fraglich. Da zu diesem Basar im Namen des Vereins eingeladen worden ist, veranstaltet der Verein diesen Basar in eigenem Namen und hat damit die gesamten Einnahmen (11.900 Euro) als Einnahmen im steuerpflichtigen wirtschaftlichen Geschäftsbetrieb zu buchen.
Die Weitergabe an die einzelnen Verkäufer von 90 % der Einnahmen kann als Betriebsausgabe abgezogen werden. Somit verbleiben die vereinbarten 10 % als Gewinn aus steuerpflichtigem wirtschaftlichem Geschäftsbetrieb.
Steuerrechtlich ist aber das Problem die Umsatzsteuer. Der Verein hat aus den Gesamteinnahmen von 11.900 Euro die Umsatzsteuer in Höhe von 19 % (= 1.900 Euro) abzuführen. Er muss also mehr an das Finanzamt bezahlen, als er erhalten hat.

Fallbeispiele und Musterlösungen

Buchung:

Die Gesamteinnahmen von 11.900 Euro werden gebucht:

0870 Durchlaufende Posten Einnahmen
an 8004 Erlöse aus Handelswaren 19 % USt

Die Verkäuferprovision in Höhe von 10.710 Euro ist folgendermaßen zu verbuchen:

8360 Sonstiger Aufwand
an 0875 Durchlaufende Posten Ausgaben

1.190 Euro müssen von „Kasse" an „Durchlaufende Posten Ausgaben" gebucht werden:

0920 Kasse
an 0875 Durchlaufende Posten Ausgaben

Praxis-Tipp

Erfolgen die Verkäufe in fremden Namen und auf fremde Rechnung sind lediglich die Provisionseinnahmen dem Tätigkeitsbereich steuerpflichtiger wirtschaftlicher Geschäftsbetrieb zuzuordnen. Hierzu ist es aber erforderlich, dass der Verein bei allen Gelegenheiten (Einladung, Presseveröffentlichung, Hinweise am Verkaufsort etc.) darauf hinweist, dass der Verkauf in fremden Namen und für fremde Rechnung erfolgt. In obigem Beispiel wäre dann lediglich aus 1.190 Euro die Umsatzsteuer von 19 % (= 190 Euro) an das Finanzamt zu bezahlen gewesen.

Baukosten Tennishalle

Für die Herstellung einer zwei-Feld-Tennishalle überweist der Schatzmeister, Theo Eifrig-Ahnungslos, an den Bauunternehmer „Schla-Wiener" lt. Schlussrechnung einen Betrag von 980.000 Euro. Das Angebot hatte der Bauunternehmer mit 1.000.000 Euro Baukosten abzüglich 20.000 Euro aus einem Werbefonds des Unternehmens abgegeben. Bei der Einweihung der Tennishalle durfte der Bauunternehmer seine Firmenfahne vor der Halle anbringen, die Sichtblenden von zwei Freiplätzen mit seinem Logo versehen und sich über ein ganzseitiges Inserat in der Zeitschrift der Tennisabteilung freuen.

Zur Finanzierung der Tennishalle hat die Mitgliederversammlung eine einmalige Bausteinspende in Höhe von 300 Euro je Altmitglied und 500 Euro je Neumitglied beschlossen. Am Jahresende kann der Schatzmeister 60.000 Euro von Altmitgliedern und 25.000 Euro von Neumitgliedern verbuchen. Der Abteilungsleiter Tennis hat sich bereit erklärt, eine Zuwendungsbestätigung auszustellen.

Die Tennishalle wird am 1. Oktober feierlich eröffnet durch das Auftaktmatch

> Schla-Wiener : Eifrig-Ahnungslos

Die Tennishalle wird zu 25 % für den Trainingsbetrieb genutzt, zu 50 % an Mitglieder und zu 25 % an Nichtmitglieder vermietet.

Lösung:

Die verrechneten 20.000 Euro sind den Baukosten wieder hinzuzurechnen. Insbesondere dann, wenn der Verein eine Gegenleistung (Sichtblenden Freiplätze, Werbeschild in der Halle, Inseratenwerbung oder Ähnliches) erbringt.

Die Baukosten der Tennishalle müssen ab Fertigstellung auf die sog. betriebsgewöhnliche Nutzungsdauer abgeschrieben werden. Bei Gebäuden beträgt diese i. d. Regel 50 Jahre (2 % v. 1.000.000 Euro = 20.000 Euro) und ist im Jahr der Fertigstellung zeitanteilig (hier: 3/12 v. 20.000 Euro = 5.000 Euro) zu berücksichtigen.

> **Achtung**
>
> Die **Bausteinspenden** sind keine Spenden im eigentlichen Sinne, da diese nicht freiwillig gezahlt werden (Mitgliederbeschluss!!). Eine Zuwendungsbestätigung darf nicht ausgestellt werden und vom Abteilungsleiter schon gar nicht. Zuwendungsbestätigungen müssen von einer zeichnungsberechtigten Person (BGB-Vorstand) unterschrieben werden. Abteilungsleiter sind in aller Regel keine vertretungsberechtigten Organe des Vereins.

Fallbeispiele und Musterlösungen

Buchung:

Die Bausteinspenden in Höhe von 85.000 Euro sind zu buchen:

0959 Bank Tennisabteilung

an 2170 Echte Mitgliedsbeiträge 256–1023 Euro, hier: Bausteinspenden

> **Merke:**
> Bausteinspenden sind Umlagen, die in aller Regel von der Mitgliederversammlung beschlossen werden.

Der BGH hat mit Urteil vom 24.9.2007 entschieden, dass die Umlagen sowohl von der Art als auch vom Betrag in der Satzung aufgeführt sein müssen, andernfalls haben die Mitglieder ein außerordentliches Kündigungsrecht. Der BGH hat dabei das Sechsfache des Mitgliedsbeitrags zugelassen.

Die Baukosten in Höhe von 980.000 Euro:

0111 Tennishalle

an 0959 Bank Tennisabteilung

Die 20.000 Euro aus dem Werbefonds des Bauunternehmers Schla-Wiener:

0111 Tennishalle

an 8012 Werbeeinnahmen 19 % USt

Die Abschreibung der Tennishalle ist entsprechend der prozentualen Nutzung für den Trainingsbetrieb (25 %) bzw. Vermietung an Mitglieder (50 %) und Nichtmitglieder (25 %) folgendermaßen zu buchen:

2500 Abschreibung Anlagevermögen

an 0111 Tennishalle (Trainingsbetrieb)

5450 Abschreibung Anlagevermögen Teilbereich 5001, Zweckbetrieb Sport

an 0111 Tennishalle (Vermietung an Mitglieder)

8240 Abschreibung Anlagevermögen, wirtschaftlicher Geschäftsbetrieb

an 0111 Tennishalle (Vermietung an Nichtmitglieder)

Beerdigung

Bei der Beerdigung von zwei langjährigen Mitgliedern (treue Kunden der selbst bewirtschafteten Vereinsgaststätte) hat der Verein folgende Ausgaben:
* 2 Kränze 150 Euro,
* 2 Nachrufe in der örtlichen Presse 200 Euro.

Lösung:

Mit dem Tod erlischt die Mitgliedschaft. Es handelt sich demzufolge nicht mehr um Zuwendungen an Mitglieder, sodass die Begrenzung je Sachgeschenk bis zu 40 Euro aus persönlichem Anlass unbeachtlich ist.
Die Aufwendungen sind im ideellen Bereich als Ausgabe zu buchen.

Buchung:

2810 Repräsentationskosten
an 0950 Bank

Beherbergung und Beköstigung, Familienfreizeit

Der Verein veranstaltet eine Familienfreizeit für Mitglieder und Nichtmitglieder in den Sommerferien. Es werden Einnahmen in Höhe von 3.000 Euro vereinnahmt (2.000 Euro Erwachsene, 1.000 Euro Jugendliche).

Lösung:

Die Familienfreizeit ist als gesellige Veranstaltung ein steuerpflichtiger wirtschaftlicher Geschäftsbetrieb mit der Besonderheit, dass die Teilnahme von Jugendlichen bis zum 27. Lebensjahr ein steuerbegünstigter Zweckbetrieb eigener Art ist; d. h. dieser zählt nicht zur Zweckbetriebsgrenze.

Fallbeispiele und Musterlösungen

Buchung:

Demnach werden die Einnahmen aus Beherbergung und Beköstigung der erwachsenen Mitglieder und Nichtmitglieder in Höhe von 2.000 Euro folgendermaßen gebucht:

0950 Bank
an 8034 Erlöse Speisen/Getränke außerhalb Gaststätte 19 % USt

Und die Einnahmen der jugendlichen Teilnehmer der Familienfreizeit:

0950 Bank
an 6560 Sonstige betriebliche Erträge, Zweckbetrieb eigener Art

Beiträge

Der Verein erhebt im laufenden Jahr folgende Beiträge:

- Aktive Mitglieder   120.000 Euro
- Passive Mitglieder   15.000 Euro
- Abteilungsbeitrag Tennis 50.000 Euro

Außerdem muss jedes Mitglied der Tennisabteilung fünf Stunden „Arbeitsdienst" (Platzpflege etc.) erbringen. Damit sich keiner vor der Arbeit drücken kann, wird den 200 Mitgliedern der Tennisabteilung zu Jahresbeginn ein zusätzlicher Betrag von 100 Euro (= 20.000 Euro) im Lastschriftverfahren abgebucht. Auf Nachweis der geleisteten Stunden wird je Stunde ein Betrag von 20 Euro ausbezahlt.

Lösung:

Bei einem Verein, dessen Tätigkeit in erster Linie seinen Mitgliedern zugutekommt, ist eine Förderung der Allgemeinheit anzunehmen, wenn die Mitgliedsbeiträge und Mitgliedsumlagen zusammen im Durchschnitt 1.023 Euro je Mitglied und Jahr nicht übersteigen. Der durchschnittliche Mitgliedsbeitrag ist aus dem Verhältnis der zu berücksichtigenden Leistungen der Mitglieder zu der Zahl der zu berücksichtigenden Mitglieder zu errechnen. Auch die Einnahmen aus „Arbeitsdienst" sind solche des ideellen Bereichs.

Nachteilig wirkt sich allerdings die Auszahlung bei Ableistung des Arbeitsdienstes aus. Hier ist von einer abgabepflichtigen geringfügigen Beschäftigung auszugehen.

Im Rahmen der Ehrenamtspauschale dürfte der Betrag in aller Regel abgabefrei bleiben, soweit die betroffenen Personen die Ehrenamtspauschale nicht anderweitig bereits erhalten haben.

Buchung

0950 Bank
an 2110 Echte Mitgliedsbeiträge 256–1023 Euro (aktiv)

0950 Bank
an 2111 Echte Mitgliedsbeiträge 256–1023 Euro (passiv)

0959 Bank Tennisabteilung
an 2112 Abteilungsbeiträge (Tennis)

0959 Bank
an 2115 Mitgliedsbeiträge (Arbeitsdienst)

> **Praxis-Tipp**
>
> Immer dann, wenn unterschiedliche Beiträge erhoben werden, sollten die einzelnen Beitragsarten in der Satzung genau bezeichnet werden. Werden nur die nicht geleisteten Arbeitsstunden von den Mitgliedern am Jahresende eingezogen, d. h. werden keine Beträge für geleistete Arbeiten vom Verein bezahlt, liegen ausschließlich Einnahmen aus dem ideellen Bereich vor.

Bezahlter Sport

Die 1. Mannschaft der Fußballabteilung hat in ihren Reihen einige Sportler, die vom Verein monatlich mehr als 400 Euro für die sportliche Betätigung erhalten.
Im Zusammenhang mit den Punktspielen sind folgende Einnahmen und Ausgaben entstanden:

Fallbeispiele und Musterlösungen

- Eintrittsgelder — 10.000 Euro
- Sponsoring Ausrüstervertrag — 15.000 Euro
- Ausgaben Spieler — 50.000 Euro
- Sach- und Reisekosten — 20.000 Euro
- Ausbildungsentschädigung für 2 Spieler — 5.000 Euro
- Trainerstab — 40.000 Euro

Lösung:

Unter bezahlten sportlichen Veranstaltungen sind bei allen Sportarten grundsätzlich die einzelnen Wettbewerbe zu verstehen, die in engem zeitlichem und örtlichem Zusammenhang durchgeführt werden.

Auch Zahlungen von Dritten (Sponsoren, Fördervereinen etc.) für die Ausübung des Sports sind dem Verein zuzurechnen. Durch die Überlassung, z. B. eines Pkw, an einen aus Sicht des Vereines unbezahlten Sportler kann unter Berücksichtigung des geldwerten Vorteils Pkw (1-%-Regelung) für den Verein ein bezahlter Sportler vorliegen. Die Kosten der Mannschaft, in der dieser Sportler auftritt, sind dann aus eigenen Mitteln oder aber Überschüssen anderer steuerpflichtiger wirtschaftlicher Geschäftsbetriebe zu finanzieren.

Werden zur Finanzierung des bezahlten Sports Mittel aus dem ideellen Bereich, der Vermögensverwaltung oder des steuerbegünstigten Zweckbetriebs eingesetzt, hat dies die Aberkennung der Gemeinnützigkeit zur Folge.

Die Einnahmen aus Eintrittsgeldern sind mit 19 % umsatzsteuerpflichtig.

Buchung:

0922 Kasse Fußballabteilung

an 7006 Eintritt aus Fußballspielen 19 % USt

0952 Bank Fußballabteilung

an 7012 Zuwendungen Dritter (Sponsoren) 19 % USt

7222 Vergütungen an Sportler

an 0952 Bank Fußballabteilung

7400 Allgemeine Kosten des Sportbetriebs (Sach- und Reisekosten)
an 0952 Bank Fußballabteilung

7418 Ausbildungskostenersatz
an 0952 Bank Fußballabteilung

7232 Personalkosten Trainer/Übungsleiter
an 0952 Bank Fußballabteilung

Clubabend

Die Tanzsportabteilung veranstaltet jeden Donnerstag einen Clubabend, an dem sich sowohl die Turniertänzer als auch die Freizeittänzer treffen. Es werden in eigener Regie mitgebrachte Speisen und Getränke entgeltlich angeboten. In der Clubkasse befinden sich am Abend Einnahmen von

Mitgliedern	150 Euro
Gästen	50 Euro
Trinkgelder	20 Euro
	220 Euro

Lösung:

Der Verkauf von Speisen und Getränken ist grundsätzlich ein steuerpflichtiger wirtschaftlicher Geschäftsbetrieb – und zwar unabhängig an wen verkauft wird. Soweit Trinkgelder in die einheitliche Clubkasse fließen, zählen auch diese zu den Einnahmen aus steuerpflichtigen wirtschaftlichen Geschäftsbetrieben.

Buchung:

0928 Kasse Tanzsportabteilung
an 8034 Erlöse Speisen/Getränke außerhalb Gaststätte 19 % USt

> **Praxis-Tipp**
>
> Neben der Clubkasse, auf dem Tresen oder wo auch immer, sollte eine „Spendensau – für die Jugend" stehen. In diese werden dann nach Erhalt die einzelnen Trinkgelder gegeben. Es handelt sich dann um Geldspenden ohne Bescheinigung.

Computer, Anschaffung

Die Schatzmeisterin der Tanzsportabteilung bekommt zur Erleichterung ihrer Arbeit den lang ersehnten PC von einem Mitglied gespendet. Der Wert zum Zeitpunkt der Spende beträgt 3.000 Euro. Die Nutzung des Computers beträgt drei Jahre. Der PC wird in allen vier Tätigkeitsbereichen des Vereins nach Schätzung der Schatzmeisterin wie folgt genutzt:

- ideell: 20 % außerunternehmerischer Bereich
- Vermögensverwaltung: 10 % unternehmerischer Bereich
- Zweckbetrieb: 40 % unternehmerischer Bereich
- wirtschaftlicher Geschäftsbetrieb: 30 % unternehmerischer Bereich

Lösung:

Ertragsteuerlich ist die jährliche Abschreibung von 1.000 Euro anteilig in den einzelnen Tätigkeitsbereichen vorzunehmen.

Buchung:

0415 Büroeinrichtung
an 3225 Sachzuwendung gegen Bescheinigung

2500 Abschreibungen Anlagevermögen, ideeller Bereich
an 0415 Büroeinrichtung

4500 Abschreibungen Anlagevermögen, Vermögensverwaltung
an 0415 Büroeinrichtung

5450 Abschreibungen Anlagevermögen, Zweckbetriebe Sport
an 0415 Büroeinrichtung

8240 Abschreibungen Anlagevermögen, Sonstige Geschäftsbetriebe
an 0415 Büroeinrichtung

Praxis-Tipp

Bei gebrauchten Wirtschaftsgütern im Rahmen einer Spende ist auf die Höhe des Gegenwertes zu achten. Gefahr des „überhöhten" Sachwertes.

Druckkosten

Das Jahresinfo des Vereins umfasst 40 Seiten Vereinsbeiträge sowie zehn Seiten Werbung. Die Druckkosten betragen 5.000 Euro.

Lösung:

Da die Druckkosten nicht nur für die Seiten mit Werbung angefallen sind, können die Kosten nicht ausschließlich im steuerpflichtigen wirtschaftlichen Geschäftsbetrieb geltend gemacht werden. Die Kosten sind im Verhältnis der Seitenzahlen des Jahresinfo aufzuteilen (10 : 40).

Buchung:

2801 Ausgaben Vereinsmitteilungen (hier: Druckkosten)
an 0950 Bank

8330 Werbe- und Reisekosten (hier: Druckkosten der Werbeanzeigen)
an 0950 Bank

Energiekosten, Betrieb Tennisplätze

Für die Tennisplätze fallen Energiekosten von insgesamt 3.000 Euro an. Die Tennisplätze werden zu 50 % für den allgemeinen Sportbetrieb, zu 50 % zur entgeltlichen Überlassung genutzt.

Lösung:

Der allgemeine Sportbetrieb wird mit Mitgliedsbeiträgen finanziert. Die Energiekosten sind zu 50 % dem ideellen Bereich zuzuordnen; im Übrigen im Verhältnis der Überlassung an Mitglieder und

Nichtmitglieder (Einnahmen s. „Vermietung Sportanlagen") aufzuteilen.

Buchung:

50 % der Energiekosten fallen im ideellen Bereich an. Deshalb sind 1.500 Euro zu buchen wie folgt:

2662 Strom, Gas, Wasser, Heizung, ideeller Bereich
an 0959 Bank Tennisabteilung

Auf den Zweckbetrieb Sport entfallen 40 %, d. h. 1.200 Euro:

5560 Strom, Gas, Wasser, Heizung (Zweckbetriebe Sport)
an 0959 Bank Tennisabteilung

und auf den wirtschaftlichen Geschäftsbetrieb entfallen 10 %, also insgesamt 300 Euro:

8304 Strom, Gas, Wasser, Heizung (wirtschaftlicher Geschäftsbetrieb)
an 0959 Bank Tennisabteilung

Erbschaften

Der Verein erhält von einem Gründungsmitglied im Rahmen einer Erbschaft 10.000 Euro.

Lösung:

Zuwendungen durch Erbanteil, Vermächtnis oder Schenkung an steuerbegünstigte gemeinnützige Vereine sind ohne Begrenzung der Höhe nach steuerfrei. Dies gilt nicht, wenn die Zuwendung innerhalb von zehn Jahren nach Zuwendung für nicht steuerbegünstigte Zwecke verwendet wird oder aber der Verein die Gemeinnützigkeit verliert. In diesen Fällen bleiben lediglich 20.000 Euro steuerfrei.

Buchung:

0950 Bank
an 3211 Erbschaften

Fernsehgelder

Für die Übertragung der sportlichen Veranstaltungen „unbezahlter Sport" erhält der SKV Insolvenza vom Sportfernsehen vereinbarungsgemäß einen ganz ansehnlichen Betrag (5.000 Euro).

Lösung:

Die Zuordnung der Einnahmen für Fernsehübertragungsrechte muss der jeweiligen Veranstaltung (bezahlter Sport = steuerpflichtiger wirtschaftlicher Geschäftsbetrieb oder unbezahlter Sport = Zweckbetrieb) folgen. Dementsprechend sind die Einnahmen auch mit 19 % (wirtschaftlicher Geschäftsbetrieb) oder mit 7 % (steuerbegünstigter Zweckbetrieb) bei der Umsatzsteuer zu versteuern. Gleiches gilt für die Überlassung von Rundfunkübertragungsrechten.

Buchung:

0950 Bank

an 5250 Einnahmen aus Fernsehgeldern 7 % USt

Gewerbesteuer

Der Verein zahlt für das vergangene Jahr an die Gemeinde lt. Gewerbesteuerbescheid 2.000 Euro Gewerbesteuer. Gleichzeitig verlangt die Gemeinde für das laufende Jahr eine Gewerbesteuervorauszahlung von 1.500 Euro.

Lösung:

Die Gewerbesteuer ist als nicht abzugsfähige Steuer – wie die Körperschaftsteuer auch – dem ertragsneutralen Bereich zuzuordnen.

Buchung:

3853 Gewerbesteuer

an 0950 Bank

Hallennutzungsgebühren

Der Verein möchte sein Kursangebot erweitern. Die bisher kostenlose Überlassung von Sporthallen an gemeinnützige Vereine ist durch Beschluss des Gemeinderats aufgehoben worden. Die Gemeinde erhebt für die Hallennutzung eine Jahresgebühr von 1.000 Euro.

Lösung:

Seit dem 1.1.2005 ist die entgeltliche Überlassung von Sportanlagen in vollem Umfang umsatzsteuerpflichtig. Die Höhe der Umsatzsteuer richtet sich danach, ob die Vermietung von gemeinnützigen Einrichtungen an Mitglieder (7 % MwSt) oder an Nichtmitglieder (19 %) erfolgt.
Diese Umsatzsteuerpflicht trifft nach einem Urteil des FG Baden-Württemberg v. 23.10.2003 auch die Kommunen.
Soweit die Hallennutzungsgebühren im Zusammenhang mit steuerfreien Einnahmen stehen – was bei Kursgebühren der Fall ist –, kann der Verein die gezahlte Umsatzsteuer nicht im Rahmen des Vorsteuerabzugs geltend machen.
Die Umsatzsteuer ist in den meisten Fällen ein zusätzlicher Kostenfaktor.

Buchung:

5555 Miete, Pacht, Zweckbetriebe Sport
an 0950 Bank

Hektolitervergütung

Der Verein erhält von der Hausbrauerei für im Kalenderjahr abgenommene hl Bier (Stand 1.1. = 11.000 Euro) eine Gutschrift von brutto 1.190 Euro. 1.000 Euro werden dem Darlehen als Tilgung gutgeschrieben; die enthaltene Umsatzsteuer von 190 Euro wird an den Verein überwiesen.

Lösung:

Der Verein hat die Bestuhlung und die Thekenanlage in der Gaststätte über ein Brauereidarlehen finanziert. Die hl-Vergütung teilt das Schicksal der Hauptleistung (verpachtete Vereinsgaststätte = Vermögensverwaltung; selbst bewirtschaftete Vereinsgaststätte = wirtschaftlicher Geschäftsbetrieb).

Da die Brauerei in der per Gutschriftanzeige mitgeteilten abgenommenen hl Bier 19 % Umsatzsteuer ausgewiesen hat, muss diese auch an das Finanzamt abgeführt werden, auch wenn es sich ggf. um Einnahmen der Vermögensverwaltung handelt.

Buchung:

1341 Darlehenstilgung
an 4115 Einnahmen aus Hektolitervergütung 19 % USt

0950 Bank
an 4115 Einnahmen aus Hektolitervergütung 19 % USt

Helferessen

Die mithelfenden Vereinsmitglieder erhalten während einer geselligen Veranstaltung als „Dankeschön" ein Steak (150 Euro) und ein Getränk (200 Euro). Weitere Vergütungen werden nicht ausgezahlt.

Lösung:
Bei den Helferessen handelt es sich um ein sog. Verzehrgeld, welches nicht zu einer Lohnsteuer- und Sozialversicherungspflicht führt. Es darf sich allerdings nur um geringe Beträge handeln.

Buchung:
Die Ausgaben für den wirtschaftlichen Geschäftsbetrieb „gesellige Veranstaltungen" sollten um die unentgeltlich abgegebenen Speisen und Getränke zum Einkaufspreis korrigiert werden, insbesondere dann, wenn bei einer Nachkalkulation größere Differenzen bei den Einnahmen auftreten könnten.
Aus diesem Grund sollte folgendermaßen gebucht werden:

8236 Sonstige Kosten gesellige Veranstaltung
an 8152 Wareneingang 7 % USt

8236 Sonstige Kosten gesellige Veranstaltung
an 8154 Wareneingang 19 % USt

> **Praxis-Tipp**
> Öfter gewährte unentgeltliche Bewirtungen (z. B. wöchentliche Mannschaftsessen oder aber auch mit Einzelpersonen, tägliches Frühstück auf der Geschäftsstelle etc.) können als geldwerter Vorteil zu einer Lohnsteuer- und Sozialversicherungspflicht führen.

Herbstball einer Festgemeinschaft

Der Verein ist an der Herbstball GbR mit dem Fußballverein und dem Tennisclub beteiligt. Bei dem alljährlich stattfindenden Herbstball werden 40.000 Euro vereinnahmt und 34.000 Euro an unmittelbaren Kosten ausgegeben. Der Gewinn von 6.000 Euro wird unter den Gesellschaftern zu je 2.000 Euro aufgeteilt.

Lösung:

Bei dem alljährlich durchgeführten Herbstball handelt es sich um einen steuerpflichtigen wirtschaftlichen Geschäftsbetrieb. Die GbR muss eine eigene Gewinnermittlung vornehmen und sowohl eine Umsatz- als auch Gewerbesteuererklärung unter eigener Steuernummer abgeben. Lediglich der Gewinn wird bei der Körperschaftsteuer auf der Ebene der Gesellschafter besteuert.

Buchung:

0950 Bank
an 8048 nichtsteuerbare Umsätze

> **Praxis-Tipp**
> Auch für Spiel-/Sportgemeinschaften gilt, dass diese i. d. Regel als GbR in eigenem Namen auftreten. Hierbei ist Folgendes zu beachten:
> 1. Der Zusammenschluss – auch von ausschließlich gemeinnützigen Vereinen – führt nicht dazu, dass es sich bei der Spiel-/Sportgemeinschaft ebenfalls um eine gemeinnützige Einrichtung handelt.

2. Da die Spiel-/Sportgemeinschaft nicht gemeinnützig ist, kann an diese nicht unmittelbar gespendet werden.
3. Die Spiel-/Sportgemeinschaft muss eine eigene Gewinnermittlung aufstellen.
4. Die Spiel-/Sportgemeinschaft ist umsatz- und ggf. gewerbesteuerpflichtig.
5. Für nicht korrekt abgeführte Steuern haftet jeder Gesellschafter in vollem Umfang.
6. Eine Spiel-/Sportgemeinschaft sollte nie ohne den zuständigen Verband gegründet werden. Nicht jeder Verband lässt eine solche zu, bzw. kann u. U. die Spiel-/Sportgemeinschaft in eine niedrigere Klasse einstufen.

Instandhaltung Freiplätze Tennis

Der Bauunternehmer „Schla-Wiener" bietet sich an, die Freiplätze zu sanieren. Drei Monate nach Fertigstellung gibt er dem Schatzmeister den Hinweis, dass die Sanierung 5.000 Euro gekostet hätte. Er bittet um eine Zuwendungsbestätigung in besagter Höhe. Eine Rechnung an den Verein wurde nicht ausgestellt.

Lösung:

Ohne Rechtsgrundlage (Rechnung plus Zahlungsverzicht) darf keine Zuwendungsbestätigung ausgestellt werden. Eine Buchung erübrigt sich.
Will man den Wertfluss als solchen dennoch buchen, kommt lediglich die Buchung „Spenden ohne Bescheinigung" in Betracht.

Buchung:

5565 Reparaturen, Instandhaltung Sportanlagen
an 3232 Geldzuwendungen ohne Zuwendungsbestätigung Ideeller Bereich

Praxis-Tipp

Für die Anerkennung einer Aufwandsspende („statt Geld ein Stück Papier") sind folgende Voraussetzungen zu erfüllen:

1. Vorheriger Rechtsanspruch durch Rechnung
2. Nachträglicher Verzicht
   - Schriftform erforderlich
   - kann auf der Rechnung vermerkt werden
3. Ernsthaftigkeit
4. finanzielle Mittel verfügbar, falls nicht verzichtet wird

Auf Unternehmerseite müsste die Rechnung gewinnerhöhend gebucht werden. Nach Erhalt einer Zuwendungsbestätigung kann der Unternehmer diese dann im Rahmen seines höchstmöglichen Spendenabzugs (ggf. 0 Euro, da bereits an andere gemeinnützige Einrichtungen ausreichend gespendet) geltend machen.

Kuchen- und Getränkespenden

Die Turnabteilung führt einmal im Jahr einen Elternabend durch, bei dem die Kinder zeigen können, was sie gelernt haben. Getränke und Kuchen werden von den Eltern kostenlos zur Verfügung gestellt. Die Eltern erwarten eine Zuwendungsbestätigung vom Verein. Einnahmen aus dem Verkauf Speisen/Getränke 500 Euro.

Lösung:

Der Verkauf von Speisen und Getränken ist immer – auch bei der Jugend – ein steuerpflichtiger wirtschaftlicher Geschäftsbetrieb; d. h. die gespendeten Sachen werden damit nicht im ideellen Bereich oder steuerbegünstigten Zweckbetrieb verwendet.

Die Ausstellung einer Zuwendungsbestätigung ist unzulässig. Sollte der Verein sich dennoch „hinreißen" lassen, eine solche auszustellen, liegt ein Haftungstatbestand nach § 10 Abs. 4 EStG vor. Die zu zahlende Steuer beträgt 30 % der Zuwendung (= 200 Euro) und das Damoklesschwert der Aberkennung der Gemeinnützigkeit schwebt über dem Verein. Dann wird's noch teurer.

Buchung:

0930 Kasse Turnabteilung

an 8034 Erlöse Speisen und Getränke außerhalb Gaststätte 19 % USt

> **Praxis-Tipp**
>
> Der Verein könnte den Eltern den Sachwert (Materialwert) der gespendeten Sachen auszahlen und die Eltern spenden dann die erhaltenen Beträge (jetzt aber **als Geldspende**) dem Verein wieder zurück.
>
> **Vorteil für den Verein**
> Der Verein hat Betriebsausgaben für den Verkauf der Getränke und Kuchen; der Überschuss aus steuerpflichtigem wirtschaftlichem Geschäftsbetrieb wird geringer. Die Geldspenden sind Einnahmen im ideellen Bereich.
>
> **Vorteil für die Eltern**
> Diese können jetzt Spendenbescheinigungen erhalten und in ihren Einkommensteuererklärungen steuermindernd geltend machen.

> **Achtung**
> Wird mehr als der reine Materialwert vom Verein ersetzt, liegen abgabepflichtige Lohnzahlungen vor. Der Verein muss dann für die über dem Materialwert liegenden Beträge Lohnsteuer und Sozialversicherungsbeiträge abführen.

Kursgebühren

Die Turnabteilung bietet mit großem Erfolg einen zehnstündigen Kurs „Bauch, Beine, Po" an. Die Kursgebühren betragen für Mitglieder 80 Euro (100 Teilnehmer = 8.000 Euro). Da inzwischen auch immer mehr Nichtmitglieder teilnehmen möchten, öffnet sich der Verein und bietet für Nichtmitglieder den gleichen Kurs für 100 Euro an (40 Teilnehmer = 4.000 Euro).
Ausgaben im Zusammenhang mit dem Kurs waren 150 Euro für einen Kassettenrekorder und 50 Euro für „fetzige" Musikkassetten. Außerdem erhielt die Trainerin, Ellen Biegsam, eine jährliche Vergütung von 4.000 Euro sowie zwei Betreuerinnen je 2.000 Euro.

Lösung:
Die Ausbildung und Fortbildung in sportlichen Fertigkeiten gehört zu den typischen und wesentlichen Tätigkeiten eines Sportvereins. Sportkurse und Sportlehrgänge für Mitglieder und Nichtmitglieder

von Sportvereinen (Sportunterricht) sind daher als „sportliche Veranstaltungen" zu beurteilen. Es ist unschädlich für die Zweckbetriebseigenschaft, dass der Verein mit dem Sportunterricht in Konkurrenz zu gewerblichen Sportlehrern tritt. Die Beurteilung des Sportunterrichts als sportliche Veranstaltung hängt nicht davon ab, ob der Unterricht durch Beiträge, Sonderbeiträge oder Sonderentgelte abgegolten wird.

Sportliche Veranstaltungen sind ein steuerbegünstigter Zweckbetrieb, wenn kein Sportler daran teilnimmt, der für seine sportliche Betätigung mehr als 400 Euro monatlich vom Verein oder einem Dritten erhält. Die Bezahlung von Trainern und Übungsleitern ist davon nicht betroffen.

Die Trainerin kann unter Anwendung des Mustervertrags „DOSB/DRV Bund" sozialversicherungsrechtlich als selbstständige Trainerin angesehen werden. Dies gilt immer dann, wenn die monatliche Vergütung nach Abzug der sog. „Übungsleiterpauschale" von 200 Euro monatlich 450 Euro nicht übersteigt.

Lohnsteuerlich gilt dies nur bei einer wöchentlichen Tätigkeit von bis zu sechs Stunden.

> **Wichtig**
> Der Vertrag muss aber auch tatsächlich gelebt werden, d. h. der Vertrag allein nützt nichts, das Gesamtbild der Verhältnisse muss eine selbständige Tätigkeit ergeben.

Buchung:

Die Einnahmen und Ausgaben sind wie folgt zu buchen:

0960 Bank Turnabteilung
an 5704 Einnahmen aus Kursen/Sport 0 % USt

5570 Allgemeine Kosten des Sportbetriebs (hier: Kassettenrekorder, Musikkassetten)
an 0960 Bank Turnabteilung

5305 Personalkosten Trainer/Übungsleiter
an 0960 Bank Turnabteilung

Musikabteilung, öffentliche Auftritte

Die Musikabteilung spielt bei allen möglichen und unmöglichen Anlässen nicht nur für den Verein (eigene Konzerte) sondern auch für Fremde (auch nicht gemeinnützige Einrichtungen) mit dem Bläserensemble „Dicke Lippen" auf. Dafür kassieren sie pro Auftritt 300 Euro. So kommen im Jahr 10.000 Euro zusammen. Mit diesem Geld werden zehn Musikinstrumente (4.000 Euro) und die Noten (1.000 Euro) finanziert, die für den Unterricht und die entsprechenden Auftritte benötigt werden.

Lösung:

Ein gemeinnütziger Verein kann mehrere Zwecke verwirklichen, die aber – sollen sie steuerbegünstigt sein – alle in der Satzung enthalten sein müssen. Die öffentlichen Auftritte der Musikabteilung sind dann ein steuerbegünstigter Zweckbetrieb. Sie führen nicht zu einer Ertragsbesteuerung (Körperschaft- und Gewerbesteuer).
Bei der Umsatzsteuer ist der ermäßigte Steuersatz (7 %) anzuwenden.

Buchung:

0931 Kasse Musikabteilung
an 6010 Eintrittsgelder Zweckbetrieb 7 % USt

6190 Aufwendungen für Musikinstrumente
an 0961 Bank Musikabteilung

6192 Aufwendungen für Noten
an 0931 Kasse Musikabteilung

Oldie-Night

Die Handballabteilung bessert ihre Abteilungskasse durch eine Oldie-Night auf. Eintrittsgelder werden in Höhe von 4.000 Euro vereinnahmt. Die Kosten für die Rentnerband betragen 1.000 Euro sowie für weitere Abgaben (Gema) 320 Euro. Es werden für den Verkauf von Speisen und Getränken 6.000 Euro vereinnahmt und Ausgaben an Speisen (1.000 Euro) und Getränken (1.500 Euro) getätigt.

Lösung:

Die Oldie-Night ist keine steuerbegünstigte „kulturelle Veranstaltung", sondern eine gesellige Veranstaltung. Damit liegt – wie auch beim Verkauf der Speisen und Getränke – ein steuerpflichtiger wirtschaftlicher Geschäftsbetrieb vor.

Buchung:

Die Veranstaltung zählt zu den wirtschaftlichen Geschäftsbetrieben des Vereins. Deshalb lautet der Buchungssatz wie folgt:

0925 Kasse Handballabteilung
---
an 8002 Eintrittsgelder aus geselligen Veranstaltungen 19 % USt

Die Erlöse aus dem Verkauf von Speisen und Getränken zählen ebenfalls zu den Einnahmen des wirtschaftlichen Geschäftsbetriebs. Der Buchungssatz lautet:

0925 Kasse Handballabteilung
---
an 8034 Erlöse Speisen und Getränke außerhalb Gaststätten 19 % USt

Die Kosten für das Engagement der Musikgruppe werden folgendermaßen verbucht:

8205 Musikkosten
---
an 0925 Kasse Handballabteilung

Die Ausgaben für die Speisen unterliegen dem verminderten Steuersatz von derzeit 7 %. Gebucht wird:

8152 Wareneingang 7 % Vorsteuer
---
an 0925 Kasse Handballabteilung

Die Getränke, die für die Oldie-Night eingekauft wurden, werden mit dem vollen Steuersatz in Höhe von 19 % gebucht.

8154 Wareneingang 19 % Vorsteuer
---
an 0925 Kasse Handballabteilung

Einige Vereinsverwaltungsprogramme wie Vereinsverwaltung professionell haben bei Buchungen von Ausgaben, die den Abzug der

Vorsteuer erlauben, eine Verknüpfung mit Konto 0775 (7 %) bzw. 0780 (19 %), sodass nur ein Buchungsschritt notwendig ist. Als Letztes müssen noch die diversen Abgaben, die für diese Veranstaltung zu leisten sind, korrekt verbucht werden. Der richtige Buchungssatz lautet:

8320 Sonstige Abgaben
an 0955 Bank Handballabteilung

> **Praxis-Tipp**
>
> Etwaige weitere Abgabepflichten (z. B. Gema etc.) sollten geprüft werden. Verträge oder sonstige Vereinbarungen sind vom BGB-Vorstand zu unterschreiben. Bei Vereinsfesten in der Nähe von Wohngebieten darf lt. OLG Stuttgart kein Rockkonzert stattfinden, wenn dabei bestimmte Lärmpegel überschritten werden. Eine Stadt war von Anwohnern verklagt worden, weil sie ihr Sportgelände einem Sportverein überlassen hatte. Der Verein veranstaltet seit mehreren Jahren auf dem Platz ein Sommerfest, im Festzelt spielen Musikgruppen bis weit nach Mitternacht.

Pferdepension

Für die Unterbringung und Pflege der Reitpferde werden von Mitgliedern 10.000 Euro vereinnahmt. Futterkosten, Medikamente, Hufschmied und Unterbringungskosten für fünf vereinseigene Pferde (Reitunterricht) und 15 Pferden von Mitgliedern betragen 10.000 Euro.

Da neben der bloßen Unterstellung des Pferdes (Boxenmiete) weitere Leistungen vom Verein übernommen werden, sind die Einnahmen als sonstige Leistung im steuerpflichtigen wirtschaftlichen Geschäftsbetrieb zu buchen. Es handelt sich nicht mehr um die Überlassung von Sportanlagen an Mitglieder.

Die Kosten sind anteilig auf die vereinseigenen Pferde (Zweckbetrieb) und auf die Pferde der Mitglieder (Pferdepension) aufzuteilen.

Fallbeispiele und Musterlösungen

Lösung:

Zur Pensionstierhaltung von gemeinnützigen Körperschaften kommt der BFH in seinem Urteil vom 19.2.2004, BStBl II 2004 S. 672 zu dem Schluss, dass der ermäßigte Steuersatz gem. § 12 Abs. 2 Nr. 8a UStG dann Anwendung finden kann, wenn die Umsätze im Rahmen eines Zweckbetriebes nach § 65 AO erbracht werden.

Die OFD Münster hat mit einer Kurzinformation vom 13.7.2005 zur steuerlichen Problematik der Pensionstierhaltung wie folgt Stellung genommen:

Die Pensionspferdehaltung wird in der Regel von Reit- und Fahrvereinen betrieben, deren Satzungszweck die „Förderung des Sports" ist. Es erscheint daher regelmäßig als zweifelhaft, ob die Pensionspferdehaltung ein unentbehrliches Mittel zur Verwirklichung des satzungsmäßigen Zwecks darstellt. Im Übrigen ist davon auszugehen, dass insoweit ein schädlicher Wettbewerb i. S. des § 65 Nr. 3 AO gegeben ist, denn regelmäßig finden sich im Einzugsbereich zu den Reitvereinen Landwirte, die Pensionsställe betreiben. Zu diesen Pensionsbetrieben treten die Vereine zwangsläufig in Wettbewerb. Darüber hinaus ist in diesem Zusammenhang zu beachten, dass auch schon der potenzielle Wettbewerb für die Zuerkennung der Zweckbetriebseigenschaft als schädlich einzustufen ist.

Die Besteuerung der Pensionstierhaltung als wirtschaftlicher Geschäftsbetrieb hat mit dem Regelsteuersatz von 19 % zu erfolgen.

Buchung:

0956 Bank Reitsportabteilung
an 8007 Einnahmen Pferdepension 19 % USt

8173 Ausgaben Pferdepension
an 0956 Bank Reitsportabteilung

5570 Ausgaben vereinseigene Pferde
an 0956 Bank Reitsportabteilung

Pokale, Medaillen, Urkunden

Die Vereinsmeister im Geräteturnen erhalten Pokale und Urkunden im Wert von insgesamt 310 Euro.
Den Ehrenpreis im Wert von 1.000 Euro stiftet die bekannte Sushi-Bar „Seegras". Der Unternehmer erwartet eine Spendenbescheinigung sowie auf jeder Turnmatte das Logo der Sushi-Bar.

Lösung:

Als sportliche Veranstaltung ist die organisatorische Maßnahme eines Sportvereins anzusehen, die es aktiven Sportlern (die nicht Mitglieder des Vereins zu sein brauchen) ermöglicht, Sport zu treiben. Die Ermittlung von Vereinsmeisterschaften zählt zu den sportlichen Veranstaltungen in diesem Sinne.

Bei den Ausgaben für Pokale, Medaillen und Urkunden handelt es sich deshalb nicht um Zuwendungen aus persönlichem Anlass oder besonderem Vereinsanlass. Eine Begrenzung der Kosten auf 40 Euro ist somit nicht zu beachten.

Die Einnahme der Sushi-Bar ist ein steuerpflichtiger wirtschaftlicher Geschäftsbetrieb. „Werbung". Mit der Duldung des Schriftzugs des Sponsors auf jeder Turnmatte beteiligt sich der Verein aktiv an der Werbung. Da der Verein eine Gegenleistung erbringt, kann keine Spendenbescheinigung ausgestellt werden.

Die Sushi-Bar hat die Möglichkeit, die Ausgabe für den Pokal als Betriebsausgabe steuermindernd geltend zu machen. Durch Ausstellung einer Spendenbescheinigung käme es zur nochmaligen Steuerminderung.

Buchung:

5574 Kosten des Sportbetriebs (hier: Pokale)
an 0960 Bank Turnabteilung

Da es sich – wie bereits erwähnt – bei der Stiftung des Ehrenpreises durch die Sushi-Bar um eine Einnahme des wirtschaftlichen Geschäftsbetriebs auf der Seite des Vereins handelt, unterliegt diese dem vollen Umsatzsteuersatz von derzeit 19 %. Aus diesem Grund ist die Mehrwertsteuer herauszurechnen und auf ein Sammelkonto für die Umsatzsteuer zu buchen. Gebucht wird:

5574 Kosten des Sportbetriebs (hier: Ehrenpreis
an 8012 Einnahmen aus Werbung Reklameflächen 19 % USt

Pokalspiel

Die 1. Mannschaft (bezahlter Sport) der Fußballabteilung vereinnahmt anlässlich eines Pokalspiels 300 Euro Eintrittsgelder von Zuschauern, Schiedsrichtergebühren fallen 50 Euro an und für die Reinigung der Umkleidekabinen nochmals 50 Euro.

Lösung:

Bei Pokalspielen oder ähnlichen Veranstaltungen findet üblicherweise eine Einnahmenteilung statt; d. h. jeder Verein erhält nach Abzug der unmittelbaren Ausgaben vom verbleibenden Überschuss 50 %.

Buchung:

Da es sich bei dem Turnier um eine Veranstaltung handelt, die dem wirtschaftlichen Geschäftsbetrieb zuzuordnen ist, kommt der Normalsteuersatz in Höhe von 19 % zum Ansatz (Einnahmen einschließlich USt von mehr als 35.000 Euro). Infolgedessen werden die Eintrittsgelder wie folgt gebucht:

0922 Kasse Fußballabteilung
an 7008 Eintrittsgelder aus Sportturnieren 19 % USt

Bei den Schiedsrichtergebühren handelt es sich um eine Ausgabe im Rahmen einer ertragsteuerpflichtigen Veranstaltung. Deshalb wird gebucht:

7357 Schiedsrichtergebühren
an 0922 Kasse Fußballabteilung

Für die Reinigungskosten gilt folgender Buchungssatz:

7401 Reinigungskosten
an 0922 Kasse Fußballabteilung

Der Buchungssatz für den Anteil des gegnerischen Vereins lautet folgendermaßen:

7351 Kostenerstattung Gastmannschaft	
an 0922 Kasse Fußballabteilung	

> **Praxis-Tipp**
>
> Da der gastgebende Verein umsatzsteuerlich der Veranstalter ist, hat er aus den Gesamteinnahmen die Mehrwertsteuer in voller Höhe an das Finanzamt abzuführen. Er sollte deshalb vor Weitergabe des hälftigen Anteils an den Gastverein die Mehrwertsteuer herausrechnen; d. h. die Nettoeinnahmen ermitteln. Von diesen werden dann die Ausgaben abgezogen und der verbleibende Überschuss ist zur Hälfte an den Gastverein weiterzugeben.
>
> | Eintrittsgelder | 300,00 EUR |
> |---|---|
> | − 19 % MwSt | 47,90 EUR |
> | | 252,10 EUR |
> | − Schiedsrichtergebühren | 50,00 EUR |
> | − Kabinenreinigung | 50,00 EUR |
> | verbleibender Betrag | 152,10 EUR |
> | davon 50 % an Gastverein | 76,05 EUR |

Der Gastverein hat aus seinem hälftigen Anteil nicht nochmals Mehrwertsteuer an das Finanzamt zu bezahlen. Sollte der gastgebende Verein aus den Eintrittsgeldern 50 % (= 150,00 Euro) an den Gastverein abführen, muss er aus seinem verbleibenden Anteil (79,31 Euro) die gesamte Umsatzsteuer (47,90 Euro) bezahlen. Dem gastgebenden Verein verbleiben dann gerade einmal 2,10 Euro!

Reitpferd, Verkauf

Der Verein verkauft an ein Mitglied ein Reitpferd, welches ausschließlich für den Reitunterricht genutzt wurde, für 7.000 Euro. Der Verein hat sich gegenüber dem Käufer des Pferdes zusätzlich verpflichtet, zwei Jahre lang kostenlos Pferdepension (Wert insgesamt 2.000 Euro) zu gewähren.

Lösung:

Da das Reitpferd für den Reitunterricht genutzt wurde (steuerbegünstigter Zweckbetrieb), ist auch die Einnahme aus dem Verkauf dort zu buchen. Die Zuordnung der Einnahme aus dem Verkauf von Gegenständen des Anlagevermögens richtet sich immer nach der jeweiligen vorherigen Nutzung im Verein. Da die Pferdepension aber einen steuerpflichtigen wirtschaftlichen Geschäftsbetrieb darstellt, muss die Einnahme wie folgt aufgeteilt werden:

Einnahme Reitpferd	5.000 EUR
+ Übernahme Pferdepension für 2 Jahre	2.000 EUR
	7.000 EUR
Ausgaben:	
Pferdepension lfd. Jahr	1.000 EUR

Buchung:

0956 Bank Reitsportabteilung
an 5782 Sonstige betriebliche Erträge (Verkauf Inventar) 0 % USt

0956 Bank Reitsportabteilung
an 8007 Einnahmen Pferdepension 19 % USt

8173 Sonstige betriebliche Aufwendungen (Pferdepension)
an 0956 Bank Reitsportabteilung

Reitunterricht

Die Reitsportabteilung „Wilde Reiter" erteilt Reitunterricht an Mitglieder (3.000 Euro) und Nichtmitglieder (6.000 Euro). Der Reitsportlehrer, Dieter Ross, erhält für seine Tätigkeit eine Vergütung von 4.000 Euro.

Lösung:

Sportkurse und Sportlehrgänge für Mitglieder **und** Nichtmitglieder von Sportvereinen sind bei Anwendung des § 67 a Abs. 3 AO als Zweckbetrieb zu behandeln, wenn kein Sportler als Ausbilder teilnimmt, der wegen seiner Betätigung in dieser Sportart als bezahlter Sportler i. S. des § 67 a Abs. 3 AO anzusehen ist. Die Bezahlung von Trainern und Übungsleitern berührt die Zweckbetriebseigenschaft nicht.

Ein Reitlehrer kann selbstständig tätig sein, da er oftmals neben dem Reitunterricht im Verein auch Einzelstunden erteilt. Nach Rücksprache mit der Deutschen Rentenversicherung (DRV Bund) in Berlin ist von einer Selbstständigkeit auszugehen.

Buchung:

0956 Bank Reitsportabteilung
an 5704 Einnahmen aus Kursen/Sport 0 % USt (Einnahmen Reitkurs)

und

5305 Personalkosten Trainer/Übungsleiter
an 0956 Bank Reitsportabteilung

Schlachtenbummler

Die Tischtennisabteilung steht kurz vor dem Aufstieg. Der Verein organisiert deshalb eine Fahrt für Schlachtenbummler zum nächsten Meisterschaftsspiel. Er tritt nach außen nicht als Veranstalter auf. Der Abteilungsleiter kassiert zwar die Fahrkosten, leitet diese aber in voller Höhe (400 Euro) an den Busunternehmer weiter.

Lösung:

Der Verein organisiert zwar die Fahrt, übernimmt z. B. aber für die Beförderung keine Garantie, trägt kein Risiko, bekommt vom Busunternehmen für die Zusammenstellung der Reiseteilnehmer kein Entgelt, muss die vollen Fahrtkosten an den Busunternehmer abführen etc. Damit wird der Verein nicht selbst als Unternehmer tätig. Rechtsbeziehungen ergeben sich nur zwischen Busunternehmer und den jeweiligen Reiseteilnehmern. Beim Verein liegt lediglich ein durchlaufender Posten vor, der keine Umsatzsteuerpflicht nach § 10 Abs. 1 Satz 4 UStG auslöst.

Buchung:

Daher muss folgendermaßen gebucht werden:

0933 Kasse Tischtennisabteilung
an 0870 Durchlaufende Posten Einnahmen

Fallbeispiele und Musterlösungen

0870 Durchlaufende Posten Ausgaben
an 0933 Kasse Tischtennisabteilung

Schwimmbad

Der Verein unterhält ein vereinseigenes Schwimmbad, welches auch in Absprache mit der Stadt für die Bevölkerung (Nichtmitglieder) gegen Eintrittsgebühr offen steht. Die Eintrittsgebühr beträgt 3 Euro. Die Mitglieder des Vereins können das Freibad mit Zahlung des allgemeinen Vereinsbeitrags „unentgeltlich" nutzen.
Eintrittsgelder 9.000 Nichtmitglieder × 3 Euro = 27.000 Euro
In Übereinkunft mit dem Finanzamt wurde der Anteil Mitglieder, die das Freibad nutzen, auf durchschnittlich 20 % v. 120.000 Euro (s. Beiträge) festgelegt.
Für Wasser und Wasserreinigung fallen jährlich 46.000 Euro an, für Reparaturkosten Ausstattung 10.000 Euro, für Gebäudekosten 15.000 Euro, für Strom 8.000 Euro, für Heizung 12.000 Euro, für Versicherung 2.000 Euro und für Verwaltungskosten 3.000 Euro.
Im Rahmen einer Defizitbezuschussung erhielt der Verein einen Zuschuss zu den Betriebskosten Bad in Höhe von 50.000 Euro und einen Zuschuss für Übungsleiter von 5.260 Euro.

Lösung:

Da mit der Zahlung der Mitgliedsbeiträge nicht nur die den Gesamtbelangen sämtlicher Mitglieder dienenden satzungsgemäßen Gemeinschaftszwecke erfüllt werden, sondern auch Sonderbelange den einzelnen Mitgliedern zukommen, sind die Beiträge in sog. echte und unechte aufzuteilen. Dies gilt auch dann, wenn ein Mitglied im Einzelfall trotz Beitragszahlung auf die Nutzung des Schwimmbades verzichtet.

Buchung:

Auf dieser Grundlage ist zu buchen wie folgt:

0920 Kasse
an 6010 Eintrittsgelder Gäste 7 % USt

2110 Echte Mitgliedsbeiträge bis 256 Euro

an 6011 Eintrittsgelder Mitglieder 7 % USt

0950 Bank
an 6020 Zuschuss Betriebskosten

0950 Bank
an 2302 Zuschüsse von Behörden (Übungsleiterzuschuss)

6332 Wasser und Wasserreinigung
an 0950 Bank

6302 Reparaturkosten Ausstattung
an 0950 Bank

6330 Gebäudekosten, Andere Zweckbetriebe
an 0950 Bank

6331 Strom
an 0950 Bank

6333 Heizung
an 0950 Bank

6353 Versicherung
an 0950 Bank

6340 Verwaltungskosten, Andere Zweckbetriebe
an 0950 Bank

Showauftritt der Tanzsportabteilung

Das Spitzen-Lateinpaar „Schmidtchen/Schleicher" tritt anlässlich der Eröffnungsfeier eines Autohauses als Highlight auf. Für diesen Auftritt vereinnahmt der Verein 500 Euro.

Lösung:

Eine sportliche Veranstaltung liegt auch dann vor, wenn ein Sportverein in Erfüllung seiner Satzungszwecke im Rahmen einer Veranstaltung einer anderen Person oder Körperschaft eine sportliche Darbietung erbringt. Die Veranstaltung, bei der die sportliche Darbietung präsentiert wird, braucht keine steuerbegünstigte Veranstaltung zu sein.

Bei dem Auftritt des Tanzpaares handelt es sich demzufolge um eine steuerbegünstigte sportliche Veranstaltung. Die Einnahme ist mit 7 % umsatzsteuerpflichtig.

Buchung:

0958 Bank Tanzsportabteilung
an 5065 Einnahmen 7 % USt

Praxis-Tipp

Sollte das Geld oder ein Teil davon vom Verein an die Sportler ausbezahlt werden, so handelt es sich dabei um abgabepflichtigen Arbeitslohn. Etwas anderes würde nur im Fall von nachgewiesenen Auslagen (z. B. km-Geld) gelten. Nachweis heißt aber, dass Aufzeichnungen über die gefahrenen km geführt werden. Diese könnten dann bei Benutzung eines privaten Pkw mit 0,30 Euro/Kilometer steuer- und sozialversicherungsfrei ausbezahlt werden.

Skatturnier

Die AH der Fußballabteilung veranstaltet am Vatertag ein Skatturnier. Von den Skatspielern werden Startgelder von insgesamt 2.000 Euro erhoben.

Lösung:

Ein wesentliches Element des Sports ist nach § 52 Abs. 2 Nr. 2 AO die körperliche Ertüchtigung. Skat ist nach einem BFH-Urteil v. 12.2.2000 kein Sport im Sinne des Gemeinnützigkeitsrechts. Gleiches gilt für Bridge, Gospiel, Gotcha und Paintball.

Führt ein gemeinnütziger Sportverein Skatwettspiele durch und werden von den Mitgliedern Beträge zur Deckung der Kosten und zur Auszahlung von Preisen vereinnahmt, sind die gesamten Einnahmen mit 19 % umsatzsteuerpflichtig.

Buchung:

0922 Kasse Fußballabteilung
an 8003 Erlöse 19 % USt (z. B. „Startgelder gesellige Veranstaltungen")

Skihütte

Die neu gegründete Skiabteilung unterhält eine Skihütte im Allgäu mit 50 Übernachtungsmöglichkeiten. Im Veranlagungsjahr wurde die Hütte wie folgt genutzt:

1. 350 Übernachtungen × 5 Euro an Jugendliche (Mitglieder des Vereins) zu sportlichen Zwecken (Rennen, Training, Meisterschaften etc.),
2. 400 Übernachtungen × 5 Euro an Jugendliche zu Freizeitmaßnahmen,
3. 200 Übernachtungen × 8 Euro an Schulklassen und Jugendliche (Mitglieder anderer Sportvereine) zu Erziehungs- und Ausbildungszwecken,
4. 500 Übernachtungen × 10 Euro an Erwachsene (Mitglieder und Nichtmitglieder des Vereins),
5. 50 Übernachtungen × 10 Euro an Betreuer der zu 1. bis 3. genannten Jugendlichen.

Die Vorsteuerbeträge des Vereins betragen im Veranlagungsjahr 12.000 Euro.

Lösung:

Die unter 1. bis 3. und 5. aufgeführten Übernachtungen sind steuerbar, aber nach § 4 Nr. 23 UStG steuerfrei, da die Aufnahme zur Erziehung, Ausbildung oder Fortbildung von Personen, die das 27. Lebensjahr noch nicht vollendet haben, innerhalb des Veranlagungszeitraums überwiegt (1.000 Übernachtungen begünstigt, 500 Übernachtungen nicht begünstigt = begünstigte Übernachtungen mehr als 50 %).
Die Übernachtung an Erwachsene – unabhängig dessen, ob Mitglieder oder Nichtmitglieder des Vereins – ist nicht befreit, da § 4 Nr. 12 und 23 UStG nicht zum Ansatz kommen. Da es sich bei diesen Leis-

Fallbeispiele und Musterlösungen

tungen auch nicht um solche aus sportlichen Veranstaltungen handelt, entfällt der ermäßigte Steuersatz nach § 12 Abs. 2 Nr. 8 UStG. Bezüglich der Vorsteueraufteilung ist wie folgt zu verfahren:

- Gesamtübernachtungen 1.500 3/3
- davon steuerfreie Übernachtungen 1.000 2/3
- steuerpflichtige Übernachtungen 500 1/3

Die Vorsteuerbeträge sind zu 1/3 abzugsfähig (= 4.000 Euro) und zu 2/3 nicht abzugsfähig (= 8.000 Euro).

Buchung:

0962 Bank Skiabteilung
an 5744 Einnahmen aus Sportunterricht Jugendhilfe 0 % USt
0962 Bank Skiabteilung
an 8006 Erlöse aus Leistungen 19 % USt

Sponsoring, Namenswerbung durch Sponsor

Die Getränkefirma „Flüssig-Fit-GmbH" fördert die Jugendarbeit des Vereins mit einer jährlichen Überweisung von 10.000 Euro. Der Verein hat der Firma gestattet, in Publikationen der Firma auf dieses Engagement hinzuweisen.

Die Getränkefirma versieht alle Flaschen mit dem Aufdruck „Mit jedem Schluck unterstützen wir die Jugendarbeit des SKV Insolvenza".

Lösung:

Ein wirtschaftlicher Geschäftsbetrieb liegt nicht vor, wenn ein steuerbegünstigter Verein dem Sponsor nur die Nutzung seines Namens zu Werbezwecken in der Weise gestattet, dass der Sponsor selbst zu Werbezwecken oder zur Imagepflege auf seine Leistungen an den Verein hinweist. Der Verein wirkt in diesem Fall nicht aktiv an der Werbung mit.
Die Einnahmen sind dem ideellen Bereich zuzuordnen und nach Abschn. 1.1 Abs. 23 UStAE umsatzsteuerfrei.

Buchung:

0950 Bank
an 4204 Erlöse Namenswerbung 7 % USt

Sponsoring, Vermögensverwaltung

Drei Sponsoren haben sich mit je 5.000 Euro an den Kosten des Jubiläumsballs beteiligt.
Auf der Einladung zum Jubiläumsball wird den Sponsoren Reisebüro, Möbelhaus und Elektrohandel für die freundliche Unterstützung wie folgt gedankt:

Mit freundlicher Unterstützung durch

Globus-Reisen   Möbelhaus Sperrmüll   Elektro-Birne-GmbH

Lösung:
Ein wirtschaftlicher Geschäftsbetrieb liegt nicht vor, wenn der Empfänger der Leistungen z. B. auf Plakaten, Veranstaltungshinweisen, in Ausstellungskatalogen oder in anderer Weise auf die Unterstützung durch einen Sponsor lediglich hinweist. Dieser Hinweis kann unter Verwendung des Namens, Emblems oder Logos des Sponsors, jedoch ohne besondere Hervorhebung, erfolgen.
Die Einnahmen sind dem ideellen Bereich zuzuordnen und nach Abschn. 1.1 Abs. 23 UStAE umsatzsteuerfrei.
Die Ausgaben sind beim Sponsor als Betriebsausgaben in vollem Umfang gewinnmindernd zu berücksichtigen.

Buchung:

0950 Bank
an 4204 Erlöse Namenswerbung 7 % USt (bloße Danksagung)

Sponsoring, wirtschaftlicher Geschäftsbetrieb

Die Damen-Fußball-Mannschaft (unbezahlte Sportlerinnen) erhält aufgrund eines Ausrüstervertrags mit dem Sporthaus jährlich
- einen Satz Trikots (Wert 2.500 Euro),
- Sportgeräte (Wert 2.000 Euro) und
- einen Geldbetrag von 15.000 Euro zur Verfügung gestellt.

Das Sporthaus erhält als Gegenleistung die Zusage einer Seite „Werbung" im Stadionblatt, der Beflockung des Logos auf den Trikots sowie der Lautsprecherdurchsage bei allen Heimspielen.

Lösung:

Unter Sponsoring wird üblicherweise die Gewährung von Geld oder geldwerten Vorteilen durch Unternehmen zur Förderung von Personen, Gruppen und/oder Vereinen in sportlichen und kulturellen Bereichen verstanden, mit der regelmäßig auch eigene unternehmensbezogene Ziele der Werbung oder Öffentlichkeitsarbeit verfolgt werden. Leistungen eines Sponsors beruhen häufig auf einer vertraglichen Vereinbarung zwischen dem Sponsor und dem Empfänger der Leistungen (Sponsoring-Vertrag), in dem Art und Umfang der Leistungen des Sponsors und des Empfängers geregelt sind.

Ein wirtschaftlicher Geschäftsbetrieb liegt vor, wenn der Verein an den Werbemaßnahmen mitwirkt. Mit einer Trikotwerbung wirkt ein Verein bereits durch Duldung des Werbeaufdrucks auf den Trikots aktiv an Werbemaßnahmen mit.

Die Einnahmen sind mit dem vollen Steuersatz (19 %) zu versteuern.

Da die Aufwendungen der Damen-Mannschaft dem steuerbegünstigten Zweckbetrieb „Sportliche Veranstaltungen ohne bezahlte Sportler" zuzurechnen sind, dürfen die Einnahmen aus Sponsoring nicht verrechnet werden.

Buchung:

Da es sich bei den Damen um unbezahlten Sport handelt, wurde das neue Konto 8015 angelegt.

5605 Sportbekleidung
an 8015 Einnahmen aus Werbung Reklameflächen (Trikotwerbung) 19 % USt

5630 Betriebskosten Ausstattung Sportgeräte
an 8016 Sonstige Werbeeinnahmen 19 % USt (Werbung auf Sportgeräte)

0953 Bank Damenfußball
an 8016 Sonstige Werbeeinnahmen 19 % USt (Sponsoring)

Sportanlagen, Vermietung

Die Tennisabteilung vermietet Tennisplätze an Mitglieder (8.000 Euro) und Nichtmitglieder (2.000 Euro) stundenweise.

Lösung:

Die Überlassung von Sportanlagen zählt nicht zu den Zweckbetrieben „sportliche Veranstaltungen". Sie ist an Mitglieder ein steuerbegünstigter Zweckbetrieb eigener Art; an Nichtmitglieder ein wirtschaftlicher Geschäftsbetrieb.

Auch die Vermietung von Freiplätzen ist – unabhängig des geringen Anteils an Betriebsvorrichtungen (Netz, Bank etc.) – aufgrund geänderter Rechtsprechung in vollem Umfang umsatzsteuerpflichtig. Die Einnahmen von Mitgliedern sind mit 7 % USt, von Nichtmitgliedern mit 19 % USt zu versteuern.

Für die in unmittelbarem Zusammenhang mit steuerpflichtigen Einnahmen stehenden Ausgaben können bei Vorliegen entsprechender Rechnungen die darin enthaltenen und ausgewiesenen Umsatzsteuerbeträge im Rahmen des Vorsteuerabzugs geltend gemacht werden.

Buchung:

0929 Kasse Tennisabteilung
an 5105 Platzgebühren 7 % USt, Überlassung Sportanlagen an Mitglieder

0929 Kasse Tennisabteilung

an 8018 Kurzfristige Benutzungsgebühren von Nichtmitgliedern 19 % USt

Sportbetrieb, allgemeine Kosten

Für den allgemeinen Sport-, Trainings- und Wettkampfbetrieb hat der Verein im laufenden Jahr insgesamt 300.000 Euro aufgewendet.

Buchung:

5570 Allgemeine Kosten des Sportbetriebs, Zweckbetriebe Sport

an 0950 Bank

Sportgeräte, Verleih

Der SKV Insolvenza geht mit der Zeit und bietet einen Einsteigerkurs „Wie walke ich nordic richtig" an. Neben der Kursgebühr erhebt er von Mitgliedern eine Leihgebühr für Stöcke von 2 Euro (gesamt 60 Euro) und von Nichtmitgliedern 5 Euro (gesamt 50 Euro).

Lösung:

Zu den nach § 4 Nr. 22a UStG umsatzsteuerfreien Einnahmen gehören auch solche aus der Erteilung von Sportunterricht, soweit dieser im Rahmen eines Zweckbetriebs i. S. des § 67a AO durchgeführt wird. Die Steuerbefreiung gilt unabhängig davon, ob der Sportunterricht Mitgliedern des Vereins oder anderen Personen erteilt wird. Der Verleih von Sportgeräten (hier: Walking-Stöcke) an Mitglieder ist dagegen als Zweckbetrieb mit 7 % umsatzsteuerpflichtig. Erfolgt der Verleih an Nichtmitglieder, entfallen auf die Einnahmen 19 % Mehrwertsteuer.

Buchung:

0920 Kasse

an 5100 Leistungen gegenüber Mitgliedern 7 % USt

0920 Kasse

an 8008 Erlöse aus Leihgebühren 19 % USt

Sporthalle, Vermietung

Der Verein vermietet seine Sporthalle jeden Montag an den Nachbarverein für dessen Sportbetrieb. Die jährliche Pachteinnahme beträgt 3.600 Euro, die anteiligen Kosten betragen 1.600 Euro.

Lösung:

Bei Vermietung von Sportstätten einschließlich der Betriebsvorrichtungen für sportliche Zwecke ist zwischen der Vermietung auf längere Dauer und der Vermietung auf kurze Dauer (z. B. stundenweise Vermietung, auch wenn die Stunden für einen längeren Zeitraum im Voraus festgelegt werden) zu unterscheiden.

Da der Verein nicht nur stundenweise, sondern ganztägig und auch die gesamte Sporthalle und nicht nur anteilige Flächen vermietet, liegt eine Vermietung auf längere Dauer vor. Der Verein ist im Übrigen auch von der Nutzung der Halle montags ausgeschlossen.

Die Vermietung auf längere Dauer ist dem Bereich der steuerfreien Vermögensverwaltung zuzuordnen, aber mit 7 % umsatzsteuerpflichtig.

Nach der neueren Rechtsprechung fällt bei einer dauerhaften Vermietung einer Turnhalle keine Umsatzsteuer an. Allerdings gibt es dann auch keinen Vorsteuerabzug.

Buchung:

0950 Bank
an 4120 Einnahmen aus Vermietung Sportstätten für längere Dauer 7 % USt

4750 Grundstücksaufwendungen
an 0950 Bank

Sportkleidung, Kauf und Reinigung

Der Verein kauft per Sammelbestellung je 20 Trikots für die Aktiven (bezahlter Sportler) und die Altherrenmannschaft der Fußballabteilung. Das Sportgeschäft berechnet dafür je 600 Euro.
Die Trikots der 1. Mannschaft werden von einem Mitglied regelmäßig wöchentlich gewaschen. Dafür erhält das Mitglied „Clementine

Zuber" je Trikot 1,50 Euro. Bei zwanzig Trikots und viermaliger monatlicher Reinigung erhält Clementine 1.440 Euro jährlich.

Lösung:

Der Rechnungsbetrag der Sportkleidung muss je nach Verwendung den einzelnen Bereichen (Zweckbetrieb und wirtschaftlicher Geschäftsbetrieb) zugeordnet werden.

Die Aufwendungen für das Reinigen der Sportkleidung sind im vorliegenden Fall als Auslagenersatz (Wasser, Strom, Waschpulver etc.) zu werten. Etwas anderes gilt, wenn mit einer geringen Vergütung nicht nur Auslagen, sondern auch Arbeitszeit vergütet werden soll. Dann liegt, soweit keine detaillierte Aufstellung über Auslagen gemacht wurde, insgesamt abgabepflichtiger Arbeitslohn vor.

Buchung:

5605 Sportkleidung, Zweckbetriebe Sport

an 0952 Bank Fußballabteilung

und

7416 Sportkleidung, Wirtschaftlicher Geschäftsbetrieb

an 0952 Bank Fußballabteilung

Für die Verbuchung des Aufwands für die Reinigung der Trikots der Spieler der 1. Mannschaft ist für den DATEV-Kontenrahmen SKR 49 ein neues Konto einzurichten, z. B.:

7417 Reinigung Sportkleidung, Wirtschaftlicher Geschäftsbetrieb

an 0952 Kasse Fußballabteilung

Sportlerball

Nach Abschluss des Tischtennis-Turniers findet am Abend die Siegerehrung statt. Hierzu hat die Abteilungsleiterin, Ludmilla Ping-Pong, die Stadthalle angemietet, das Showorchester „Schräge Töne" engagiert und den über die Stadtgrenzen hinaus bekannten Caterer, Roy Käferle, verpflichtet.

In der Ausschreibung zum Turnier war Folgendes zu lesen: Startgeld einschl. Abendveranstaltung für Aktive: 50 Euro; Passive 25 Euro. Insgesamt kamen 2.325 Euro zusammen.
Beginn der Abendveranstaltung ist 20 Uhr. Nach den Grußworten des Ministerpräsidenten, des Verbandsvorsitzenden und des Vereinsvorsitzenden werden die erfolgreichen Sportler geehrt. Ab 21 Uhr ist der offizielle Teil vorbei. Ende der Abendveranstaltung ist für 1 Uhr vorgesehen.

Lösung:

Unabhängig von der „hochkarätigen" Besetzung der Grußredner und der Sportlerehrung handelt es sich um keine sportliche Veranstaltung sondern um eine gesellige Veranstaltung. Diese ist als steuerpflichtiger wirtschaftlicher Geschäftsbetrieb zu behandeln, da der zeitliche Rahmen des geselligen Beisammenseins gegenüber den Grußworten und der Sportlerehrung überwiegt.
Aus den Einnahmen der Aktiven sind 25 Euro als Startgeld den Einnahmen aus sportlichen Veranstaltungen zuzurechnen und 25 Euro als Eintrittsgeld aus geselliger Veranstaltung.

Buchung:

0933 Kasse Tischtennis

an 8002 Eintrittsgelder aus geselligen Veranstaltungen 19 % USt

Sportreise

Die Turnabteilung fährt zum Landesturnfest und übernimmt für den Topturner des Vereins „Boris Gelenki" Aufwendungen für die An- und Abreise und die Unterbringung. Diese betragen 250 Euro.

Lösung:

Sportreisen sind als sportliche Veranstaltungen anzusehen, wenn die sportliche Betätigung wesentlicher und notwendiger Bestandteil der Reise ist (z. B. Reise zum Wettkampfort). Reisen, bei denen die Erholung der Teilnehmer im Vordergrund steht (Touristikreisen), zählen dagegen nicht zu den sportlichen Veranstaltungen, selbst wenn anlässlich der Reise auch Sport getrieben wird.

Eine Begrenzung der Aufwendungen auf 40 Euro je Teilnehmer ist aus gemeinnützigkeitsrechtlichen Gründen nicht vorzunehmen, da es sich um eine vom Verein veranlasste Sportreise handelt. Der Verein kann die anfallenden Kosten für die aktiven Sportler in voller Höhe übernehmen.

Buchung:

5500 Reisekosten für aktive Mitglieder
an 0960 Bank Turnabteilung

Standgebühr, Schießanlage

Der Abteilungsschatzmeister „Karl Kimme" erhebt von den Mitgliedern der Schießsportabteilung für die Benutzung der Schießsportanlage „Im Korn" folgende Gebühren:

- Einnahmen aus Standgebühren (Trainingsbetrieb)   1.500 Euro
- Munitionsverkauf bei Meisterschaftsschießen   500 Euro

Anteilige Kosten (Munitionskauf, Energiekosten Schießanlage, AfA etc.) betragen 1.244 Euro.

Lösung:

Die Standgebühr ist als Überlassung von Sportanlagen an Mitglieder eine Einnahme im steuerbegünstigten Zweckbetrieb. Die Einnahme in vollem Umfang umsatzsteuerpflichtig.
Auch der Verkauf der Munition zählt zu den Einnahmen aus steuerbegünstigtem Zweckbetrieb.

Buchung:

0957 Bank Schießsportabteilung
an 5105 Platzgebühren 7 % USt

und

0957 Bank Schießsportabteilung
an 5250 Sonstige Einnahmen Zweckbetrieb Sport (Munitionsverkauf) 7 % USt

und

5570 Allgem. Kosten Sportbetrieb (Munitionskost., Energiekost. Schießanlage, Afa etc.)
an 0957 Bank Schießsportabteilung

Standgebühr Vereinsjubiläum

Anlässlich des 100-jährigen Vereinsjubiläums findet auf dem Vereinsgelände ein viertägiges Jubiläumsfest mit allerlei Attraktionen statt. U. a. hat man für die Kinder eine „Handwerkergasse" aufgebaut. Verschiedene Handwerksberufe stellen sich an einzelnen Ständen dar und geben den Kindern Gelegenheit, sich selbst zu betätigen. (Schreiner lassen hobeln, Gärtner lassen pflanzen, Töpfer lassen kneten.)
Der Verein erhebt von den Handwerkern ein Standgeld von 100 Euro, insgesamt erhält er so 1.500 Euro.

Lösung:

Bei den Einnahmen aus Standgeld handelt es sich nicht um eine reine Vermietung und Verpachtung von Grundstücksteilen, sondern um Verträge besonderer Art.
Die Einnahmen sind dem steuerpflichtigen wirtschaftlichen Geschäftsbetrieb zuzurechnen.

Buchung:

0950 Bank

an 8100 Sonstige betriebliche Erträge 19 % USt, Sonstige Geschäftsbetriebe
(hier: Standgebühr Festplatz)

Steuerberatungskosten

Die Einnahme-Überschuss-Rechnung und die Steuererklärungen des Vereins werden von einem Steuerberater für 1.500 Euro erstellt.

Lösung:

Da die Einnahme-Überschuss-Rechnung alle vier Bereiche betrifft, sind die Aufwendungen anteilig dem ideellen Bereich, der Vermögensverwaltung, dem steuerbegünstigten Zweckbetrieb und dem steuerpflichtigen wirtschaftlichen Geschäftsbetrieb zuzuordnen. Der anteilige Umfang wurde geschätzt:

- ideeller Bereich 10 %
- Vermögensverwaltung 10 %
- Zweckbetrieb „unbezahlter Sport" 20 %
- steuerpflichtiger wirtschaftlicher Geschäftsbetrieb „bezahlter Sport" 20 %
  und
- übrige wirtschaftliche Geschäftsbetriebe 40 %

Buchung:
Die prozentuale Aufteilung ist folgendermaßen zu buchen:

2850 Steuerberatungskosten, ideeller Bereich
an 0950 Bank

4850 Steuerberatungskosten, Vermögensverwaltung
an 0950 Bank

5655 Steuerberatungskosten, Zweckbetriebe Sport
an 0950 Bank

Um die Kosten für den bezahlten Sport zu buchen, wurde ein neues Konto 7550 angelegt, damit der Aufwand nicht auf einem Sammelkonto bzw. auf ein Konto „Sonstige Ausgaben" aufläuft:

7550 Steuerberatungskosten, wirtschaftliche Geschäftsbetriebe, bezahlter Sport
an 0950 Bank

8350 Steuerberatungskosten, wirtschaftliche Geschäftsbetriebe
an 0950 Bank

Praxis-Tipp

Auch für weitere Ausgaben (z. B. Energiekosten, Büromaterial, Personalkosten etc.) stellt sich die Frage der genauen Zuordnung zu einzelnen Bereichen. Für die anteilige Zuordnung können die Nutzflächen, der zeitliche Anteil, die Einnahmen etc. maßgebend sein.

Tennishalle, Nutzung

Die Tennishalle wird zu 25 % für den eigenen Trainingsbetrieb genutzt, zu 50 % an Mitglieder (Stunde 15 Euro) und zu 25 % an Nichtmitglieder (Stunde 20 Euro) vermietet.
Einnahmen für die Zeit vom 1. April bis 31. Dezember sind eingegangen von

- Eigennutzung   20.000 Euro
- Mitgliedern   40.000 Euro
- Nichtmitgliedern   15.000 Euro

Lösung:

Die Vermietung von Sportstätten und Betriebsvorrichtungen auf kurze Dauer (hierzu zählt auch die auf einen längeren Zeitraum im Voraus festgelegte stundenweise Vermietung) schafft lediglich die Voraussetzungen für sportliche Veranstaltungen. Sie ist jedoch selbst keine „sportliche Veranstaltung", sondern ein wirtschaftlicher Geschäftsbetrieb eigener Art.

Dieser ist als **Zweckbetrieb** anzusehen, wenn es sich bei den Mietern um Mitglieder des Vereins handelt.

Bei der Vermietung auf kurze Dauer an Nichtmitglieder tritt der Verein dagegen in größerem Umfang in Wettbewerb zu nicht begünstigten Vermietern. Es liegt damit ein **steuerpflichtiger wirtschaftlicher Geschäftsbetrieb** vor.

Die Einnahmen aus der Vermietung von Sportanlagen unterliegen in vollem Umfang der Umsatzbesteuerung (Mitglieder = 7 %, Nichtmitglieder = 19 %).

Um den vollen Vorsteuerabzug aber zu erhalten, muss die Nutzung für den eigenen Trainingsbetrieb ebenfalls versteuert werden. Aus Vereinfachungsgründen werden die Preise für die Platznutzung durch die Mitglieder (= kostendeckende Kalkulation) herangezogen.

> **Hinweis**
>
> Seit dem 01.01.2013 gilt für den Vorsteuerabzug das strikte Trennungsprinzip. Der Verein muss bei jeder Eingangsrechnung ggf. die Vorsteuer in einen nichtabzugsfähigen Teil (für nicht unternehmerische Zwecke)

und in einen abzugsfähigen Teil (für unternehmerische Zwecke) aufteilen.

Buchung:

Die Einnahmen aus „Eigennutzung" (20.000 Euro) werden folgendermaßen gebucht:

5670 Verrechnete Kosten
an 5111 Hallengebühren 7 % USt

Analog hierzu sind auch die Einnahmen aus Vermietung der Halle an Mitglieder (40.000 Euro) zu verbuchen:

0959 Bank Tennisabteilung
an 5110 Hallengebühren 7 % USt

Die Einnahmen aus Vermietung an Nichtmitglieder (= 15.000 Euro) sind mit 19 % umsatzsteuerpflichtig, deshalb lautet der Buchungssatz folgendermaßen:

0959 Bank Tennisabteilung
an 8018 Kurzfristige Benutzungsgebühren von Nichtmitgliedern 19 % USt

> **Praxis-Tipp**
>
> Verlangen Sie unterschiedliche Stundensätze! Werden die Nutzungsgebühren von Mitgliedern und Nichtmitgliedern in ein und derselben Höhe erhoben, liegt insgesamt ein steuerpflichtiger wirtschaftlicher Geschäftsbetrieb vor. Nicht nur, dass der Verein Mitglieder verärgert, zahlt er darüber hinaus auch noch mehr (19 % statt 7 % Umsatzsteuer, ggf. Körperschaft- und Gewerbesteuer) an das Finanzamt und die Gemeinde. Die erhobenen Stundensätze müssen aber kostendeckend sein, wegen möglicher unzulässiger Mittelzuwendung an Mitglieder.

Tombola

Beim Jubiläumsball werden Einnahmen aus dem Losverkauf in Höhe von 5.000 Euro erzielt. Der Überschuss soll je zur Hälfte der Jugend- und Seniorenarbeit zugutekommen. Für Tombola-Lose und zugekaufte Gewinne musste der Verein 1.000 Euro ausgeben. An

Sachspenden kamen für die Tombola 2.500 Euro zusammen. Die Spender erwarten vom Verein Spendenbescheinigungen.

Lösung:
Lotterien und Ausspielungen sind ein Zweckbetrieb, wenn sie von den zuständigen Behörden genehmigt sind oder nach den jeweiligen landesrechtlichen Bestimmungen wegen des geringen Umfangs der Tombola oder Lotterieveranstaltung per Verwaltungserlass pauschal als genehmigt gelten. Die sachlichen Voraussetzungen und die Zuständigkeit für die Genehmigung bestimmen sich nach den lotterierechtlichen Verordnungen der Länder.

Buchung:

0920 Kasse
an 6005 Umsatzerlöse 7 % USt, Andere Zweckbetriebe (hier: Losverkauf)

6300 Sonstige betriebliche Aufwendungen (Ausgaben Tombola)
an 0920 Kasse

6300 Sonstige betriebliche Aufwendungen (Ausgaben Tombola)
an 3225 Sachspenden/-zuwendungen gegen Quittung

Trainingslager

Die Handballabteilung (ohne bezahlte Sportler) fährt zu einem 14-tägigen Trainingslager nach Spanien. Die Aufwendungen dieses Trainingslagers betragen für den 20-köpfigen Kader einschl. der fünf Begleitpersonen (Trainer, Physiotherapeut etc.) 6.000 Euro.

Lösung:

Ein Trainingslager ist immer dann eine Sportreise, wenn der Sport im Vordergrund steht. Die Kosten können in solchen Fällen gemeinnützigkeitsunschädlich in voller Höhe vom Verein übernommen werden.
Die Abgrenzung zwischen einem Vereinsausflug (40-Euro-Grenze) und einer sog. Zielveranstaltung, bei der diese Begrenzung nicht gilt, erfolgt danach, ob die Reise zumindest weitaus überwiegend im

Interesse des Vereins zur Erfüllung seiner satzungsmäßigen Aufgaben unternommen wird. Die Verfolgung privater Interessen, wie z. B. Erholung und Bildung, muss nach dem Anlass der Reise, dem vorgelegten Programm und der tatsächlichen Durchführung so gut wie ausgeschlossen sein.

Buchung:

5570 Allgemeine Kosten des Sportbetriebs
an 0955 Bank Handballabteilung

> **Praxis-Tipp**
>
> Insbesondere dann, wenn Sportreisen in das Ausland und/oder an attraktive touristische Orte gehen, sollte beachtet werden, dass die folgenden Punkte geprüft werden:
> - Teilnehmer (nur aktive Sportler?)
> - fachliche Organisation (Trainingsplan über gesamte Zeit?)
> - Gestaltung von Wochenenden
> - frei verfügbare Zeitabschnitte
> - dargebotene Information
> - Reiseroute
> - Charakter der aufgesuchten Orte (beliebte Tourismusorte?)

Trikotwerbung

„Dank" eines Fachverbandes hat der SKV Insolvenza einen Trikotsponsor gefunden, der zu einem sensationellen Preis von 200 Euro einen hochwertigen 14-teiligen Trikotsatz zur Verfügung stellt. Als Gegenleistung muss der Verein lediglich die Brustwerbung gemäß den einschlägigen Verbands-Normen für die Genehmigung von Werbung am Mann dulden. Der Ladenpreis der Trikots beträgt 1.200 Euro.

Lösung:

Beim Verein liegt in Höhe der ersparten Aufwendungen durch die Trikotwerbung ein steuerpflichtiger wirtschaftlicher Geschäftsbetrieb vor.

Wert des 14-teiligen Trikotsatzes	1.200,00 EUR
– Zahlung durch Verein	200,00 EUR
Geldwerter Vorteil	1.000,00 EUR

Buchung:

Der geldwerte Vorteil in Höhe von 1.000 Euro wird gebucht:

5605 Sportkleidung
an 8015 Werbeeinnahmen 19 % USt

Die Zahlung des Vereins für den Trikotsatz in Höhe von 200 Euro wird gebucht wie folgt:

5605 Sportkleidung
an 0950 Bank

Übungsleiter, Beitragsfreistellung

Die Übungsleiterin, Maren Geschmeidig, erhält eine monatliche Vergütung von 200 Euro (= 2.400 Euro im Jahr) für die Betreuung des Männerballetts „Storchenbeine". Lt. Satzung ist jeder Übungsleiter von der Zahlung des Mitgliedsbeitrags freigestellt. Der Jahresbeitrag beträgt normalerweise 120 Euro.

Lösung:

Die Übungsleiterin erhält durch die Beitragsfreistellung mehr als die steuerfreie Einnahme nach § 3 Nr. 26 EStG. Der übersteigende Betrag ist – soweit möglich – im Rahmen eines Minijobs anzumelden und 30 % = 36 Euro an die Minijobzentrale abzuführen.

Buchung:

5305 Personalkosten Trainer/Übungsleiter, Zweckbetriebe Sport
an 0950 Bank Hauptverein

5305 Personalkosten Trainer/Übungsleiter, Zweckbetriebe Sport
an 2110 Mitgliedsbeiträge, ideeller Bereich

5370 Minijobabgabe
an 0950 Bank

> **Praxis-Tipp**
>
> Für eine bessere Transparenz bei den Übungsleitervergütungen empfiehlt sich die Trennung in ein Fibukonto 5310 für Übungsleitervergütungen bis 2.400 Euro jährlich, da hier keine Abgabepflichten (Lohnsteuer, Sozialversicherung und VBG) entstehen, und in ein Fibukonto 5305, auf dem die Übungsleitervergütungen über 2.400 Euro verbucht werden. Über 2.400 Euro sind die Vergütungen beim Arbeitnehmer-Übungsleiter als Lohn steuer- und sozialversicherungspflichtig oder aber beim selbstständigen Übungsleiter von diesem in seiner Einkommensteuererklärung als selbstständige Einkünfte zu versteuern. Es könnte in der Kontenvergabe und getrennten Verbuchung also noch weiter differenziert werden zwischen Übungsleitern, die als Arbeitnehmer mehr als 2.400 Euro erhalten, und selbstständigen Übungsleitern. Das Konto 5370 Minijobabgabe wurde extra angelegt, um auch eine Kontrolle über abgeführte Abgaben zu erhalten.

Vereinsausflug

Der Verein veranstaltet seinen beliebten alljährlichen Herbstausflug. Die vom Verein übernommenen Kosten betragen 2.000 Euro. Es nehmen 50 Mitglieder am Ausflug teil.

Lösung:

Zuwendungen an Mitglieder sind bei einem gemeinnützigen Verein (s. eigene Satzung) nicht möglich.

„Mittel des Vereins dürfen nur für die satzungsmäßigen Zwecke verwendet werden. Die Mitglieder erhalten keine Zuwendungen aus den Mitteln des Vereins."

Eine Ausnahmeregelung besteht bei besonderen Vereinsanlässen (geselliger Vereinsausflug, Weihnachtsfeier, Jahresfeier etc.). Bei allen Vereinsanlässen darf zusammen je teilnehmendem Mitglied ein gemeinnützigkeitsunschädlicher Betrag von 40 Euro im Jahr den Mitgliedern aus der Vereinskasse gewährt werden.

Nichtmitgliedern gegenüber darf keine Bezuschussung einzelner Aktivitäten erfolgen.

Buchung:

2800 Mitgliederpflege
an 0950 Bank

Vereinsgaststätte

Der Verein hat seine bis zum 31.3. selbst bewirtschaftete Vereinsgaststätte nach einer gründlichen vom Pächter gewünschten Renovierung (40.000 Euro) ab 1. 4. an einen Gastwirt verpachtet. Die monatliche Pacht setzt sich wie folgt zusammen:

Pacht Gaststätte	1.500 EUR
Umlage Gaststätte	200 EUR
Miete Pächterwohnung	300 EUR
Umlage Pächterwohnung	100 EUR
Monatliche Zahlung	2.100 EUR

Anteilige Kosten sind im laufenden Jahr 6.910 Euro angefallen.

Einnahmen aus selbst bewirtschafteter Gaststätte	15.000 EUR
Ausgaben Speisen	2.000 EUR
Ausgaben Getränke	3.000 EUR
Energiekosten	1.500 EUR
Personalkosten	5.165 EUR

Lösung:

Bei Verpachtung einer zuvor selbst bewirtschafteten Vereinsgaststätte hat der Verein ein Wahlrecht, ob er gegenüber dem Finanzamt die Betriebsaufgabe erklären will oder ob die Verpachtung weiterhin wie ein selbst unterhaltener Geschäftsbetrieb versteuert werden soll.

Im Hinblick darauf, dass nach einer Betriebsaufgabeerklärung zu Buchwerten zur steuerfreien Vermögensverwaltung übergegangen werden kann, ist die Verpachtung ohne Betriebsaufgabeerklärung im Regelfall steuerlich nicht zu empfehlen.

Buchung:

Selbstbewirtschaftung:
Einnahmen aus Verkauf Speisen und Getränke:

0920 Kasse
an 8032 Erlöse 19 % USt Vereinsgaststätte

Fallbeispiele und Musterlösungen

Ausgaben für Speisen:

8152 Wareneingang 7 % Vorsteuer
an 0950 Bank

Ausgaben für Getränke:

8154 Wareneingang 19 % Vorsteuer
an 0950 Bank

Energiekosten:

8304 Strom, Gas, Wasser, Heizung (wirtschaftlicher Geschäftsbetrieb)
an 0950 Bank

Personalkosten:

8210 Löhne und Gehälter
an 0950 Bank

Grundstücksreparaturen:

4751 Grundstücksreparaturen, Vermögensverwaltung
an 0950 Bank

Verpachtung:
Für die Pachteinnahmen sowie die Umlage empfiehlt sich die Option zur Umsatzsteuerpflicht wegen eines Vorsteuerabzugs. Die Mieteinnahmen und Umlage für die Pächterwohnung sind von Gesetzes wegen umsatzsteuerfrei. Damit sind mit der Wohnung im Zusammenhang stehende Ausgaben nicht vorsteuerabzugsberechtigt.

Pacht- und Mieteinnahmen:

0950 Bank
an 4111 Miet- und Pachterträge 7 % USt (hier: Gaststätte)

0950 Bank
an 4113 Miet- und Pachterträge 0 % USt (hier: Pächterwohnung)

Umlagen:

0950 Bank	
an 4112 Umlage Gaststätte 7 % USt	
0950 Bank	
an 4114 Umlage Wohnung 0 % USt	

Anteilige Kosten:

4750 Grundstücksaufwendungen	
an 0950 Bank	

Vergütung an Ehrenamtliche

Der Vorsitzende des SKV Insolvenza, Lothar Ehrenkäs, erhält eine Aufwandsentschädigung von 3.600 Euro (monatlich 300 Euro). Einen Nachweis (Belege, km-Aufstellungen etc.) legt er nicht vor. Die monatliche Tätigkeitsdauer beträgt 15 Stunden.

Lösung:

Steuerfrei sind nur die Beträge, durch die Auslagen ersetzt werden (Auslagenersatz).
Pauschaler Auslagenersatz (ohne Einzelnachweis) führt regelmäßig zu Arbeitslohn. Der Verein hat ggf. zu prüfen, inwieweit die Minijob-Regelung möglich ist.
Liegt kein Arbeitsverhältnis vor, hat der ehrenamtlich Tätige eine Aufwandsentschädigung von jährlich mehr als 255 Euro in seiner Einkommensteuererklärung als sonstige Einkünfte zu erklären und zu versteuern.

Buchung:

Die jährliche Aufwandsentschädigung in Höhe von 3.600 Euro muss folgendermaßen verbucht werden:

2710 Aufwandsentschädigung	
an 0950 Bank	

> **Praxis-Tipp**
>
> Satzung prüfen! Aufwandsentschädigungen (zu unterscheiden vom Auslagenersatz) dürfen gemeinnützigkeitsunschädlich allerdings nur dann gezahlt werden, wenn
> - eine Vergütung an den Vorsitzenden lt. Satzung vereinbart ist und
> - die Vergütung angemessen ist.
>
> Ohne eine solche Vereinbarung sind Vorstandsämter ehrenamtlich und damit unentgeltlich auszuüben. Es dürfen gem. § 670 BGB lediglich tatsächlich **nachgewiesene** Auslagen aus der Vereinskasse ersetzt werden. Macht der Beauftragte (hier: Vorstand) zum Zwecke seiner Ausführung des Auftrags Aufwendungen, die er den Umständen nach für erforderlich halten darf, so ist der Auftraggeber (hier: SKV Insolvenza) zum Ersatz verpflichtet (§ 670 BGB). Gleiches gilt auch für die Ehrenamtspauschale in Höhe von 720 Euro. **Wichtig:** Ohne Satzungsgrundlage droht die Aberkennung der Gemeinnützigkeit!

> **Hinweis**
>
> Nach § 55 Abs. 1 Nr. 1 AO verstößt ein Verein gegen das Mittelverwendungsgebot und den Grundsatz der Selbstlosigkeit, wenn einem Organmitglied, das nach der Satzung ehrenamtlich arbeitet, ein Entgelt für die übernommene Tätigkeit bezahlt wird. Das FG München hat mit Urteil v. 21.11.2000 (bestätigt durch den BFH in einem nicht veröffentlichten Urteil) einem gemeinnützigen Verein die Gemeinnützigkeit entzogen, weil er dennoch einem Vorsitzenden eine Vergütung zukommen ließ.

Auch das Kammergericht Berlin mit Urteil v. 18.1.2007 und der BGH mit Urteil v. 3.12.2007 kamen zum Ergebnis, dass gegen die Satzung verstoßen wird, wenn ohne Grundlage Organmitgliedern eine Vergütung bezahlt wird.

Es ist deshalb unerlässlich, vor Auszahlung von Vergütungen an Organmitglieder die Satzung zu ändern.

Verpachtung der Werberechte

Der SKV Insolvenza hat seine gesamten Werberechte an eine Marketing-GmbH verpachtet.

Lösung:

Die entgeltliche Verpachtung der Werberechte ist je nach der Art der Werberechte Vermögensverwaltung oder aber steuerpflichtiger wirtschaftlicher Geschäftsbetrieb.
Zur ertragsteuerfreien – aber mit 7 % umsatzsteuerpflichtigen – Vermögensverwaltung zählt die Verpachtung der Werberechte (erzielte Einnahmen 2.000 Euro)

- an der Bande
- auf Eintrittskarten
- auf Fahrzeugen
- in Festzeitschriften
- im Internet – ohne Link zum Sponsor
- durch Lautsprecher
- in Programmheften
- in Vereinszeitschriften

Steuerpflichtiger wirtschaftlicher Geschäftsbetrieb – und damit mit 19 % umsatzsteuerpflichtig – ist die Verpachtung der Werberechte (erzielte Einnahmen 5.000 Euro)

- auf Helmen
- im Internet – mit Link zum Sponsor
- auf Sportgeräten
- auf Sportschuhen
- auf Trikots
- auf Trainingsanzügen

Buchung:

0950 Bank
an 4201 Erlöse Werbeunternehmen 7 % USt

0950 Bank
an 8016 Sonstige Werbeeinnahmen 19 % USt

Unechter Zuschuss

Die Stadt betreibt in unmittelbarer Nachbarschaft zum SKV Insolvenza ein kombiniertes Hallen- und Freizeitbad mit Schwimmhalle, Lehrschwimmbecken sowie im Freibad ein Sportbecken, ein Nichtschwimmerbecken mit Rutsche, ein Sprungbecken sowie Planschbecken für Kleinkinder.

Für die Übernahme der Durchführung des Badebetriebes vom SKV Insolvenza (die technische Betreuung des Hallen- und Freibades vebleibt bei der Stadt) erhält der Verein folgende jährliche „Zuschüsse":

Personalkostenzuschuss	30.000 EUR
Reinigung	15.000 EUR
Aushilfskräfte	5.000 EUR
Sachaufwand	15.000 EUR
Pflege Außenanlagen	10.000 EUR
Managementbedingte Kosten	5.000 EUR

Der Verein hat eigene Aufwendungen in Höhe von 60.000 Euro.

Lösung:

Die Zahlungen werden für Dienstleistungen des SKV Insolvenza geleistet. Es besteht insoweit eine innere Verknüpfung zwischen der Leistung des Zahlungsempfängers und der Zahlung der Stadt, sodass umsatzsteuerlich ein Leistungsaustausch und kein echter Zuschuss vorliegt. Die Einnahmen sind dem steuerpflichtigen wirtschaftlichen Geschäftsbetrieb zuzurechnen und 19 % Mehrwertsteuer (= 140.000 Euro − 1,19 × 19 % = 22.352,94 Euro) an das Finanzamt abzuführen.

Aus unmittelbar damit zusammenhängenden Kosten ist ein Vorsteuerabzug möglich.

Buchung:

0950 Bank
an 8005 Zuschuss Stadt Betrieb Schwimmbad 19 % USt

8345 Personal- und Sachkosten Schwimmbad
an 0950 Bank

Auflösung der Buchungsbeispiele

Der SKV Insolvenza hat mit den Nachbuchungen folgende Bereiche angesprochen:
- Ideeller Bereich
- Vermögensverwaltung
- Zweckbetriebe eigener Art (Tombola, Kultur, Jugend)
- Überlassung Sportanlagen an Mitglieder (Zweckbetrieb)
- Sportliche Veranstaltungen Steuerpflichtige wirtschaftliche Geschäftsbetriebe

Sportliche Veranstaltungen

Sportliche Veranstaltungen sind solche aus unbezahltem, aber auch aus bezahltem Sport. Ein steuerbegünstigter Zweckbetrieb liegt immer dann vor, wenn die Zweckbetriebsgrenze von 45.000 Euro Bruttoeinnahmen (vor Abzug der Ausgaben, aber einschl. der Mehrwertsteuer) nicht überschritten ist. Zwar liegen sowohl im Fall des unbezahlten Sports (33.060 Euro) als auch im Fall des bezahlten Sports (28.800 Euro) die Einnahmen unterhalb von 45.000 Euro, doch für die Prüfung der sog. Zweckbetriebsgrenze von jährlich 45.000 Euro Bruttoeinnahmen sind die sportlichen Veranstaltungen zusammenzurechnen. Im Beispielsfall wird mit 61.860 Euro die Zweckbetriebsgrenze deutlich überschritten.

Zu den sportlichen Veranstaltungen zählt nicht die Überlassung von Sportanlagen an Mitglieder. Zur Überprüfung der Zweckbetriebsgrenze sind deshalb zunächst die Einnahmen und Ausgaben aus der Vermietung von Sportanlagen an Mitglieder auszuscheiden.

Einnahmen	103.060 EUR	
– Vermietung Sportanlagen	70.000 EUR	
		33.060 EUR
Ausgaben	371.860 EUR	
– Vermietung Sportanlagen	32.600 EUR	
		339.260 EUR
Verlust sportliche Veranstaltungen Zweckbetriebe		– 306.200 EUR

Sportliche Veranstaltungen

Konsequenz ist, dass damit insgesamt ein steuerpflichtiger wirtschaftlicher Geschäftsbetrieb „Sport" mit einem Ergebnis von − 396.400 Euro (− 306.200 Euro + − 90.200 Euro) vorliegt. Dieser Verlust wäre nur dann gemeinnützigkeitsunschädlich, wenn er mit Gewinnen (hier: 120.800 Euro) aus anderen wirtschaftlichen Geschäftsbetrieben ausgeglichen werden kann. Ein Verlustausgleich mit dem Ergebnis des kommenden Jahres oder der sechs zurückliegenden Jahre würde ebenfalls die Gemeinnützigkeit nicht gefährden.

> **Praxis-Tipp**
>
> Um die Gemeinnützigkeit nicht zu verlieren, muss der SKV Insolvenza vom Optionsrecht des § 67a AO Gebrauch machen.
>
> Verzichtet ein Sportverein gem. § 67a Abs. 2 AO auf die Anwendung der Zweckbetriebsgrenze, sind sportliche Veranstaltungen ein Zweckbetrieb, wenn an ihnen kein bezahlter Sportler des Vereins teilnimmt und der Verein keinen vereinsfremden Sportler selbst oder im Zusammenwirken mit einem Dritten bezahlt. Auf die Höhe der Einnahmen oder Überschüsse dieser sportlichen Veranstaltungen kommt es dabei nicht an.
>
> Im Gegensatz dazu sind aber sportliche Veranstaltungen, an denen ein oder mehrere Sportler teilnehmen, die nach § 67a Abs. 3 Satz 1 Nr. 1 oder 2 AO als bezahlte Sportler (= mit Einnahmen über 400 Euro monatlich) gelten, auch mit Einnahmen innerhalb der Zweckbetriebsgrenze steuerpflichtige wirtschaftliche Geschäftsbetriebe.
>
> Ohne Bedeutung ist hierbei die Höhe der Vergütungen an Trainer und Übungsleiter. Bei einem sog. Spielertrainer ist allerdings zu unterscheiden, ob und was er für die Trainertätigkeit oder für die Ausübung des Sports erhält. Wird er nur für die Trainertätigkeit bezahlt oder erhält er für die Tätigkeit als Spieler nicht mehr als 400 Euro monatlich bzw. den nachgewiesenen Ersatz seiner Aufwendungen, ist eine Teilnahme an sportlichen Veranstaltungen unschädlich für die Zweckbetriebseigenschaft.
>
> Der Verein ist an diese Option gem. § 67a Abs. 2 AO für mindestens fünf Veranlagungszeiträume gebunden.

Durch die Wahrnehmung der Option bleibt im Beispielsfall der Verlust aus „sportlichen Veranstaltungen ohne bezahlte Sportler" (= 306.200 Euro) gemeinnützigkeitsunschädlich.

Auflösung der Buchungsbeispiele

Berechnung der Steuerlast

Tatsächliche Ertragsteuerbelastung

Die tatsächliche Ertragsteuerbelastung errechnet sich wie folgt:

Gewinn aus wirtschaftlichem Geschäftsbetrieb	124.300 EUR
– Verlust sportliche Veranstaltung „bezahlter Sport"	– 90.200 EUR
steuerpflichtiger Gewinn	34.100 EUR
– Freibetrag	5.000 EUR
steuerpflichtiges Einkommen:	**29.100 EUR**

Körperschaftsteuerberechnung

Körperschaftsteuer 15 % v. 29.100 EUR	4.365 EUR
Solidaritätszuschlag 5,5 % v. 4.365 EUR	240 EUR
Zahlung an Finanzamt:	**4.875 EUR**

Gewerbesteuerberechnung

steuerpflichtiger Gewinn	34.100 EUR
Gewinn (wird abgerundet auf volle 100 EUR)	34.100 EUR
– Freibetrag	– 5.000 EUR
Gewerbeertrag	**29.100 EUR**

Steuermesszahl 3,5 % v. 29.100 EUR	1.018 EUR
× Hebesatz der Gemeinde (z. B. 300 %)	
Zahlung an Gemeinde:	**3.054 EUR**

Reingewinnschätzung

Da der SKV Insolvenza auch Einnahmen aus der Verwertung unentgeltlich erworbenen Altmaterials und der Werbung, die im Zusammenhang mit der steuerbegünstigten Tätigkeit einschließlich Zweckbetrieben stattfindet, verbucht hat, stellt sich die Frage, welche Auswirkungen die im § 64 Abs. 5 und 6 AO mögliche Reingewinnschätzung zur Folge hätte.
Die Reingewinnschätzung erfolgt immer aus den Nettoeinnahmen, d. h. ohne Umsatzsteuer.
§ 64 Abs. 5 AO gilt nur für Altmaterialsammlungen, nicht aber für den Einzelverkauf gebrauchter Sachen auf Basaren und ähnlichen Veranstaltungen.

Reingewinnschätzung

Der branchenübliche Reingewinn ist bei der Verwertung von Altpapier mit 5 % und bei anderem Altmaterial mit 20 % der Einnahmen anzusetzen.

Einnahmen (vgl. Altpapiersammlung)	1.500 EUR	Altmaterial
– fiktive Kosten 95 %	1.425 EUR	
5 % Reingewinn	**75 EUR**	

Nach § 64 Abs. 6 Nr. 1 AO kann auf Antrag der Gewinn aus Werbemaßnahmen pauschal mit 15 % ermittelt werden, wenn die Werbemaßnahmen im Zusammenhang mit der steuerbegünstigten Tätigkeit (ideeller Bereich) einschließlich Zweckbetrieben (unbezahlter Sport) stattfinden. Beispiele für derartige Werbemaßnahmen sind die Trikot- und Bandenwerbung bei Sportveranstaltungen, im Zweckbetrieb, die aktive Werbung in Programmheften oder auf Plakaten bei sportlichen und kulturellen Veranstaltungen. *Werbung*

Der Antrag gilt jeweils für alle gleichartigen Tätigkeiten in dem betreffenden Veranlagungszeitraum und kann jedes Jahr neu gestellt werden.

02 Altherren-Turnier	2.000 EUR
07 Aussteller bei Tagung	2.000 EUR
12 Bandenwerbung	15.000 EUR
14 Werbung Tennishalle	20.000 EUR
36 Sponsoring Ehrenpreis	1.000 EUR
47 Sponsoring Trikots	2.500 EUR
47 Sponsoring Sportgeräte	2.000 EUR
47 Sponsoring Damenfußball	15.000 EUR
61 Trikotwerbung	1.000 EUR
66 Pacht Werbung Sportgeräte	5.000 EUR
Einnahmen gesamt:	**65.500 EUR**
– fiktive Kosten 85 %	55.675 EUR
15 % Reingewinn	**9.825 EUR**

Fiktive Kosten	55.675 EUR
21 abzgl. bereits gebuchte Kosten	1.000 EUR
verbleiben verrechenbare Kosten	**54.675 EUR**

Auflösung der Buchungsbeispiele

Buchung:

8165 Reingewinnschätzung Werbung

an 5670 Verrechnete/aufgeteilte Kosten Zweckbetrieb „Sport"

Ob und in welcher Höhe eine Reingewinnschätzung sinnvoll ist, hängt von den übrigen Gewinnen und Verlusten aus wirtschaftlichen Geschäftsbetrieben einschl. derer aus sportlichen Veranstaltungen „bezahlter Sport" ab. Verluste aus steuerpflichtigen wirtschaftlichen Geschäftsbetrieben per Saldo können die Gemeinnützigkeit gefährden.
Auch vorhergehende bzw. nachfolgende Jahre können dabei vom Ergebnis her für die Gemeinnützigkeit bedeutend sein.

Rücklagen

Freie Rücklage

Der SKV Insolvenza hat im Veranlagungsjahr erhebliche Überschüsse erzielt, die einer Rücklage zuzuführen sind.
Zunächst ist die sog. freie Rücklage aus dem Überschuss der Vermögensverwaltung zu bilden. Diese kann ohne Grund und Zeitpunkt fortgeführt werden.

Überschuss Vermögensverwaltung		6.900 EUR	
davon 1/3			2.300 EUR
+ 10 % aus			
Einnahmen ideeller Bereich	276.380 EUR		
Einnahmen neutrale Posten	31.000 EUR		
Überschuss Zweckbetrieb Sport	0 EUR		
Überschuss Zweckbetrieb Sonstige	0 EUR		
Überschuss bezahlter Sport	– 90.200 EUR		
Überschuss wirtschaftl. Geschäftsbetriebe	120.800 EUR		
		337.980 EUR	
Davon 10 %			33.798 EUR
Freie Rücklage:			**36.098 EUR**

Der Verlust aus steuerbegünstigtem Zweckbetrieb von insgesamt 249.450 Euro bleibt bei der Rücklagenbildung unberücksichtigt.

Da ein gemeinnütziger Verein seine Mittel zeitnah (im laufenden Jahr oder den beiden darauf folgenden) verwenden muss, ist der SKV Insolvenza verpflichtet, für die verbleibenden Mittel in der Einnahme-Überschuss-Rechnung, einer Nebenrechnung oder aber in der Steuererklärung (Gem 1) Angaben zur Mittelverwendung zu machen. *Zweckgebundene Rücklage*

Möglich wäre im vorliegenden Beispiel eine Rücklage von z. B. 25.000 Euro unter Nennung des Zwecks, z. B. „Bau eines Kunstrasenplatzes" und des Zeitpunktes (3–5 Jahre in die Zukunft).

Bis zu dem genannten Jahr können dann für diesen Zweck Mittel zurückbehalten, d. h. angespart werden. Im vorgesehenen Jahr muss die Maßnahme jedoch verwirklicht oder aber die Gelder steuerbegünstigten Zwecken (dem allgemeinen Sportbetrieb) zugeführt werden.

Praktische Buchführung mit „Lexware vereinsverwaltung"

In diesem Kapitel lernen Sie die elegante Praxis der Buchführung mithilfe eines Buchführungsprogramms kennen. Hierfür haben wir die „Lexware vereinsverwaltung" aus dem Hause Haufe-Lexware ausgewählt.

Zu den Kernbereichen der Vereinssoftware gehören die Buchhaltung, Auftragsbearbeitung sowie die Mitglieder- und Beitragsverwaltung. Die Vorteile einer Mitgliederverwaltung mit Finanzbuchhaltung liegen im hohen Automatisierungsgrad und dem lückenlosen Zusammenspiel der verschiedenen Programmbereiche. So können die Einnahmen und Ausgaben des Vereins unkompliziert und komfortabel nach den vereinssteuerrechtlichen Vorschriften verbucht und natürlich auch transparent ausgewertet werden.

Außerdem können z. B. die Mitgliedsbeiträge im Handumdrehen für den Einzug vorbereitet, als Lastschriften im Datenträgeraustausch oder per Online-Banking der Bank übergeben und mit nur zwei Mausklicks in die Finanzbuchhaltung bzw. über die Kontoumsatzabfrage übernommen und automatisch verbucht werden.

Darüber hinaus verwalten Sie mit der Software zusätzlich Ihre Mitglieder. Adresslisten, Statistiken, Serienbriefe, Mitgliedsausweise, aber auch Beitragsverwaltung, Mahnungen und Rechnungen gehören zum Repertoire dieses Programms.

> Auf der beiliegenden CD-ROM finden Sie eine exklusive, auf 30 Tage begrenzte Vollversion der „Lexware vereinsverwaltung". Laden Sie sich am besten Ihre Testversion gleich kostenlos über den Download-Link der beiliegenden CD-ROM „Praktische Buchführung für Vereine" herunter.

Sie starten die Installation, wenn Sie auf der beiliegenden CD im Portlet „Mitgliederverwaltung & Buchführung" auf den Link **„kostenlose 30-Tage-Testversion installieren"** klicken.

Danach öffnet sich eine weitere Seite. Dort befinden sich die Installationsanleitung, das Benutzerhandbuch sowie der Download-Link.

Installationshotline

Sollten wider Erwarten Probleme bei der Installation auftreten, wenden Sie sich bitte an unsere Installationshotline: 0800-502 08 50.

Programmeinrichtung

Der Einrichtungsassistent hilft Ihnen bei der Eingabe der Vereinsdaten. Wenn Sie nicht schon beim ersten Programmstart vom Einrichtungsassistenten Gebrauch gemacht haben oder Ihre Eingaben noch nicht vollständig waren bzw. Sie mithilfe des Assistenten Ihre Eingaben bearbeiten möchten, können Sie ihn unter *Assistenten/Einrichtungsassistent* im *Hauptmenü* aufrufen.

Stammdaten anlegen

Im ersten Schritt werden Sie aufgefordert, die Stammdaten Ihres Vereins einzugeben:

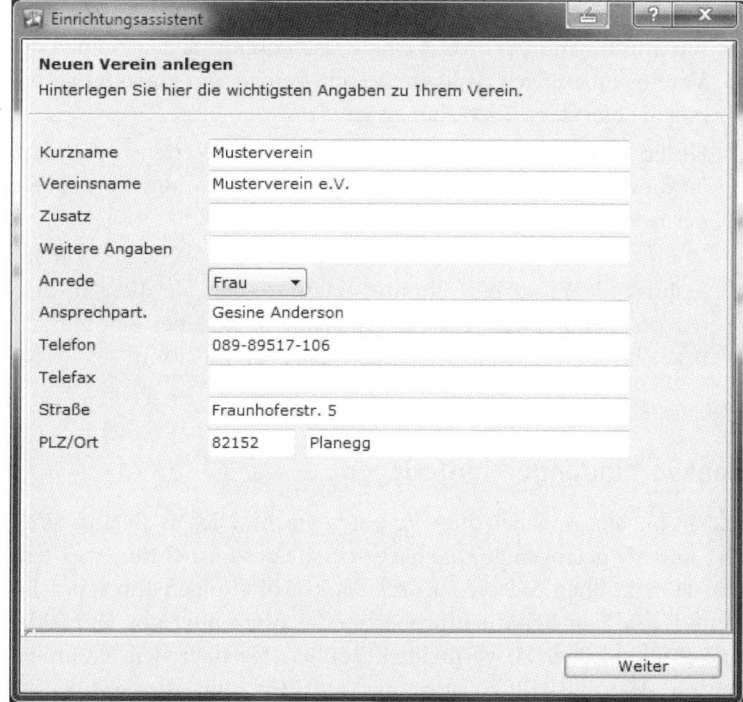

Abbildung: Stammdaten

Die Stammdaten Ihres Vereins umfassen in erster Linie Name, Anschrift, Ansprechpartner sowie die Bankverbindungen des Vereins.

Diese Daten werden z. B. automatisch in Auswertungen und Vereinsstatistiken übernommen. Sie sind aber auch wichtig, wenn Sie z. B. mehrere Vereine verwalten. Außerdem sparen Sie sich lästiges Blättern in Ihren Unterlagen, denn Sie haben mit einem Klick auf *Vereinsdaten/Stammdaten* im *Hauptmenü* Ihre Daten übersichtlich vorliegen.

Um die Felder auszufüllen, klicken Sie mit der linken Maustaste in das weiße Feld und füllen es dann aus. Sie haben mehrere Möglichkeiten, den Namen Ihres Vereins anzugeben:

Kurz-
bezeichnung
- Mit der Kurzbezeichnung ist die Abkürzung Ihres Vereins gemeint. Dieses Feld sollten Sie ausfüllen, da das Programm diese Information braucht, um einen Mandantenwechsel durchzuführen und Ihnen in der Kopfzeile Ihres Bildschirms den Namen des Vereins anzuzeigen. Falls Ihr Verein keinen Kurznamen hat, geben Sie hier den vollen Namen ein.

Vereins-
name
- Unter „Vereinsname" tragen Sie Ihren vollen Vereinsnamen ein. Ist dieser Name identisch mit der Kurzbezeichnung, können Sie das Feld frei lassen.

Zusatz-
bezeichnung
- Wenn Ihr Verein eine den Namen oder den Zweck des Vereins erläuternde Zusatzbezeichnung trägt, können Sie diese in dem entsprechenden Feld einfügen. Falls Sie nicht über eine Zusatzbezeichnung verfügen, können Sie das Feld frei lassen.

Bankverbindungen hinterlegen

Bankverbindungen des Vereins

Haben Sie alle Angaben zum Verein gemacht, klicken Sie auf „Weiter" und Sie gelangen auf die nächste Seite des Einrichtungsassistenten. Hier können Sie bis zu drei Bankverbindungen Ihres Vereins hinterlegen. Um sich die Eingabe zu erleichtern oder um Tippfehler und Zahlendreher zu vermeiden, können Sie über den 3-Punkte-Button das BLZ-/BIC-Verzeichnis aufrufen und die gewünschte Bank per Mausklick einfügen.

Programmeinrichtung

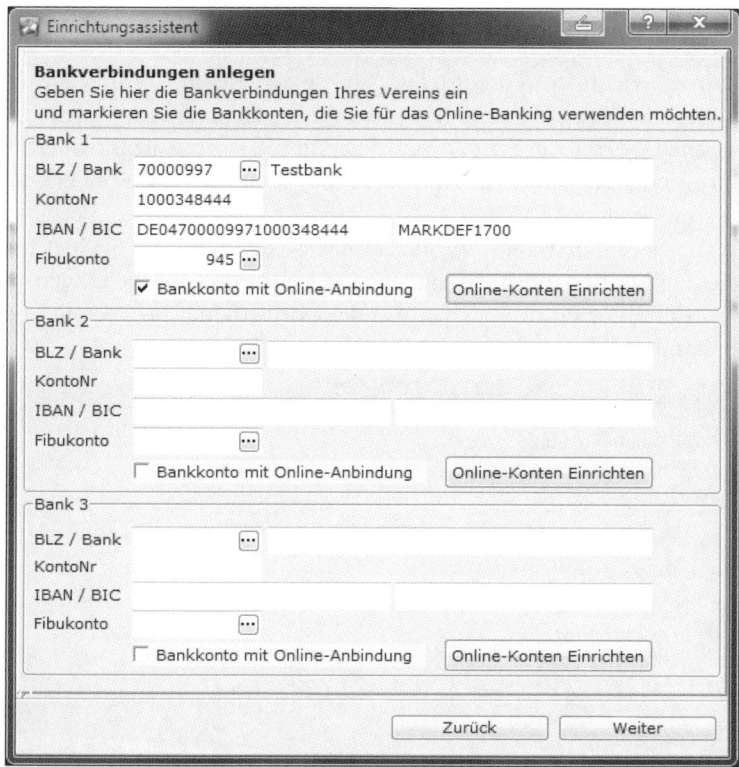

Abbildung: Bankverbindung einrichten

Sollte es sich bei Ihrer Bankverbindung um ein Bankkonto handeln, das Sie für das Online-Banking nutzen möchten, dann setzen Sie ein Häkchen bei *Bankkonto mit Online-Anbindung*. Wenn Sie dieses Bankkonto noch nicht für das Online-Banking eingerichtet haben, klicken Sie am besten gleich an dieser Stelle auf den Button *Online-Konten einrichten* und es öffnet sich der *Homebanking-Administrator*. Mithilfe dieses Assistenten können Sie das Online-Banking einrichten.

Lastschrifteinzug

Der Lastschrifteinzug wird über Bank1 abgewickelt. Bitte berücksichtigen Sie das bei der Anlage Ihrer Bankverbindungen.

Programmeinrichtung

Um die richtigen Voreinstellungen zu generieren, werden Sie in diesem Schritt aufgefordert, einige Angaben zu Ihrem Verein zu machen. Markieren Sie per Mausklick in die entsprechenden Felder Ihre Vereinsart sowie die Aufgaben, die Sie mit der Software erledigen möchten.
Wenn Sie „Sportverein" angeklickt haben, dann müssen Sie hier für die Online-Bestandsmeldung noch angeben, an welchen Landessportbund bzw. an welchen Landessportverband Ihr Verein die Bestandsmeldung abgeben muss.

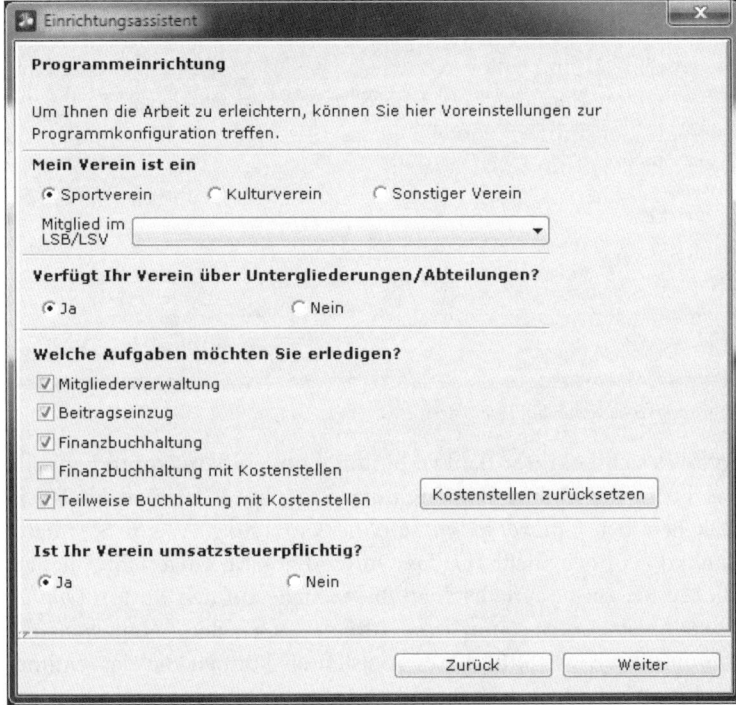

Abbildung: Programmeinrichtung

Programmeinrichtung

Achtung
Wenn Sie Ihre komplette Finanzbuchhaltung auf Kostenstellenbasis anlegen möchten, wird das in dem von Ihnen gewählten Kontenrahmen entsprechend vermerkt. Doch Achtung: das heißt, dass Sie bei jeder Buchung eine Kostenstelle angeben müssen.
Nach Beendigung des Einrichtungsassistenten sollten Sie daher unter dem Menüpunkt *Buchhaltung/Einrichtung/Verwaltung/Kostenstellen anlegen* bzw. *Kostengruppen anlegen* die Kostenstellen Ihres Vereins anlegen und diese ggf. unter *Konten verwalten* fest mit den entsprechenden Fibu-Konten verknüpfen.
Wollen Sie z. B. nur bestimmte Projekte mit einer Kostenstelle versehen, dann wählen Sie in der Programmeinrichtung bitte „Teilweise Buchhaltung mit Kostenstellen".

Sollten Sie bei der Ersteinrichtung „Buchhaltung mit Kostenstellen" gewählt haben und später feststellen, dass Sie doch lieber ohne Kostenstellen buchen möchten, dann haben Sie an dieser Stelle mit Klick auf den Button „Kostenstellen zurücksetzen" die Möglichkeit, diese Funktion wieder rückgängig zu machen.

Steuerangaben eintragen

Für Steuer-erklärung

Haben Sie unter „Programmeinrichtung" angegeben, dass Ihr Verein umsatzsteuerpflichtig ist, dann öffnet sich das folgende Fenster.

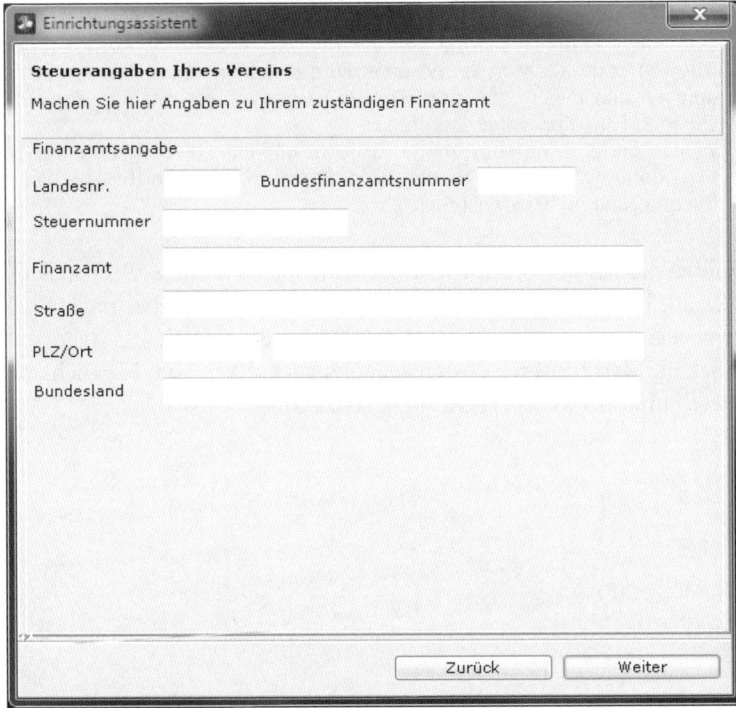

Abbildung: Steuerangaben

Sie füllen die Maske aus, indem Sie mit der linken Maustaste in ein weißes Feld klicken und es dann ausfüllen.

> **Achtung**
> Ist Ihr Verein nicht umsatzsteuerpflichtig, dann erscheint diese Maske nicht!

Abteilungen und Sportarten anlegen

Sollten Sie Ihren Verein in „Programmeinrichtung" als Sportverein angegeben haben, erhalten Sie jetzt die Möglichkeit, sowohl die Abteilungen als auch die Sportarten Ihres Vereins zu hinterlegen. Diese Angaben benötigt das Programm zur Erstellung der Online-Bestandsmeldung, die die Sportverbände inzwischen mehrheitlich fordern.
Bei allen anderen Vereinsarten mit Untergliederungen erscheint nur die Maske für die Anlage der Abteilungen. Bei Monovereinen entfällt diese Maske im Einrichtungsassistenten!

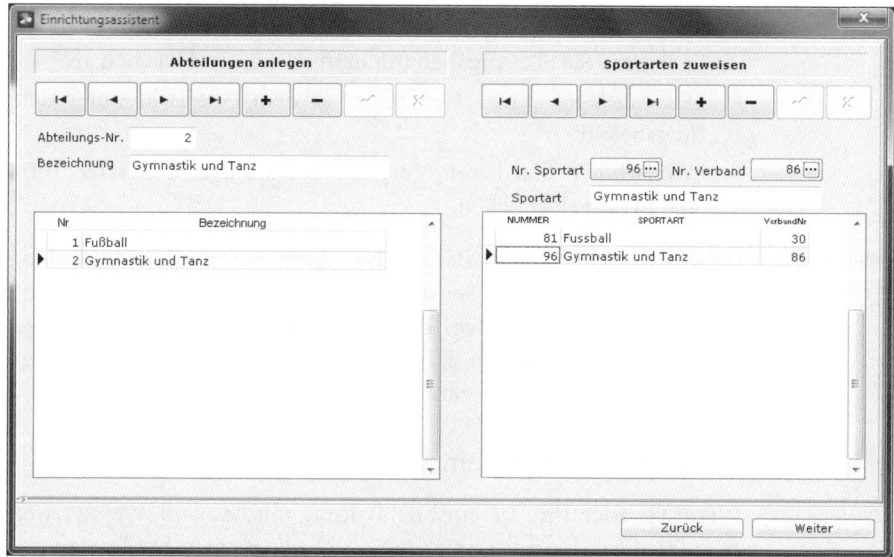

Abbildung: Sportarten anlegen

- Klicken Sie auf das Plussymbol und geben Sie den Namen Ihrer Abteilung in das weiße Feld ein.
- Speichern Sie die Eingabe mit Klick auf das Häkchen in der Steuerungsleiste.
- Die angelegte Abteilung erscheint in dem Gitterfeld unter dem Eingabefeld.

Abteilungen anlegen

Sportarten anlegen

- Wiederholen Sie den beschriebenen Vorgang, bis Sie alle Abteilungen Ihres Vereins angelegt haben.
- Klicken Sie auf den Drei-Punkte-Button im Feld Sportart. Es öffnet sich ein Look-up-Fenster mit den vom DOSB vorgegebenen Sportarten.
- Wählen Sie die gewünschte Sportart per Mausklick aus.

Als Nächstes müssen Sie noch die entsprechende Verbandsnummer auswählen:
- Dazu klicken Sie auf den Drei-Punkte-Button im Feld „Verband Nr.".
- Ordnen Sie den Verband der Sportart zu, den er angehört.
- Speichern Sie alle Angaben mit dem schwarzen Häkchen ab.
- Die angelegte Sportart erscheint in dem Gitterfeld unter dem Eingabefeld.
- Wiederholen Sie diesen Vorgang, bis Sie alle Sportarten Ihres Vereins angelegt haben.

Besonderheit für BLSV-Mitglieder

Gehört Ihr Verein dem Bayerischen Landessportverband an, dann finden Sie im Look-up-Fenster der Sportarten die Sportarten und die Fachverbände, die dem BLSV gemeldet werden müssen. Dabei werden die ausgewählten Sportarten direkt mit der entsprechenden Fachverbandsnummer verknüpft.

Finanzbuchhaltung einrichten

Wenn Sie auch Ihre Vereinsbuchhaltung mit *Lexware vereinsverwaltung* erledigen möchten, müssen Sie unbedingt einen Kontenstamm – auch Kontenrahmen genannt – anlegen.

> **Achtung**
> Haben Sie unter Programmeinrichtung **kein** Häkchen bei Finanzbuchhaltung bzw. Finanzbuchhaltung mit Kostenstellen oder Teilweise Buchhaltung mit Kostenstellen gesetzt, erscheint diese Maske **nicht**!

Exkurs: Kontenrahmen und Kontenklassen

Unter einem „Kontenrahmen" versteht man ein vorgegebenes System gegliederter Konten, die bei der Buchführung verwendet werden. *(Kontenrahmen)*

Die Standardkonten sind in
- Kontenklassen und
- Kontengruppen

untergliedert: Wie eine Postleitzahl verweist die Kontonummer auf einen Bereich ähnlicher Konten und erleichtert so die richtige Zuordnung bzw. Kontierung der Geschäftsvorfälle.

Verschaffen Sie sich unter der Funktion „Ansicht erstellen" erst einmal einen Überblick über die hinterlegten Kontenrahmen und entscheiden Sie – am besten nach Rücksprache mit Ihrem Steuerberater – welcher der Kontenrahmen für Ihren Verein am besten geeignet ist. *(Kontenstamm sorgfältig auswählen)*

Wechsel des Kontenrahmens erst wieder im neuen Jahr möglich
Die Entscheidung für einen bestimmten Kontenrahmen sollte wohlüberlegt sein, denn ein Wechsel ist erst wieder zu Beginn eines neuen Vereinsjahres vorgesehen.

Praktische Buchführung mit „Lexware vereinsverwaltung"

Fibukonten einrichten

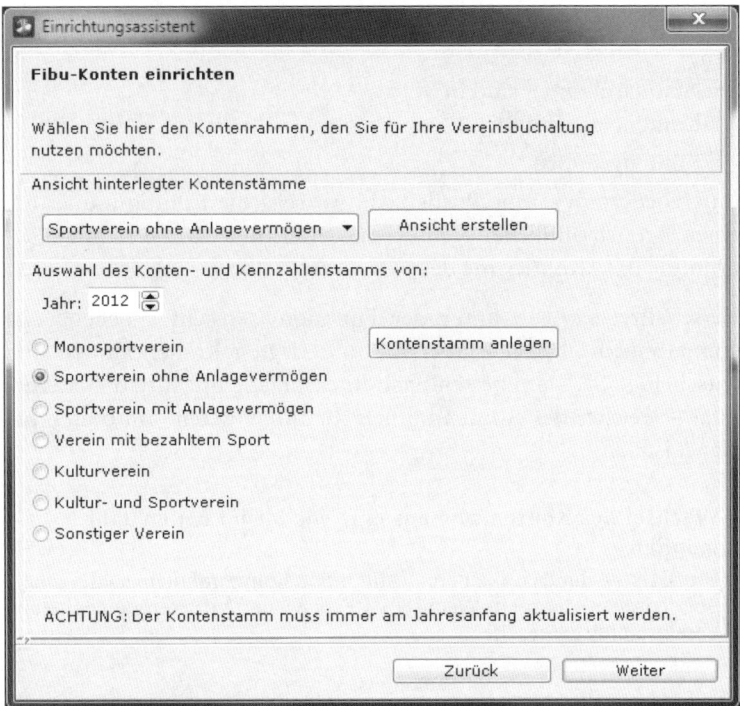

Abbildung: Fibukonten einrichten

Klicken Sie auf „Kontenstamm übernehmen". Das Programm legt nun automatisch Ihren Kontenstamm an. Den angelegten Kontenstamm können Sie jederzeit noch weiter auf Ihre individuellen Bedürfnisse anpassen. Sie können ihn aufrufen über den Startbildschirm mit der Übersicht aller Programmkomponenten unter *Buchhaltung -> Kontenplan erarbeiten* bzw. über die Menüleiste unter *Buchhaltung/Einrichtung/Verwaltung/Konten verwalten*.

Überprüfung und Einrichtung der Umsatz- und Vorsteuersammelkonten

Mit den neuen Kontenrahmen werden automatisch Umsatz- und Vorsteuersammelkonten ausgeliefert. Sollten Sie Ihren Kontenrahmen allerdings aus einer Vorversion übernommen oder individuell erstellt haben, sollten Sie die Sammelkonten für die Umsatz- bzw. die Vorsteuer einrichten bzw. noch als Sammelsteuerkonten unter Konten verwalten kenntlich machen, wie im Folgenden beschrieben. Eine Übersicht aller angelegten Steuersammelkonten finden Sie unter Vereinsdaten/Stammdaten/Steuerangabe:

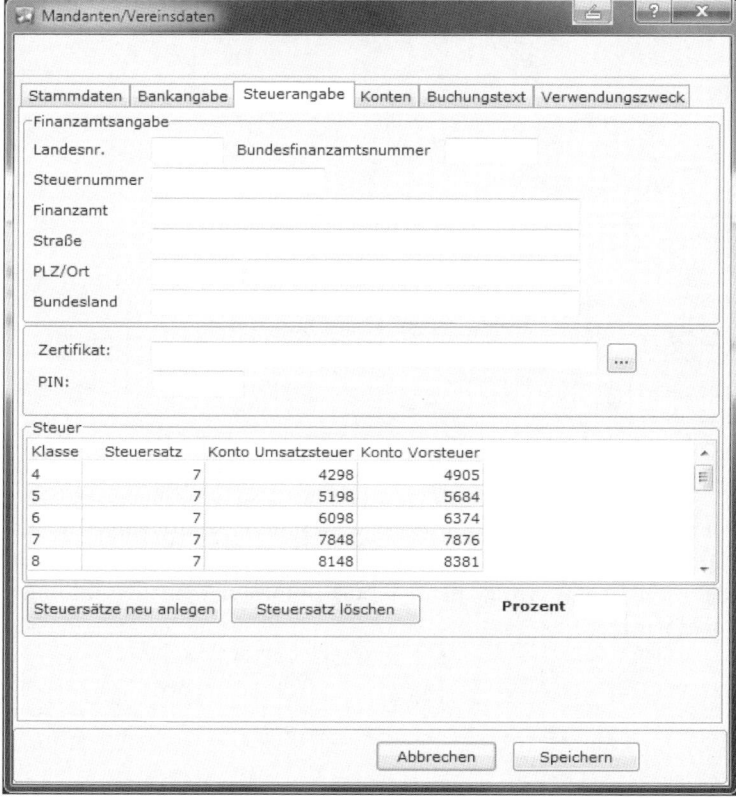

Abbildung: Sammelkonten

Anlage Steuersammelkonten im Kontenrahmen

Ggf. müssen Sie diese Sammelkonten für die Umsatz- und die Vorsteuer noch unter Konten verwalten anlegen:

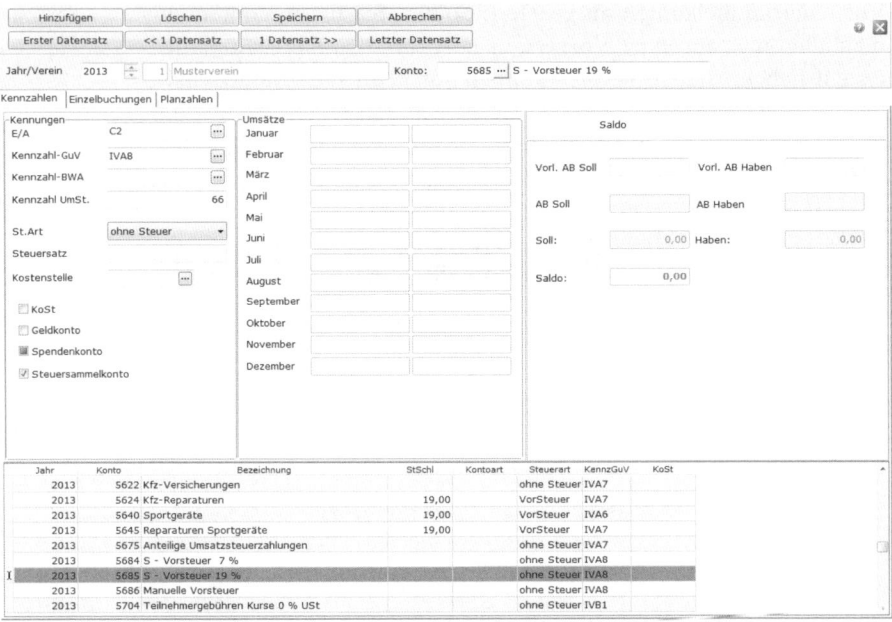

Abbildung: Vorsteuersammelkonto

Das Sammelkonto Vorsteuer erhält die Kennzahl 66 im Feld „Kennzahl UmSt." und ein Häkchen bei Steuersammelkonto.

Für die Einrichtung eines Umsatzsteuersammelkontos muss nur ein Häkchen bei Steuersammelkonto gesetzt werden. Die Eingabe der Kennzahl UmSt. erfolgt beim Fibu-Konto, auf dem der Erlös gebucht wird:

Programmeinrichtung

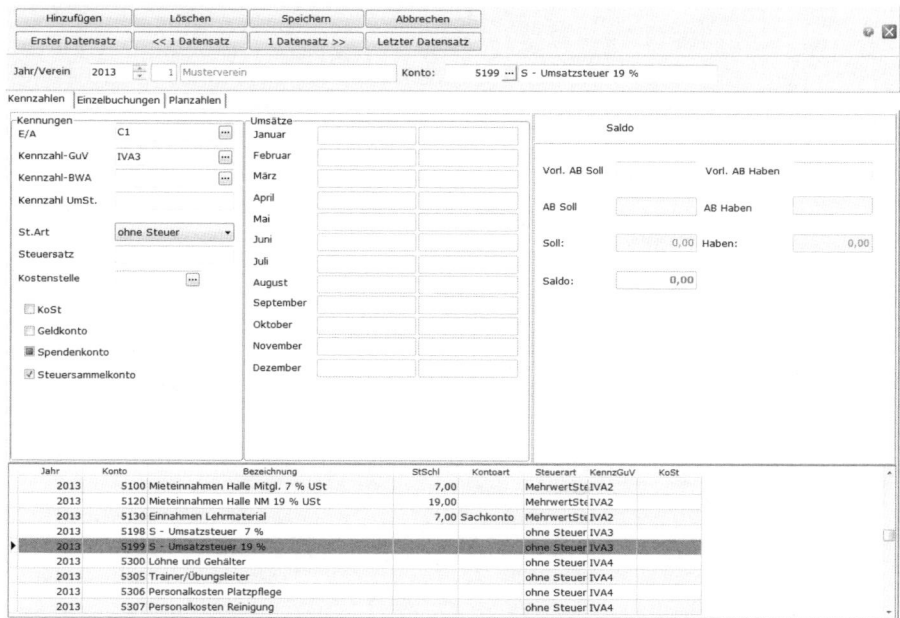

Abbildung: Umsatzsteuersammelkonto

Einrichtung eines Aufwandskontos mit Steuer

Ein Konto, auf das Ausgaben mit Vorsteuer gebucht werden, muss die folgenden Einstellungen haben:
Die Steuerart (St. Art) wählen Sie über das Dropdown „Vorsteuer" und tragen den entsprechenden Steuersatz ein. Hier am Beispiel „Kosten für Sportkleidung" ist das der Steuersatz 19 %:

Praktische Buchführung mit „Lexware vereinsverwaltung"

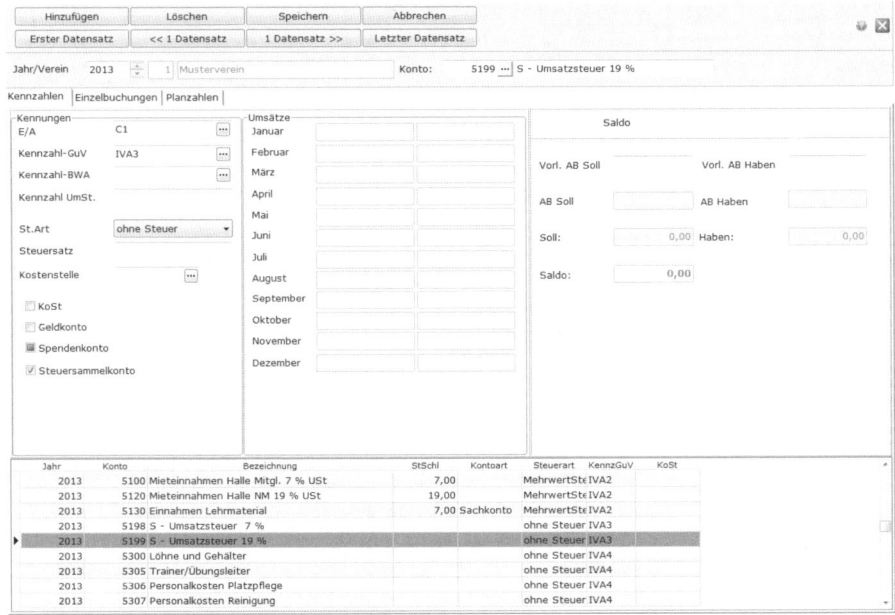

Abbildung: Aufwandskonto mit Steuer

Ein Konto, auf das Erlöse mit Umsatzsteuer gebucht werden, erhält dagegen die folgenden Einträge:

- als Steuerart „Mehrwertsteuer" und
- als Steuersatz 7 bzw. 19 %

Beitragsarten anlegen

Die Anlage der Beitragsarten ist eine zwingende Eingabe. Nur so können Verträge zugewiesen, Beiträge ins Soll gestellt und letztendlich auch verbucht werden.

Programmeinrichtung

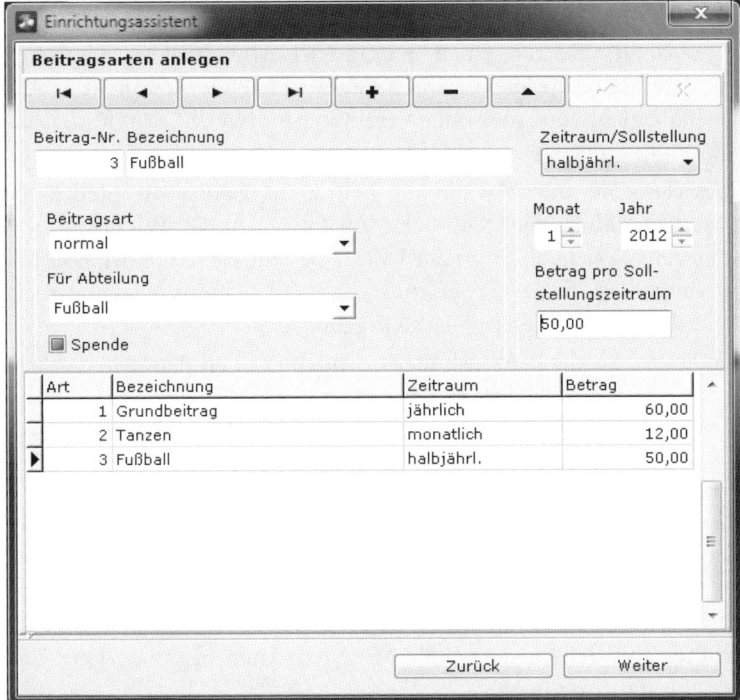

Abbildung: Beitragsarten anlegen

Und so gehen Sie vor:
- Klicken Sie auf das schwarze Pluszeichen in der Symbolleiste des Fensters.
- Auf der linken Seite geben Sie die Nummer der Beitragsart in dem Feld hinter dieser Bezeichnung ein. Das Programm zählt die Nummer der Beitragsarten automatisch hoch. Sie können aber auch individuelle Nummern vergeben.
- Als Nächstes tragen Sie die Beitragsbezeichnung ein. Es empfiehlt sich, einen möglichst sprechenden Namen zu wählen.
- Nun legen Sie den Abrechnungsrhythmus fest. Klicken Sie auf den Pfeil hinter dem Feld „Zeitraum/Sollstellung". Es öffnet sich eine Auswahl aus „monatlich", „quartalsweise", „halbjährlich" und „jährlich", die Sie per Mausklick in das Feld übertragen können.

Praktische Buchführung mit „Lexware vereinsverwaltung"

- Legen Sie in dem Feld „Beitragsart" fest, ob es sich um einen normalen Beitrag, einen Beitrag nach Altersstruktur oder nach Vereinszugehörigkeit richtet. Für Beiträge, die sich nicht in Abhängigkeit von Alter oder Vereinszugehörigkeit verändern, wählen Sie „normal".
- Geben Sie an, ab wann die Beitragsart gelten soll. Stellen Sie dafür mithilfe der Pfeiltasten Monat und Jahr ein. **Wichtig:** Überlegen Sie sich, ab wann der Beitrag besteht, denn bei den Sollstellungen greift das Programm auf diese Datumsangabe zurück. Falsche Daten liefern falsche Ergebnisse!
- Tragen Sie die Beitragshöhe ein, indem Sie den Betrag in das Feld Betrag pro Sollstellungszeitraum eingeben.
- Um diese Beitragsart zu speichern, klicken Sie auf den schwarzen Haken in der Symbolleiste.

Möchten Sie weitere Beitragsarten erfassen, beginnen Sie wieder mit dem Pluszeichen. Nachdem Sie Ihre gesamte Vereinsstruktur erfasst haben, klicken Sie auf „Weiter". Und dann haben Sie es auch schon geschafft! „Lexware vereinsverwaltung" ist vorkonfiguriert und Sie können mit der Eingabe Ihrer Mitgliederdaten beginnen bzw. den Datenimport beginnen.

Haben Sie unter Programmeinrichtung *„Finanzbuchhaltung mit Kostenstellen"* ausgewählt, erinnert Sie das Programm noch einmal mit dem folgenden Screen daran, dass Sie als Nächstes die Kostengruppen bzw. Kostenstellen Ihres Vereins anlegen müssen, um die Vereinsvorfälle verbuchen zu können.

Kostenstellen anlegen

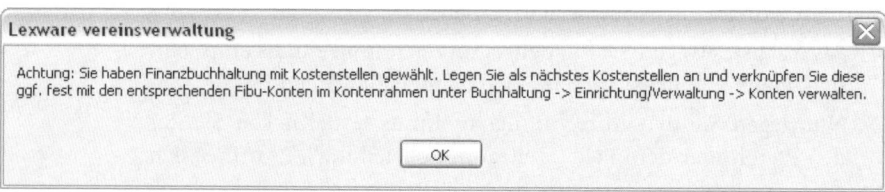

Abbildung: Kostenstellen anlegen

Starten Sie nun Ihre 30-Tage-Vollversion der „Lexware vereinsverwaltung". Unter dem Hauptmenüpunkt *„Hilfe"* finden Sie ein elektronisches Handbuch sowie unter dem Punkt *„Service-Center -> Support & Service -> Schulung und Training"* Videos, die Ihnen bei der Einarbeitung in das Programm helfen.

Bevor Sie die Buchhaltung mit der „Lexware vereinsverwaltung" beginnen

> **Tipp:**
> Bevor Sie mit der Eingabe in das Buchführungsprogramm beginnen, sollten Sie Ihre Belege sortieren.
> Haben Sie mehrere Bankkonten, brauchen Sie für jede Bank ein Fach im Ordner.
> 1. Kontoauszüge von 0–100 aufsteigend in einen Ordner heften und alle Belege, die über die Bank abgewickelt wurden, hinter den entsprechenden Kontoauszug legen.
> 2. Die Belege, die bar gezahlt oder eingenommen wurden, kommen in ein weiteres Fach „Kasse". Die Bar-Belege werden nach Datum sortiert und zur besseren Übersicht nummeriert.

Zu einer vollständigen Buchhaltung müssen Sie den einzelnen Konten noch Kennzahlen und ggf. Anfangsbestände zuweisen. **Kennzahlen zuordnen**
Wenn Sie einen der Kontenrahmen der Software übernommen haben, sind die Kennzahlen in der Regel bereits eingegeben. Es bietet sich dennoch an, die einzelnen Einstellungen zu prüfen und ggf. Ihrer Buchführung anzupassen. Dafür müssen Sie bei jedem Konto entscheiden, ob es in der Gewinn- und Verlustrechnung auftauchen soll und wo es in der Einnahmen-Überschussrechnung zugeordnet wird. Außerdem können Sie Steuerschlüssel festlegen und Anfangsbestände – gerade bei Bank und Kasse ist das wichtig – angeben.
Gehen Sie im Hauptmenü auf *„Buchhaltung/Einrichtung/Verwaltung/ Konten verwalten"*. Klicken Sie nun Konto für Konto an und vergeben bzw. kontrollieren Sie die Kennzahlen.

Anfangs-
bestände
eingeben

Um eine korrekte Auswertung Ihrer einzelnen Konten – nicht nur der aktuellen Buchungen, sondern auch mit den korrekten Anfangsbeständen – zu erhalten, gehen Sie folgendermaßen vor:
Wählen Sie im Hauptmenü *„Buchhaltung/Einrichtung/Verwaltung/ Konten verwalten"*. Wählen Sie das gewünschte Konto aus. In der Mitte des Fensters finden Sie rechts die Angaben zu Soll, Haben und Saldo dieses Kontos. Tragen Sie unter „Vorl. AB Soll" den positiven, unter „Vorl. AB Haben" den negativen Anfangsbestand ein. Diese Eingabe speichern Sie, indem Sie in der Symbolleiste auf den Button „Speichern" klicken.

Bank- und Kassenpflege

Ihre Buchungsvorgänge werden im Bankbuch bzw. im Kassenbuch dokumentiert. Haben Sie die Vereinsverwaltung über den Einrichtungsassistenten eingerichtet, dann wurden die Fibu-Konten „Bank" und „Kasse" bereits eingerichtet. Den Schritt *„Bank/Kassenpflege"* müssen Sie nur dann durchführen, wenn Sie in Ihrem Verein noch weitere Bank- bzw. Kassenkonten führen. Ist das der Fall, gehen Sie im Hauptmenü auf *„Buchhaltung/Einrichtung/Verwaltung/Bank/ Kassenpflege"*.

Stellen Sie nun zunächst das Buchungsjahr über die Pfeiltaste ein. Klicken Sie dann auf den Button mit dem Plus-Zeichen, es öffnet sich eine neue Zeile. Legen Sie dann über den Drei-Punkte-Button das weitere Fibu-Konto Bank bzw. Kasse fest, das Sie für Ihre Buchhaltung benötigen.

Geben Sie in der Zeile „Anfangsbestand" die aktuelle Belegnummer und den Anfangsbestand ein und speichern Sie Ihre Eingaben mit Klick auf das schwarze Häkchen in der Symbolleiste.

Fahren Sie mit der Eingabe weiterer Fibu-Konten Bank/Kasse fort, wie oben beschrieben.

> **Achtung**
> Bei der Fehlermeldung *„Bank/Kasse existiert nicht"* haben Sie kein Bank-/Kassenbuch eingerichtet!

Beispielhafte Buchungsvorgänge

Mit der Vereinsverwaltung können Sie auf drei verschiedene Weisen buchen. Ihnen stehen
- das Bankbuch für Buchungsvorgänge über die Bank, wie z. B. für Überweisungen,
- das Kassenbuch für Barzahlungen sowie
- das Verfahren der Stapelbuchung, mit dem Sie alle beliebigen Sachkonten gegeneinander verbuchen können,

zur Verfügung. Die folgenden Buchungsbeispiele kennen Sie zum Großteil schon. Sie werden sehen, wie einfach Ihnen die Buchführung dank der Software von der Hand gehen wird.

Die Buchungsmaske Bank/Kasse

Die Buchungsmaske Bank/Kasse rufen Sie in der Menüleiste auf über *Buchhaltung/Buchen/Bank/Kasse*.
In das Feld „Monat" und „Jahr" geben Sie über die Pfeiltasten Monat und Jahr ein, die Sie buchen möchten. Das Feld Belegdatum zeigt immer das aktuelle Tagesdatum an. Das Belegdatum ändern Sie entweder manuell oder über die Kalenderfunktion.
Das Feld „Bestand" zeigt Ihnen den aktuellen Stand Ihres Bankkontos an.
Als Nächstes wählen Sie noch im Feld „Konto" über den 3-Punkte-Button aus, ob Sie ein Fibu-Konto „Kasse" oder „Bank" bebuchen möchten.
An Hand der folgenden Beispiele zeigen wir Ihnen, wie Sie die Einnahmen und Ausgaben Ihres Vereins korrekt verbuchen.

Beitragseinnahmen manuell buchen

Beispiel:
Herr Klein hat seinen Mitgliedsbeitrag in Höhe von 50 Euro überwiesen. Als Beleg dient dem Schatzmeister der Kontoauszug bzw. der elektronische Abruf der Kontoumsätze im Programm (nur, wenn das Online-Banking eingerichtet und genutzt wird).

Da Herr Klein den fälligen Betrag überwiesen hat, müssen Sie ihn manuell in der Bank verbuchen. Der Buchungssatz für den Vorgang lautet:
Bank an Beiträge

0945 Bank

an 2110 Beiträge

Die Eingabe des Buchungsvorganges ist ganz einfach:

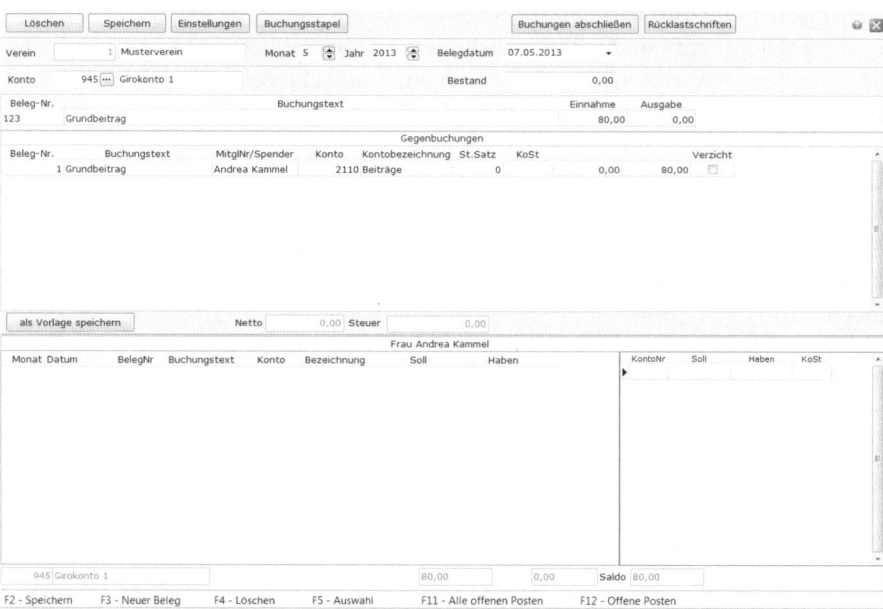

Abbildung: Mitgliedsbeitrag

Geben Sie den Buchungsmonat und das Jahr an. Übernehmen Sie das Belegdatum von Ihrem Bankbeleg. Zunächst machen Sie Ihre Eingaben in der oberen Buchungszeile. Drücken Sie die Taste F3 ganz oben auf Ihrer Tastatur. Der Cursor springt in das Feld Belegdatum. Stellen Sie über die Kalenderfunktion das korrekte Datum Ihres Belegs ein. Bestätigen Sie diese Eingabe mit der „Enter-Taste" (Eingabetaste), und der Cursor springt in das Feld „Beleg-Nr.". Geben Sie nun die richtige Nummer (vom Bankauszug) ein und drücken Sie die „Enter-Taste". Sie landen automatisch im Feld „Buchungstext". Hier geben Sie den Buchungstext ein – z. B. Beitrag.

Buchungen als Buchungsvorlage abspeichern
Wenn Sie einen Buchungsvorgang in der Buchungsmaske angelegt haben und diese Buchung öfter vorkommt, dann können Sie diese Buchung auch als Vorlage fest hinterlegen. Klicken Sie hierfür auf den Button „als Vorlage speichern" und die Buchung wird in das Fenster „Buchungstexte anlegen" fest hinterlegt. Beim nächsten Buchungsvorgang können Sie den Buchungstext mit Klick auf das Dropdown-Menü in der Spalte „Buchungstext" auswählen.

Bestätigen Sie Ihre Eingabe wieder mit der „Enter-Taste". Frau Kammel hat 80 Euro überwiesen, also geben Sie diesen Betrag in das Feld „Einnahme" ein und bestätigen Sie wiederum mit der „Enter-Taste".

Der Cursor springt in die zweite Buchungszeile. Die Eingaben zu Beleg-Nr., Buchungstext sowie der Betrag werden automatisch in die Gegenbuchungszeile übernommen. Drücken Sie als Nächstes die Funktionstaste „F11". Es öffnet sich ein neues Fenster, in dem alle offenen Posten der Mitgliederverwaltung angezeigt werden. Markieren Sie das betreffende Mitglied mit der „STRG-Taste" und Mausklick und bestätigen Sie diese Auswahl mit Klick auf „OK". Sie werden gefragt, ob die Zahlung zum Mitglied gespeichert werden soll. Klicken Sie auf den Button „Ja", und der offene Posten ist ausgeglichen und die Zahlung wurde zum Mitglied gespeichert. Klicken Sie nun auf den Button „Speichern" in der Symbolleiste und Sie haben Ihren ersten Vorgang gebucht. Im unteren Teil des Bildschirms sehen Sie nun Ihre Buchung in Soll und Haben übersichtlich gegenübergestellt.

Solange Sie die Buchung nicht mit Klick auf den Button „Buchungen abschließen" festschreiben, können Sie jede getätigte Buchung noch verändern oder löschen.

> **Tipp:**
> Mit der Vereinsverwaltung können alle Mitgliedsbeiträge automatisch ins Soll gestellt werden, die nach dem Buchen nicht mehr als offene Posten angezeigt werden. Dies erleichtert die Eingabe bei der Buchführung und hilft Ihnen bei der Zahlungskontrolle und ggf. beim Erstellen von Mahnschreiben. Lesen Sie bitte für genauere Informationen das Online-Handbuch.
>
> Natürlich müssen Sie mit der Software nicht bei jedem Mitglied den bezahlten Beitrag einzeln buchen. Bei mehreren Hundert Mitgliedern, die monatlich ihre Beiträge zahlen, wäre der Zeit- und Arbeitsaufwand unermesslich.
>
> Aus diesem Grund können Sie einen automatischen Bankeinzug generieren und über einen Datenträger oder online an Ihre Bank geben und alle gezahlten Beiträge per Mausklick gutschreiben. Das Online-Handbuch gibt unter dem Stichwort „Lastschriften erzeugen" genauere Auskunft.

Spenden korrekt verbuchen

> **Beispiel:**
> Hans Beer von der Firma Getränke Frisch überweist eine Spende in Höhe von 250 Euro auf das Bankkonto des gemeinnützigen Vereins. Er möchte eine Spendenbescheinigung.

Es gilt der Buchungssatz

0945 Bank

an 3220 Spenden

Spenden korrekt verbuchen

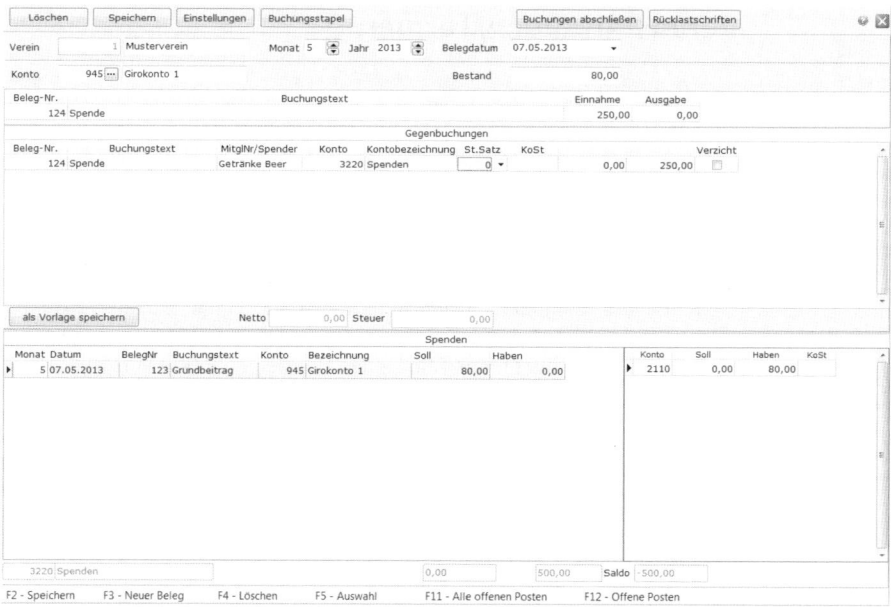

Abbildung: Spende

Da die Spende auf das Vereinskonto überwiesen wurde, müssen wir den Vorgang in der Bank buchen. Wichtige Grundeinstellungen sind auch hier wieder Buchungsmonat und Buchungsjahr sowie Belegnummer und Belegdatum. Geben Sie den Buchungstext z. B. „Spenden/Zuwendungen, erhaltene" ein und bestätigen Sie mit der „Enter-Taste".

Als Nächstes tragen Sie 250 in der Einnahmenspalte ein und bestätigen die Eingabe mit der „Enter-Taste". Geben Sie die Kontonummer 3220 für erhaltene Spenden ein und speichern Sie Ihre Eingabe.

> **Tipp:**
>
> Haben Sie den Spender in Ihrer Mitgliederverwaltung erfasst, geben Sie beim Buchen im Feld „Mitgl.-Nr./Spender" dessen Namen mit an. Die Spende ist dann beim diesem Adressdatensatz vermerkt, und Sie können mit einem Klick eine Zuwendungsbestätigung ausdrucken. Lesen Sie für genaue Informationen im Online-Handbuch nach.

Veranstaltungen/Turniere

Beispiel:
Die Altherren der Fußballabteilung veranstalten ein Turnier, bei dem die neuen Trikots getragen werden. Von den teilnehmenden Mannschaften werden Startgelder in Höhe von insgesamt 1.500 Euro erhoben. Die Ehefrauen übernehmen den Verkauf von Speisen und Getränken anlässlich des Turniers. Einnahmen werden mit 500 Euro, Ausgaben mit 250 Euro (100 Euro Speisen, 150 Euro Getränke) verbucht. Die siegreiche Mannschaft erhält einen Pokal (Kosten 100 Euro). Die örtliche Volksbank hat gegen Aufstellung von Sponsorentafeln „Wir räumen das Feld" einen Betrag von 2.000 Euro zur Verfügung gestellt.

Zur Erinnerung
Bei dem Turnier handelt es sich um einen steuerbegünstigten Zweckbetrieb „sportliche Veranstaltung".
Der Verkauf von Speisen und Getränken – auch an Wettkampfteilnehmer, Schiedsrichter, Kampfrichter, Sanitäter etc. – und die Werbung gehören nicht zu den sportlichen Veranstaltungen. Diese Tätigkeiten sind gesonderte steuerpflichtige wirtschaftliche Geschäftsbetriebe.

Tipp:
Bei größeren Vereinen mit mehreren Abteilungen ist es empfehlenswert, für jede Abteilung ein eigenes Konto für Bank und Kasse einzurichten. In unserem Beispiel haben wir für die Fußballabteilung die Kasse 0922 und die Bank 0953 angelegt. Ihr Online-Handbuch unterstützt Sie beim Einrichten neuer Konten.

Buchungssätze:

1. 0922 Kasse Fußballabteilung (FA)
   an 5722 Einnahmen Startgelder 0% USt

2. 5872 Sonstige Kosten sportliche Veranstaltungen
   an 0953 Bank Fußballabteilung (FA)

3. 0922 Kasse FA
    an 8000 Bewirtungseinnahmen 19 % USt

4. 8152 Wareneinkauf 7 %
    an 0953 Bank FA

    8154 Wareneinkauf 19 %
    an 0953 Bank FA

5. 0953 Bank FA
    an 8012 Bandenwerbung 19 % USt

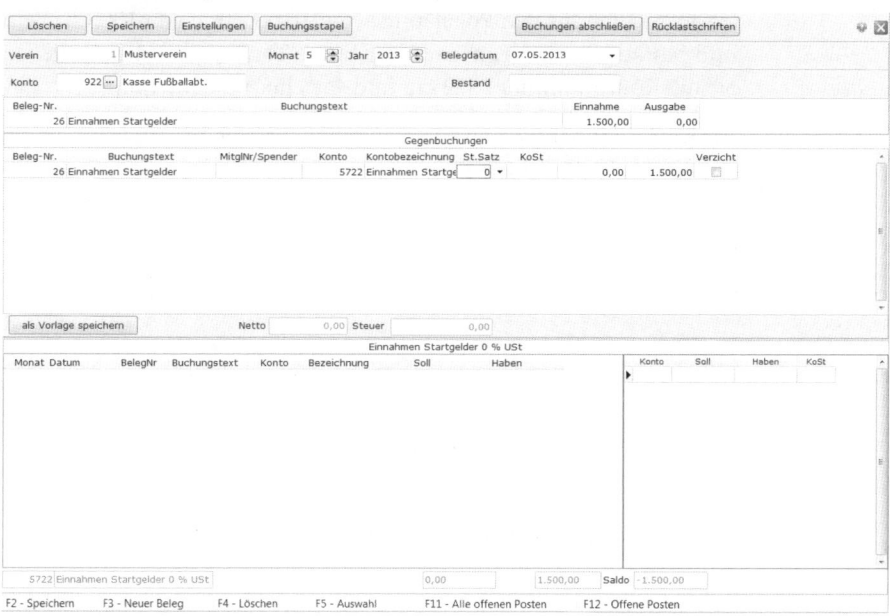

Abbildung: Veranstaltung

Zu 1.: Die Einnahmen der Startgelder in Höhe von 1.500 Euro werden in der Kasse der Vereinsverwaltung gebucht. Geben Sie hier zunächst Buchungsmonat und Buchungsjahr sowie Belegdatum und Belegnummer ein. Als Nächstes erfassen Sie den Buchungstext „Startgelder". Die Eingabe bestätigen Sie mit der „Enter-Taste".

Tragen Sie nun in der Einnahmenspalte den eingenommen Betrag von 1.500 ein und bestätigen Sie diesen mit der Eingabetaste. Als Nächstes geben Sie die Kontonummer 5722 für Startgelder ein und speichern Ihre Buchung.

Zu 2.: Der Kauf des Pokals fällt in den Bereich „Sonstige Kosten sportliche Veranstaltungen" mit der Kontonummer 5572. Die Rechnung für den Pokal wurde überwiesen und wird deshalb in der Bank gebucht:
Zunächst geben Sie bitte das Buchungsdatum, Belegdatum und die Belegnummer ein. Es folgt der Buchungstext „Pokalkauf", dessen Eingabe Sie mit der „Enter-Taste" bestätigen. In die Ausgabenspalte tragen Sie den für den Pokal aufgewendeten Betrag von 100 Euro ein und bestätigen wiederum mit der „Enter-Taste". Als Nächstes geben Sie die Kontonummer 5572 ein und speichern die Buchung.

Zu 3.: Die Einnahmen aus dem Verkauf von Speisen und Getränken werden in der Kasse gebucht.

Abbildung: Speisen-Verkauf

Buchungs- und Belegdatum sind zunächst zu prüfen. Es folgt die Eingabe der Belegnummer. Anschließend tragen Sie den Buchungstext „Verkauf von Speisen und Getränken" ein und bestätigen mit der „Enter-Taste". Geben Sie nun den eingenommenen Betrag von 250 Euro ohne Währungsangabe ein und bestätigen Sie abermals mit der „Enter-Taste". In der unteren Zeile geben Sie als Gegenkonto die 8000 ein. Nach Betätigung der „Enter-Taste" wird der Steuersatz 19 % für die Umsatzsteuer automatisch angezeigt, d. h. Sie müssen die Steuern nicht extra verbuchen. Die Summe der anfallenden Steuer wird Ihnen im gleichnamigen Feld angezeigt. Speichern Sie Ihre Buchung mit Klick auf den Button „Speichern" in der Symbolleiste.

Zu 4.: Die Ausgaben für den Einkauf von Speisen und Getränken müssen separat verbucht werden, da für Speisen und Getränke unterschiedliche Mehrwertsteuersätze als Vorsteuer abzuziehen sind.

> Für den Einkauf von Speisen fallen 7 %, für den Verkauf von Getränken 19 % Mehrwertsteuer an.

Der Einkauf der Speisen und Getränke wird über die Bank bezahlt und deshalb auch in der Bankmaske verbucht.

Einkauf der Speisen:
Nachdem Sie Belegnummer und -datum sowie Buchungsdatum eingetragen haben, geben Sie den Buchungstext „Wareneingang Speisen" ein und bestätigen mit der „Enter-Taste". In das Feld Ausgabe kommt der Betrag 100, der wiederum mit der „Enter-Taste" bestätigt wird. Das Gegenkonto ist die 8152 für Wareneinkauf mit 7 % Vorsteuer. Nach Betätigung mit der „Enter-Taste" werden auch hier der Steuersatz und der Steuerbetrag angezeigt. Bitte speichern Sie Ihre Buchung.

Der **Einkauf der Getränke** wird genau wie der Einkauf der Speisen gebucht. Als Gegenkonto wird jedoch die 8154 Wareneinkauf 19 % angegeben.

Praktische Buchführung mit „Lexware vereinsverwaltung"

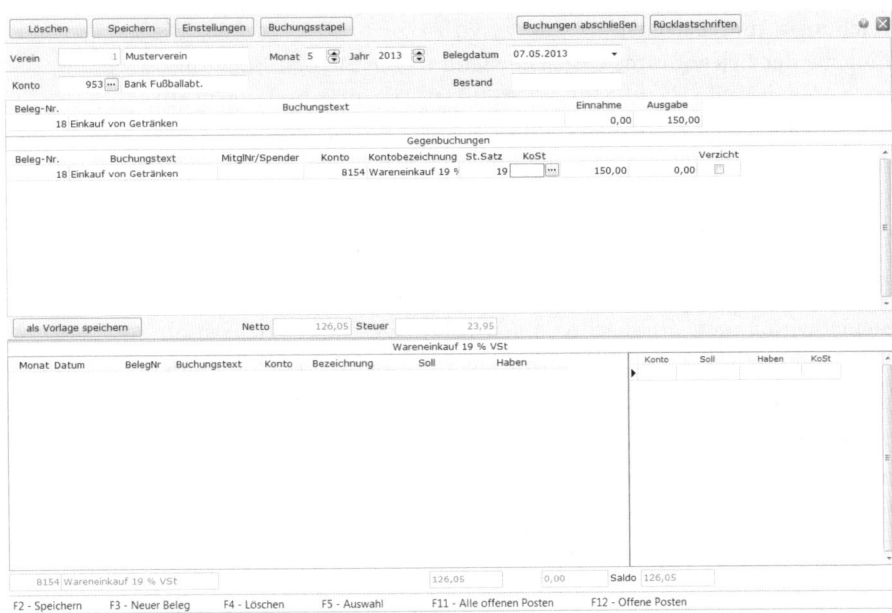

Abbildung: Wareneinkauf

Zu 5.: Die Werbeeinnahmen werden wiederum in der Bankmaske gebucht. Nach den obligatorischen Eingaben Belegdatum und -nummer sowie Buchungsdatum geben Sie den Buchungstext „Einnahmen aus Werbung" ein. Im Feld Einnahme tragen Sie 2000 ein. Die Gegenbuchung in der unteren Zeile betrifft das Konto 8012. Auch hier wird die Umsatzsteuer von 19 % automatisch ausgewiesen.

> **Tipp: Für Profis: Buchungstext vergeben**
>
> Sicher gibt es in Ihrem Verein Buchungen, die Sie regelmäßig oder öfter tätigen. Um sich in diesem Fall die Arbeit zu erleichtern, bietet Ihnen das Programm die Möglichkeit, bestimmte Buchungstexte, Buchungsbeträge und auch die zu bebuchenden Konten fest zu hinterlegen. Unter dem Menüpunkt „Vereinsdaten" legen Sie die Buchungstexte an.
>
> Eine ausführliche Anleitung finden Sie in Ihrem Online-Handbuch.

Buchen im Stapel

Bestimmte Vorgänge können nicht in Bank oder Kasse gebucht werden. Dies ist der Fall, wenn Sie zwei Sachkonten gegeneinander verbuchen. Ihre Software „Lexware vereinsverwaltung" bietet Ihnen hierfür das Buchen im Stapel an. Hier können Sie alle beliebigen Konten gegeneinander verbuchen – u. a. auch zusätzliche Bankkonten über ein sogenanntes Geldtransitkonto. Sie erreichen die Buchungsmaske im Hauptmenü über „Buchhaltung/Buchen/Stapel-Erfassung".

Sponsoring – wirtschaftlicher Geschäftsbetrieb

Beispiel:
Die Damen-Fußball-Mannschaft (unbezahlte Sportlerinnen) erhält auf Grund eines Ausrüstervertrags mit dem Sporthaus jährlich
1. einen Satz Trikots (Wert 2.500 Euro),
2. Sportgeräte (Wert 2.000 Euro) und
3. einen Geldbetrag von 25.000 Euro zur Verfügung gestellt.

Das Sporthaus erhält als Gegenleistung die Zusage einer Seite „Werbung" im Stadionblatt, der Beflockung des Logos auf den Trikots sowie der Lautsprecherdurchsage bei allen Heimspielen.

Zur Erinnerung
Unter Sponsoring wird üblicherweise die Gewährung von Geld oder geldwerten Vorteilen durch Unternehmen zur Förderung von Personen, Gruppen und/oder Vereinen in sportlichen und kulturellen Bereichen verstanden, mit der regelmäßig auch eigene unternehmensbezogene Ziele der Werbung oder Öffentlichkeitsarbeit verfolgt werden. Leistungen eines Sponsors beruhen häufig auf einer vertraglichen Vereinbarung zwischen dem Sponsor und dem Empfänger der Leistungen (Sponsoring-Vertrag), in dem Art und Umfang der Leistungen des Sponsors und des Empfängers geregelt sind.

Ein wirtschaftlicher Geschäftsbetrieb liegt vor, wenn der Verein an den Werbemaßnahmen mitwirkt. Mit einer Trikotwerbung wirkt ein Verein bereits durch Duldung des Werbeaufdrucks auf den Trikots aktiv an Werbemaßnahmen mit.

Die Einnahmen sind mit dem vollen Steuersatz (zurzeit 19 %) zu versteuern.

Da die Aufwendungen der Damen-Mannschaft dem steuerbegünstigten Zweckbetrieb „Sportliche Veranstaltungen ohne bezahlte Sportler" zuzurechnen sind, dürfen die Einnamen aus Sponsoring nicht verrechnet werden.

Daraus ergibt sich der **Buchungssatz**:

5605 Sportkleidung

an 8012 Einnahmen aus Werbung

5630 Sportgeräte

an 8012 Einnahmen aus Werbung

0953 Bank FA

an 8016 Sponsoren 19 %

So geben Sie den Buchungssatz Sportkleidung an Trikotwerbung in die Vereinsverwaltung ein:

Abbildung: Trikotwerbung

Zunächst geben Sie das Buchungsdatum und das Belegdatum ein. In der Buchungszeile beginnen Sie mit der Belegnummer. Es folgt der Buchungstext, z. B. „Einnahmen aus Trikotwerbung". Als Konto tragen Sie die Nummer 5605 für Sportbekleidung ein und bestätigen mit der Returntaste. Der Verein hat durch die bereitgestellten Trikots Einnahmen im Wert von 2.500 Euro, die Sie ins Soll stellen. Bestätigen Sie mit der „Enter-Taste".

Die Gegenbuchung betrifft das Konto 8012, das Sie in der unteren Zeile eintragen. Bestätigen Sie mit der „Enter-Taste". Der Steuersatz ist bei den Kennzahlen hinterlegt und wird deshalb automatisch aufgeführt. Die Summe der anfallenden Steuer wird im gleichnamigen Feld angezeigt. Speichern Sie Ihre Eingaben und gehen Sie zum zweiten Buchungssatz.

Die vom Sporthaus bereitgestellten Sportgeräte (5630) im Wert von 2.000 Euro werden ebenfalls gegen das Konto 8012 „Einnahmen aus Werbung" gebucht.

Nach der Eingabe von Buchungsdatum, Belegdatum und Belegnummer tragen Sie den Buchungstext „Gewinn aus Anzeigengeschäften" und die Kontonummer 5630 ein. In die Sollspalte gehört der Wert 2000. Mit der „Enter-Taste" wechseln Sie in die untere Zeile, in der Sie als Gegenkonto die Kontonummer 8012 eingeben.

Der letzte Buchungssatz, die Werbeeinnahme von 25.000 Euro, betrifft die Bank (0953) und das Konto 8016 für Sponsoring-Einnahmen. Sie können nun wieder in die Bankmaske wechseln und die 25.000 Euro als Einnahme erfassen. Sie können den Vorgang aber auch in die Stapel-Erfassung eingeben.

> **Tipp:**
> Am besten finden Sie selber heraus, ob Sie lieber mit Bank und Kasse arbeiten oder in der Stapelerfassung. Der Vorteil der Stapelerfassung ist, dass Sie nicht immer hin und her klicken müssen.
>
> Wie Sie in Sonderfällen, wie z. B. Über- oder Unterbezahlung von Beiträgen verfahren, lesen Sie im Online-Handbuch.

Buchungen bearbeiten

Sie speichern jede Buchung mit Klick auf den Button „Speichern". Daraufhin erscheinen die Buchungen im unteren Drittel der Buchungsmaske.
Der zuletzt gebuchte Vorgang steht dabei stets an oberster Stelle. Wenn Sie eine dieser Buchungen noch einmal bearbeiten möchten, können Sie diese in den oberen Buchungsteil übernehmen, indem Sie mit der linken Maustaste darauf doppelklicken. Sie können nun Ihre Änderungen vornehmen und müssen die Buchung anschließend wieder speichern.

> **Tipp: Buchungskontrolle**
> Gerade wenn Sie viel buchen, ist es immer ratsam, Ihre Buchungen genau zu kontrollieren. Prüfen Sie die Belegnummern, die Kontonummern und die Beträge noch einmal ganz genau nach. Zur Erleichterung der Buchungskontrolle rufen Sie den Buchungsstapel im Hauptmenü der Buchhaltung auf (vgl. auch Online-Handbuch).

Buchungen abschließen

Wenn Sie alle Ihre Buchungen kontrolliert und für gut befunden haben, dann sollten Sie Ihre Buchung endgültig festlegen, indem Sie in der jeweiligen Buchungsmaske auf den Button „Buchungen abschließen" klicken. Damit werden alle Vorgänge auf die angegebenen Konten gebucht.

Buchungen abschließen

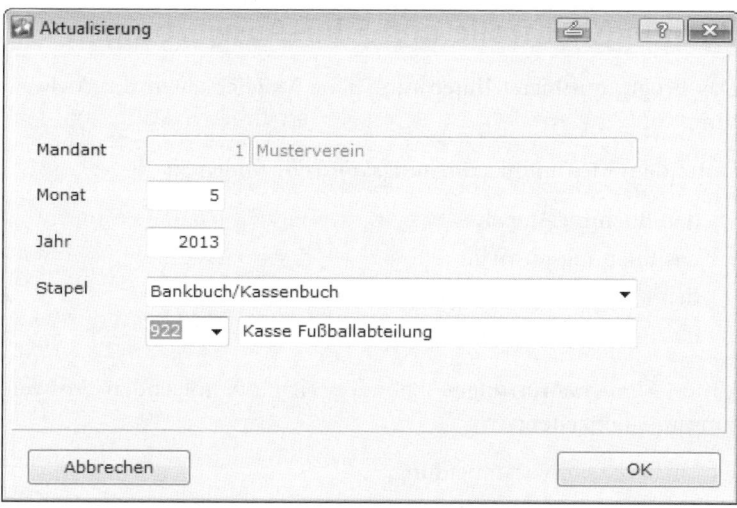

Abbildung: Aktualisierung

Sie werden gefragt, für welchen Monat Sie die Aktualisierung vornehmen möchten und ob unter der Kategorie „Haupt", im Bank- oder im Kassenbuch. Haben Sie im Stapel gebucht, geben Sie als Kategorie „Haupt" vor, für Buchungen in Bank oder Kasse entsprechend Bankbuch oder Kassenbuch.
Ein Klick auf „OK" startet die Aktualisierung.

> **Tipp:**
> Änderungen an einem aktualisierten Stapel sind nicht mehr möglich und können nur noch über eine Stornobuchung aufgehoben werden. Dafür bietet das Programm eine automatische Stornofunktion. Mehr dazu lesen Sie bitte in Ihrem Online-Handbuch unter dem Menüpunkt *Hilfe*.

Buchungskontrolle und Fibu-Auswertungen

Das Programm bietet Ihnen zahlreiche Möglichkeiten der Auswertung:

Unter dem Menüpunkt **Buchungskontrolle** finden Sie

- den Buchungsstapel,
- das Buchungsjournal,
- den Kontendruck und
- das Bank-/Kassenbuch.

Unter **Fibu-Auswertungen** befinden sich die folgenden Auswertungsmöglichkeiten:

- Umsatzsteuervoranmeldung,
- Summen- und Saldenliste,
- GuV und BWA,
- Einnahmen-Überschussrechnung brutto und netto
- eine Kostenstellenrechnung, wenn Sie im Einrichtungsassistent unter Programmeinrichtung „Fibu mit Kostenstellen" bzw. „Teilweise Buchhaltung mit Kostenstellen" ausgewählt haben sowie
- den Kontennachweis.

> **Tipp:**
> Lesen Sie für genaue Informationen bitte das Online-Handbuch der „Lexware vereinsverwaltung" unter dem Hauptmenüpunkt **Hilfe**.

Stichwortverzeichnis

A

Abgabefristen 108
Ablösezahlungen 34
 sportliche Veranstaltungen 92
Abnutzbares Anlagevermögen 116
Abschreibung 116, 135
 lineare 135
Absetzung für Abnutzung 116, 135
Abteilungen anlegen 249
AfA siehe Absetzung für Abnutzung
Aktiva 135
Aktivseite der Bilanz 139
Altherren-Turnier 168
Altmaterialsammlung 169
Amateursportler 95
Anlagen, Instandhaltung 195
Anlagenbuchhaltung 135
Anlagevermögen 116
Anschaffungswertprinzip 136
Ansichtskartenverkauf 168
Arbeitnehmerüberlassung 170
Aufbewahrungsfristen 108
Aufbewahrungspflicht 136
Aufnahmegebühr 171
Auftritte, vereinsintern 209
Aufwandsersatz
 Ehrenamtliche 231
 Spende von Übungsleitern 171
Aufwandskonten 111, 136

Aufwandskonto
 Einrichtung mit Vorsteuer 255
Aufwandsspenden 63
Aufwendungen
 aus privaten Gründen 72
 ersparte 172
 nicht abzugsfähige 72
Aufwendungsersatzansprüche 63
Aufzeichnungen, Form 105
Ausbildungsentschädigung 173
Ausgaben
 betriebsbedingte 136
 diverse 174
Auslagenersatz 176
Ausländische Künstler 176
Ausländische Sportler 97
Ausschließlichkeit 18
Auszahlung 137
Automatische Buchungen 141

B

Bandenwerbung 79, 104, 178
Basarveranstaltung 179
Baukosten 180
Beerdigung 183
Beherbergung 183
Beiträge 184
 Höchstgrenze 14
Beitragsarten anlegen 256
Beköstigung 183

Stichwortverzeichnis

Belege 107, 137
   ohne 142
Bemessungsgrundlage 40, 98
Berechnung der Steuerlast 238
Bescheinigung, bezahlte Sportler 96
Bestandskonto 110, 137
   aktives 137
   passives 138
Besteuerungsgrenze, Gesellschafter-Vereine 24
Besteuerungsverfahren 55
Betriebsausgaben 136
   Begriff 74
   Höhe 76
Betriebsergebnis 138
Betriebsmittelrücklage 17, 40
Betriebsprüfungen 109
Bezahlter Sport 185
   Förderung 34
Bezahlter Sportler 95
   Ausbildungsentschädigung 174
   Bescheinigung 96
Bilanz 138
Bilanzierung 106
Buchführung 140
   doppelte 114, 139 f.
   einfache 141
Buchführungspflicht 141
Buchführungssoftware 242
Buchung
   automatische 141
   einfache 142

ohne Beleg 107, 142
zusammengesetzte 142
Buchungsprotokoll 153
Buchungssatz 115, 142
Buchungsstelle 151
Business Identifier Code (BIC) 121

C

Clubabend 187
Computer, Anschaffung 188

D

Dialogbuchungen 156
Doppelte Buchführung 114, 139 f.
Druckkosten
   Vereinszeitschrift 189
   Werbung 189
Durchlaufende Posten 142

E

Ehrenamtliche,
   Aufwandsentschädigung 231
Eigenbelege 137
Eigenkapital 143
Einfache Buchführung 141
Eingangsrechnungen 143
Einnahmen 144
   aus Übernachtungen 211
   aus Vermietung 86
   bei sportlichen
      Veranstaltungen 87

Einnahmen-Ausgaben-Rechnung 145
Einnahmen-Überschuss-Rechnung 106, 144 f.
Eintrittskarten 77
Einzahlung 144
Einzugsermächtigung 124, 127
ELSTER 108
Elternabend 196
Energiekosten, Betrieb Tennisplätze 189
Erbschaften 190
Erfolgsrechnung 144
Erlöskonto
   Einrichtung mit Umsatzsteuer 256
Ernsthaftigkeit des Anspruchs auf Aufwendungsersatz 65
Erstaufzeichnung 153
Ertragskonten 145

F

Fakturierung 145
Fallbeispiele, Auflösung 236
Familienfreizeit 183
Fernsehgelder 191
Festgemeinschaft, Herbstball 194
Festgemeinschaften 23
Finanzbehörden, Prüfung 109
Finanzbuchhaltung 145
Finanzbuchhaltung, Software einrichten 250

Förderung des bezahlten Sports 34, 84
Freiwillige Spende 72
Fremdbelege 137
Fußball, Altherren-Turnier 168

G

Gastverein 45
Gegenleistung, für den Sponsor 75
Geldspenden 61
Geldvermögen 146, 161
Gemeinnützigkeit
   Entzug 67
   Verlust 58
   Vorteile 11
Geringwertige
   Wirtschaftsgüter 117 f.
Gesamtumsatz 46
Geschäftsführung, tatsächliche 84
Gesellige Veranstaltung
   Helferessen 193
   Sportlerball 219
Getränkespenden 196
Gewerbesteuer 25, 191
   Freibetrag 25
Gewinn- und Verlust-Rechnung 144
Gläubiger-Identifikationsnummer 121
Grundbuch 147

Stichwortverzeichnis

H

Haben 147
Haftung
   Spenden 74
   Spendenempfänger 67
   Vorstand 110
Hallennutzungsgebühren 192
Hauptbuch 147
Hektolitervergütung 192
Helferessen 193
Herbstball, Festgemeinschaft 194
Höchstwertprinzip 148

I

Ideeller Bereich 148
   Überschüsse 14
Imparitätsprinzip 148
Inkassovereinbarung 122
Inseratenwerbung 79
Instandhaltung, Anlagen 195
International Bank Account Number
   (IBAN) 121
Inventar 116, 148

J

Jahresabschluss 149
Journal 147

K

Kassenbericht 150
Kauf, Sportkleidung 217

Klarheit 150
Kleinunternehmerregelung 46
Kontenarten 110, 114, 150
Kontengruppen 114
Kontenklassen 114, 251
Kontenplan, Erstellung 114
Kontenrahmen 113, 150, 250
   Aufbau für Vereine 114
Kontenstamm 250
Konto 110, 151
   Buchung 151
Kontoform 151
Körperschaft 83
Körperschaftsteuer 25
   Freibetrag 25
Kuchenspenden 196
Künstler, ausländische 176
Kursgebühren 197
Kurzfristige Erfolgsrechnung 145

L

Lautsprecherwerbung 79
Leistungsschuldner 45
Lieferung 43, 45
Lohn- und Gehaltsbuchhaltung 151
Lotterie 31

M

Mandatsreferenz 123
Medaillen 203
Mehrspartenverein 114
   Haftungsrisiko 59

Mittelbeschaffung 16
Mittelverwendung 15
  schädliche 15
Musikabteilung, öffentliche
  Auftritte 199
Musikinstrumente, Einkauf 199
Musiknoten 199

N

Namenswerbung 212
Nebenbücher 152
Nebenbuchhaltung 152
Nettovermögen 152
Niederstwertprinzip 152
  gemildert 153
  streng 153
Nullbesteuerung 47
Nutzungsdauer 117

O

Oldie-Night 199

P

Passiva 153
Passivseite der Bilanz 139
Personenkonten 110
Pferdepension 201
Platzverein 45
Pokale 203
Pokalspiel 204
Poolbewertung 118

Pre-Notification
  (Vorabinformation) 129
Primanota 153
Prinzip der wirtschaftlichen
  Zuordnung 53

R

Rechnungen
  Anforderungen 49
  bis 150 Euro 50
Rechnungssysteme 153
Rechnungswesen 153
  externes 154
  Grundwissen 110
Rechtsbehelfsfristen 109
Rechtsbehelfsverfahren 109
Regelbesteuerung 47
Regelsteuersatz 49
Reingewinnschätzung 26, 238
  bei Werbemaßnahmen 102
  Einnahmen aus
    Altmaterialsammlungen 100
  Sonderregel 100
Reinvermögen siehe Nettovermögen
Reitpferd, Verkauf 205
Reitunterricht 206
Rücklagen
  Formen 38
  freie 17, 40, 240
  Kapitalbeteiligungsrücklage 42
  nach § 62 Abs. 1 Nr. 1 AO 40
  nach § 62 Abs. 1 Nr. 4 AO 42

wirtschaftlicher Geschäftsbetrieb 42
  zweckgebundene 16, 40, 241
Rücklagenbildung 16

S

Sachkonten 110
Sachspenden 61, 73
  Abzugsverbot 62
  Bewertung 63
  überhöhter Wert 67
Saldo 147
Schießanlage, Standgebühr 220
Schlussbilanzkonto 105, 155
Schulden 155
Schwimmbad 208
SEPA
  Basislastschrift 121
  Basislastschriftverfahren 125
  Einführung 120
  Einzugsermächtigung 124, 128
  Firmenlastschrift 121
  Lastschriftmandat 123, 126, 128 f.
  Migrationsverordnung 120
  Online-Verfahren 130
  Software 130
  Zahlverfahren, Fristen 131
Showauftritt 209
Single Euro Payments Area
  siehe SEPA
Skatturnier 210

Skihütte, Einnahmen aus
  Übernachtungen 211
Software
  SEPA 130
Solidaritätszuschlag 25
Sonstige Leistungen 43
Spenden
  Aufwandsersatz 171
  freiwillige 60, 72
  gewerbesteuermindernd 73
  Höchstbetrag 69, 73
  Kuchen und Getränke 196
  unentgeltliche 60, 72
Spendenarten 60
Spendenempfänger
  Haftung 67, 74
Spendenkonten 155
Spendennachweis 58
Spielgemeinschaften 93
Splittingbuchung 156
Sponsor, Gegenleistung 75
Sponsoring 77, 212
  Begriff 71
  Besteuerung beim Empfänger 77
  Einnahmen, ideeller Bereich 78
  steuerliche Behandlung 71
  Vermögensverwaltung 213
  wirtschaftlicher Geschäfts-
    betrieb 214
Sport-, Spielgemeinschaften 35
Sportanlagen, Vermietung 31, 86, 215
Sportarten anlegen 249

Sportbetrieb, allgemeine Kosten 216
Sportgeräte, Verleih 216
Sporthalle, Vermietung 217
Sportkleidung 79
   Kauf 217
   Reinigung 217
Sportler
   ausländische 97
   bezahlte 96
   unbezahlter 97
   vereinsfremde 95
Sportlerball 218
Sportliche Veranstaltungen 32, 36, 87, 156, 236
   Abgrenzung zu geselligen Veranstaltungen 88
   Ablösezahlungen 92
   Einnahmen 33, 87
   Reingewinnschätzung 103
   steuerliche Behandlung 83
   unbezahlte Sportler 92
   vereinsfremde Sportler 95
   Zweckbetrieb 35
   Zweckbetriebsgrenze 90
Sportreise 33, 88, 219
Sportunterricht 88
Staffelform 156
Standgebühr
   Schießanlage 220
   Vereinsjubiläum 221
Stapelbuchungen 156
Stetigkeit 156
Steuerbegünstigte Zwecke 58, 83

Steuerbegünstigter Zweckbetrieb 29
Steuerbegünstigung 15
   Voraussetzung 73
Steuerberatungskosten 221
Steuerfreie Umsätze 48
Steuerlich unschädliche Betätigungen 84
Steuerpflicht
   Option 49
Steuerpflichtige Umsätze 48
Steuersammelkonten
   anlegen 254
Steuersammelkonto
   Umsatzsteuer 254
   Vorsteuer 254
Steuersätze 49
Stichprobeninventur 149
Stichtagsinventur 149
Stornierung 157
Stornobuchung 157

T

Tanzsportabteilung,
   Showauftritt 209
Tatsächliche Geschäftsführung 84
Tennishalle
   Baukosten 180
   Nutzung 223
Tennisplätze, Energiekosten 189
Tombola 73, 224
Trainingslager 225
Trikotwerbung 104, 226

Stichwortverzeichnis

Trinkgelder 187
Turnier, Altherren Fußball 168

U

Übungsleiter
    Aufwandsersatzspende 171
    Beitragsfreistellung 227
Umlagen, Höchstgrenze 14
Umlaufvermögen 157
Umsatz- und
    Vorsteuersammelkonten 253
Umsätze
    steuerbare 45
    steuerfreie 48
    steuerpflichtige 48
Umsatzsteuer
    Anforderung an Rechnungen 49
    Befreiungstatbestände 48
    Einrichung Erlöskonto 256
    Rechnungen bis 150 Euro 50
    Sammelkonto 254
    Steuerschuldner 43
    Steuerträger 43
    Überblick 43
Umsatzsteuerkonto 111, 158
Umsatzsteuerliche Sachverhalte,
    Prüfung 47
Umsatzsteuerschlüssel 112
Umsatzsteuervoranmeldungen 55
Umsatzverprobung 111
Unbezahlter Sportler 95, 97
Unechter Zuschuss 234

Unentgeltliche Spende 72
Unmittelbarkeit 19
Unternehmenssphären 45
Urkunden 203

V

Veranstaltung, gesellige 193, 199, 219
Verbindlichkeiten aus Lieferungen und Leistungen 158
Verein als Unternehmer 45
Vereinsausflug 228
Vereinsbesteuerung 12
Vereinsdaten, Einrichtungsassistent 243
Vereinsfahrt 207
Vereinsfremde Sportler 95
Vereinsgaststätte 88, 229
Vereinsheime 88
Vereinsjubiläum, Standgebühr 221
Vereinsname 244
Vergütung an Ehrenamtliche 231
Vergütungssätze 64
Verlust 158
Vermietung
    Sportanlagen 31, 86, 215
    Sporthalle 217
Vermögen 158
Vermögensbildung 38
Vermögensübersicht siehe Bilanz
Vermögensverwaltung 28, 159
    Einnahmen 78

ertragsteuerfreie 79
Sponsoring 213
Verpachtung, Werberechte 79, 233
VIP-Maßnahmen 77
Vollständigkeit 159
Vorsichtsprinzip 159
Vorstand, Haftung 110
Vorsteuer 159
   Berichtigung 54
   Beträge 53
   Einrichtung Aufwandskonto 255
   Kennzahl 254
   Pauschalierung 51, 160
   Sammelkonto 254
Vorsteuerabzug 50
   Berechtigung 51
   Durchschnittssatz 51
   Teilbeträge 52
Vorsteuerkonto 160

W

Wareneinkaufskonto 160
Warenverkaufskonto 160
Werbeaufdrucke 79, 81
Werberechte 160
   auf Sportgeräte 79
   auf Sportkleidung 79

Verpachtung 79, 233
Werbung 26
Wirtschaftlicher Geschäftsbetrieb
   80, 85, 90, 92, 138, 161
   Besteuerungsgrenze 22
   Definition 20
   einheitlicher 21
   Steuerpflicht 81
   Verluste 22
Wirtschaftsjahr 160

Z

Zahlungsmittelbestand 161
Zuschuss, unechter 234
Zuwendungen an Mitglieder 17
   Höchstgrenze 18
Zuwendungen an Vereine
   Übersicht 70
   Zeichnungsberechtigung 59
Zuwendungsbestätigung 58, 59
   Angaben 73
Zweckbetrieb 85, 87, 92, 95, 138, 156, 161
   „sporliche Veranstaltung" 35
   steuerbegünstigter 29
Zweckbetriebsgrenze 35, 103
   sportliche Veranstaltung 90

Deutschlands meist genutzter Vereins-Ratgeber!

»der verein« von Prof. Gerhard Geckle:

Seit über 20 Jahren die erste Anlaufstelle für alle Fragen und Aufgaben der Vereinsführung

Aktuelles Know-how – praxiserprobte Vereins-Lösungen – sofort einsetzbare Vereins-Vorlagen

4 Wochen kostenlos testen!
www.lexware.de/shop/verein